水利工程规划与设计

孙玉玥　姬志军　孙　剑　编著

吉林科学技术出版社

图书在版编目（CIP）数据

水利工程规划与设计 / 孙玉玥，姬志军，孙剑编著
. -- 长春：吉林科学技术出版社，2019.5
ISBN 978-7-5578-5480-5

Ⅰ．①水… Ⅱ．①孙… ②姬… ③孙… Ⅲ．①水利规
划②水利工程－设计 Ⅳ．① TV212 ② TV222

中国版本图书馆 CIP 数据核字（2019）第 106138 号

水利工程规划与设计

编　　著	孙玉玥　　姬志军　　孙　剑
出 版 人	李　梁
责任编辑	杨超然
封面设计	刘　华
制　　版	王　朋
开　　本	185mm×260mm
字　　数	340 千字
印　　张	15.5
版　　次	2019 年 5 月第 1 版
印　　次	2019 年 5 月第 1 次印刷
出　　版	吉林科学技术出版社
发　　行	吉林科学技术出版社
地　　址	长春市福祉大路 5788 号出版集团 A 座
邮　　编	130118

发行部电话 / 传真　0431—81629529　　　81629530　　　81629531
　　　　　　　　　　 81629532　　　81629533　　　81629534

储运部电话　0431—86059116

编辑部电话　0431—81629517

网　　址　www.jlstp.net

印　　刷　北京宝莲鸿图科技有限公司

书　　号　ISBN 978-7-5578-5480-5

定　　价　65.00 元

编　委　会

编　著

孙玉玥　中水北方勘测设计研究有限责任公司

姬志军　河南省豫北水利勘测设计院有限公司

孙　剑　大同市水利规划设计研究院

副主编

卜金道　固原市水利勘测设计院

刘法刚　临沂市岸堤水库管理处

魏东坡　河南省水利勘测设计研究有限公司

骆永华　渭南高新技术产业开发区自来水厂

曹荣荣　渭南市洛惠渠管理局

赵　瑞　中电建生态环境集团有限公司

曹明亮　黄河水利委员会机关服务局

王新声　周口市水利工程质量监督站

王　飞　黄河上中游管理局

编　委

于文军　通辽市水利规划设计研究院

前　言

　　水资源是一个国家国民社会经济发展的基础。自古以来，水利工程建设一直是各朝各代必须发展的国家项目，如众所周知的大禹治水，秦时郑国渠和灵渠的修建，以及隋朝京杭大运河的开凿等，都是为了国民生计和国家治理所建设施工的项目，对我们国家历史的进步发展起到至关重要作用。新中国成立以来，我们国家大力发展各项水利工程，并且取得了很大的成绩，为国民经济发展，保障人民生命和财产安全起到了极其重要的作用。水资源是人类社会生存和经济社会发展不可缺少或不可替代的资源。随着人类社会的快速发展，人们对水资源的需求也呈现出不断地增加的趋势，从而导致水资源趋于减少。

　　水利工程规划设计是整个水利工程建设工作中的重点，是保证水利工程设计合理、施工有序、管理有效的基本保障。伴随我们国家经济飞速提升，水利事业照以往进步也非常显著，在这里面水利工程越发成为人们热议的话题，对国民经济与社会发展有着深远的影响。想要大规模地破土动工，就需要将建设速度提升上去，而这很大程度上取决于规划设计成效如何，另外对于国家与政府投入资金也提出了较高的要求，同一时间相关决策部门也应当出台一系列正确决策。本书在此基础上，对水利建设工程规划与设计进行研究，希望对相关工作者能有所帮助。

前言

目 录

第一章 绪 论

第一节 水文化

一、水文化释义

水文化的概念众说纷纭，国际上对水文化的理解也略有不同，在国际上水文化主要可概括以下几方面：

一是有关于水与人类文明形成的联系，水在人类文明发展过程中所起的作用，即水的文明史、利用史；二是世界不同民族和国家，不同文化背景的人们对水的观念和认识、利用水资源的社会规范及行为模式等文化要素；三是人类在改造水环境的过程中，形成的具有文化内涵的物质结果；四是当代人类的水文化价值观、使用和管理水的行为模式及相关社会规范等等。

20世纪80年代，水文化作为一个独立的个体新概念出现，因为对文化就是很难定义的概念，目前在大量的与水文化有关的文献中对水文化概念的解释也有许多说法，但并没有一个公认的权威的概念，现将有关水文化的概念比较集中的说法列举如下：

水文化是人类创造的与水有关的科学、艺术及意识形态在内的精神产品和物质产品的总和。

水文化是社会文化的重要组成部分，是有关于水与人、水与社会之间的关系的文化。

水文化是指人类社会历史实践过程中，与水发生关系所产生的、以水为载体的各种文化现象的总和。它涵盖了水利物质文化、水利精神文化和水利制度文化，水文化的实质是人类与水关系的文化。

我们所研究的水文化是指广义的水文化，指人类社会历史实践过程中所创造的与水有关的一切精神财富和物质财富的总和。

二、水文化表现形态

水是人类文明的源泉。从一定意义上说，中华民族悠久的文明史就是一部兴水利、除水害的历史。在长期实践中，中华民族形成了独特丰富的水文化。

水文化是中华文化和民族精神的重要组成，也是实现又好又快发展的重要支撑。按照表现形态，大致可分为三类：

一是物质形态的水文化。主要包括被改造的河流湖泊、水工技术、治水工具、水利工程等。从都江堰、灵渠、京杭大运河、郑国渠等古代水利工程，到三峡、小浪底、南水北调、黄河标准化堤防等现代水利工程，所有水利工程的设计、施工、造型、工艺和作用，都凝聚着不同时代人们的文化创造。

二是制度形态的水文化。包括与水有关的法律法规、风俗习惯、宗教仪式及社会组织。从西汉的《水令》，到今天以《水法》为代表的一系列水利法律法规，都反映了不同时代的社会关系、生产方式、行为准则和制度模式。

三是精神形态的水文化。包括与水有关的思想意识、价值观念、行业精神、科学著作以及文学艺术等。如天人合一、人水和谐的思维方式，水能载舟、亦能覆舟的政治智慧，水善利万物而不争的道德情操，以及以水为题材创作的大量神话传说、诗词歌赋、音乐戏曲、绘画摄影、科学著述等，这些内涵丰富的精神产品，是中华民族特有的文化瑰宝。

三、水文化特征分析

1. 广泛的社会性

水文化的社会性主要是因为水与社会生活的各个方面都有紧密的联系。水孕育着、传承着人类社会的文明，水制约着人类社会的发展，水触及人们社会生活的方方面面，社会生活中的时时刻刻都有水的印迹。古语云"仁者乐山，智者乐水"反映了水与人品德的关系，水与文学艺术、人们的衣、食、住、行等方方面面都有不可分割的密切关系，所以水文化影响着人们生活的方方面面，水文化同时还影响着其他文化的发展，体现在社会活动的方方面面。

2. 鲜明的时空性

水文化是人类在长期的历史发展过程中在特定的自然环境作用的基础之上共生出来的一种文化类型。水文化是历史沉淀的结果，具有鲜明的时代烙印，不同时期的水文化能够反映出不同时期的政治、经济等社会因素。因此，水文化是在某一特定的区域空间、某一特定的时期与自然环境相互联系作用所形成的文化，具有鲜明的地域性及时间性的特征。

3. 文化的传承性

水文化传承了中华民族的传统文化，是祖祖辈辈相传的文化。在一定历史时期内具有一定的惯性和稳定性。人们的治水、咏水及用水等其他涉水活动是形成水文化的源泉。优秀的、卓越的水文化有利于社会的全面发展，得到了社会的广泛认可，代代相传。水文化具有相对独立性及固守性的特点，是一个地域，一个民族所特有的文化，在不同地域，不同时期的水文化在内容和形式上虽然有所差异，但人们始终沿袭着水文化，并将继续将其传承下去。

4. 内容的广博性

水文化的内容广博而丰富，是一种较大的文化体系，既有表层的景观水文化也有中层的行为水文化以及深层的心理水文化。然而从古至今的水利工程都具有大量的人文历史文化资源，如地域习俗、民居建筑、民间神话及传说、名人故事等等，对水文化的深入研究，是将特定区域空间内的历史文化与水文化的融合渗透，具有丰富的表现形式。丰厚的内涵、多样的表达增加了水文化涵盖的内容，扩大水文化的覆盖宽度，拓宽水文化内容的延伸长度，赋予水文化广博丰富的内容。

四、农田水利水文化的具体表现形式

从文化形态上看，水文化表现为物质文化（物态文化）和精神文化（非物态文化）两个方面。农田水利工程既是水文化的重要内容，又是传承、弘扬水文化的重要载体。水文化可提升农田水利工程的品位，塑造水利工程的特色，抬高水利工程的社会效益、生态效益和经济效益。

1. 具有丰富的物态文化

（1）工程水文化

中华民族具有悠久的治水历史，2200多年来的农田水利发展变迁遗留下的一系列的农田水利工程遗址，及与水有关的相关水工建筑物遗迹等都是我国古今水文化的缩影，是水文化的历史见证物。农田水利工程是政治、经济和社会发展的产物，体现了工程组织者和参与者的知识、观念、思想、智慧。我国古代著名的水利工程已经成为水文化的重要载体。当代水利工程气势宏伟、种类繁多。科技含量高，文化内涵丰富。从一定意义上讲，农田水利工程已经成为传播水工程文化的最重要的载体。

（2）景观水文化

景因水而动，水给予景生气，经过人为的景观营造能将自然形态的水以其最美的形式展现于观赏者面前，使观赏者能够观水、亲水、嬉水，置身水中感受水的魅力。水景观满足人们休闲娱乐功能的同时还能够改善小气候环境。

2. 具有丰富的非物态文化

（1）民俗水文化

我国是一个多民族的国家，各民族拥有不同的风土人情，民风习惯，民俗即是与水有关、涉水的民间流传的民族风俗与民俗故事，如泼水节，放河灯，赛龙舟，节水日等，还有冰雪文化也是水文化的另一种表现形式，它是人们在长期的社会生活中逐渐形成的各种生活与文化活动。

（2）艺术水文化

"山水之美，古来共谈"，风景越美，人景效应就越强，衍生出的精神文化越丰富。艺术水文化是指由于人与水和谐共处所派生出的如诗词歌赋、神话传说、绘画摄影、石刻楹联、书法篆刻等各种非物质文化，使水艺术升华人情化。

第二节　水资源及其利用规划

一、水资源

（一）水资源的概念

水资源是指当前和可预期的技术经济条件下，能为人类所利用的地表、地下淡水水体的动态水量。

从水资源的概念出发，水资源具有广义和狭义之分。广义的水资源指通过天然水循环得到不断补充和更新，对人工系统（如水库、池塘等）和天然系统（河流、湖泊、海洋等）具有效用性的一次性淡水资源，主要来源于降水，存在形式为地表水、土壤水和深层地下水。和我们所说的传统水资源含义是不同的，主要不同之处是把土壤水或降水量都定为水资源。从广义水循环出发，可以将降水分为三类：第一类是低效降水（天然生态系统消耗的水资源）、第二类是有效降水和土壤水资源；第三类是径流水资源，包括地表水（湖泊、河流等）、含水层中的潜水和承压水。狭义水资源是指，人类在一定的经济、可预期的技术条件下能够直接使用的那部分淡水。

（二）水资源分类

为了更好地开发利用水资源，我们有必要而且必须对水资源进行系统分类。水资源与其他物质的分类情况大体上是相似的，在科学领域，水资源根据分类原则的差异，可以分为许多种类型。我们主要按照水域相互位置关系不同，将水资源划分为地表水资源和地下水资源两大类。

其中地表水资源按照自然形态的差异，分为河川径流量、湖泊径流量、冰川径流量等。由于在长期的水资源调查过程中，得出河川径流量是一个重要调查指标。因此，我们在进行水资源调查中，会进行重点调查分析。

另外，我们知道地下水资源比地表水资源复杂得多，调查多个文献及书籍，国内外没有统一的分类系统。因此我们主要从地下水资源的数量和水质两方面进行分析。

（三）我国水资源状况调查

我国是世界上水资源缺乏国家之一，人均占有量仅为 $2231m^3$，仅仅只有世界平均水平的 1/4、美国的 1/5，在世界上名列 121 位。随着我国人口的不断增长、城市化进程的不断加快和社会经济的快速发展，水资源需求量和废污水排放量的急剧增加，出现水资源短缺（包括水质型和水量型短缺），给生态环境造成了巨大的污染。与此同时各地水资源浪费现象不断出现，并且呈现出加剧趋势。在建国初期，国家为了加快工农业的发展，我国就开始对境内的水资源状况进行的大量调查。从 20 世纪 50 年代开始进行了各大河流河川径流统计，并于 1963 年编制《全国水文图集》，其中对全国的降水、河川径流、蒸发、水质等水文要素的天然情况及统计特征进行分析。这是我国第一次全国性水资源基础调查。1985 年国务院成立全国水资源协调小组对全国水资源再次进行调查，提出了《中国水资源概况和展望》。与此同时，80 年代初，以华士乾教授为首的研究小组曾对北京地区的水资源系统利用系统工程的方法进行了研究，该项研究考虑了水量的区域分配、水资源利用效率、水利工程建设次序以及水资源开发利用对国民经济发展的作用，可以说是水资源系统中水量调查与分配的前辈。1994 年至 1995 年，由联合国 UNDP 和 UNEP 组织援助、新疆水利厅和中国水科院负责实施的"新疆北部地区水资源可持续总体规划"项目，对新疆北部地区的经济、水资源和生态环境之间的协调发展进行了较为充分的研究，提出了基于宏观经济发展和生态环境保护的水资源规划方案。总的来说，我国水资源调查研究虽然起步晚，但研究步伐快，现在对我国水资源大体情况了解，并水资源问题都进行了大量的研究。推动了我国水资源的持续利用，为今后水资源研究提供的理论与实例、经验，经过多年的研究得出我国水资源的特征。

由于我国国土面积大，加上位于亚欧大陆东侧，太平洋的西边，同时地跨高中低三个纬度区，受东南季风、西南季风与我国西高东低的自然地理特征的影响，各地气候差异很大，因此我国水资源在时空分布上极不均衡。经过分析有以下特点：

（1）水资源总量在地区上分布不均衡。由于我国大部分河川径流的补给来源是降水，因此受到海陆位置、气候、地形等因素的影响，我国水资源的地区分布趋势与降水分布趋势大体上相同，呈东南多、西北少，由东部沿海地区向西北内陆减少，并且分布不均匀。

（2）水资源总量在时间分配上也呈现出相似的特点：分布不均匀。由于受季风气候的影响，我国降水情况和河川径流情况在季节分配上不均匀，年际变化大，枯水年和丰水年相继持续出现。其中我国降水的年际变化随季风出现的次数、季风的强弱及其夹带的水汽量在有很大的相关性，导致了水资源总量在时间分配上不均匀。

（3）我国水资源的总体形势是：总量不小，污染严重，大部分地区严重缺水（水量型或水质型），水生态系统退化。

（四）我国水资源现状

1. 人口快速增加及城市化发展对水需求急剧增加

20 世纪 80 年代中国水需求总量为 4400 亿 m^3，20 世纪 90 年代为 5500 亿 m^3，2000 年增至 6000 亿 m^3，2010 年需求总量近 7000 亿 m^3。预计 2030 年将增至 8200 亿 m^3。目前，中国人口已达 13 亿，今后，中国人口仍将继续增长，预计 2030 年将达到高峰。2050 年，中国人均拥有水资源量将从 20 世纪 80 年代的 2700m^3 减至 1700m^3，中国有近 2/3 的城市将出现供水不足，年缺水量约 60 亿 m^3。

2. 时间空间上的分布不均

受季风气候的影响，我国降水和径流在年内分配上很不均匀，年际变化大，枯水年和丰水年持续出现。降水的年际变化随季风出现的次数、季风的强弱及其夹带的水汽量在各年有所不同。年际间的降水量变化大，导致年径流量变化大，而且时常出现连续几年多水段和连续几年的少水段。

我国地域覆盖宽广，降雨时空分布存在严重差异，再加上水资源严重短缺。因此，水资源时空分布明显不均。同时，中国又是人口大国，各地人口分布不等，因此造成人均淡水资源、水资源可利用量以及人均和单位面积水资源数量极为有限，也造成了地区分布上的极大差异。这就构成了中国水资源短缺的基本国情和特点。目前，水资源短缺问题已成为国家经济社会可持续发展的严重制约因素。长江流域每年新增人为水土流失面积 1200km²、新增土壤侵蚀 1.5 亿 t。自 1954 年以来，长江中下游水系的天然水面减少了 12000km²。这从另一个方面，又影响了中国水资源的分布问题。

3. 极端灾害频繁

1949 ～ 1991 年的 43 年中，全国每年平均受灾面积 780 万 km²，成灾面积 431 万 km²。1998 年，长江、嫩江及松花江爆发百年不遇的洪水，连续 70 天超警戒水位，直接经济损失 2642 亿元。干旱缺水是中国经济社会发展的主要障碍，每年因缺水影响工业产值约 2300 亿元。近年，由水资源缺乏而引起的旱灾在一些地区，如松辽平原、黄土高原、云贵高原等，年减产粮食 200 万 ～ 300 万 t。目前，全国有 6000 万人口严重缺水。20 世纪 90 年代以来，一些地区水资源供需矛盾突出，缺水范围扩大，程度加剧。近期的如今年的百湖之城武汉大水灾，黄河水土流失严重等等。

4. 水资源污染严重

根据测试，我国水资源普遍受到污染。以 2003 年为例，辽河、海河、淮河、巢湖、太湖、滇池，其主要水污染物排放总量不断长高。淮河流域几乎一半的支流水质受到严重污染；辽河、海河生态用水严重短缺，其中位于内蒙古区的西辽河已经连续多年断流。巢湖、太湖、滇池等水质已经处于劣五类，总磷、总氮等有机物污染严重。

5. 水生态系统退化

受经济社会用水快速增长和土地开发利用等因素的影响，我国水生态系统退化严重。江河断流，湖泊萎缩，湿地减少，水生物种减少和生境退化等问题突出。淡水生态系统功能整体呈现"局部改善，整体退化"的态势，北方地区地下水普遍严重超采，全国年均超采 200 多亿 m³，现已形成 160 多个地下水超采区，超采区面积达 19 万 km²，引发了地面沉降和海水入侵等环境地质问题。

（五）水资源管理存在的问题

1. 水资源过度开发，短缺问题日益突出

调查资料显示，多年来，中国地下水平均超采量约 74 亿 m^3，超采区面积已达 18.2 万 km^2，其中严重超采区面积已占到 42.6%。在一些地区，已经出现了地面沉降、塌陷、海水入侵等严重问题，这进一步加剧了环境恶化，影响了水资源质量。

2. 水资源缺乏高效利用

工业生产用水效率低，导致成本偏高，产值效益不佳。尽管在北京、天津等大城市实现了水的循环利用，城市工业用水的重复利用率超过 90%，但全国大多数城市工业用水仍然浪费严重，平均重复利用率只有 30% ~ 40%。从客观因素方面分析，一方面，人口不断增加、工农业生产快速发展、人民生活水平不断提高，使得用水量不断增多。另一方面，温室效应逐步出现，全球气候不断变化又导致了降水量的减少。从人为因素分析，由于中国水资源利用率偏低、污染严重、管理不善等，也严重影响了水资源的效能。

3. 节水治污不到位

一方面，全民节水意识有待增强；另一方面，有关部门需要采取一些有力、有效的节水措施。在治污方面，地表水中五类水的比例越来越大。原因大致有两个方面：一是国家制定的环境质量标准较高，而工业企业污染源排放标准较低，两者存在明显矛盾；二是需加大治污力度，由于城市规模逐步扩大，生活水平逐步提高，市民生活污水排放量急剧增加，造成城市污水处理设施短缺，生活污水得不到及时有效处理。必须加大建设污水处理设施的力度，以解决城市污水处理问题。

4. 水利设施存在威胁

第一，现有水利基础设施逐步萎缩衰老，配套的工程保安、维修、更新和功能完善任务艰巨，由于诸多历史原因造成的许多水利基础设施配套差、尾工大、设备老化失修、管理水平低、运行状态不良，至今仍没有充分发挥应有作用的现象日益显露。第二，设施科技含量低和管理基础差，提高科技和管理水平任务艰巨，在水利建设的指导思想上，仍存在重建设，轻管理，管理机构不健全，管理人员素质偏低等现象。

二、水资源规划的含义和任务

水资源规划可定义为"对一项水资源开发的工程计划，条理化地、从阐明开发目标开始，通过各种方案的分析比较，到开发利用方案的最后决策，进行一系列研究计算的总称。"在水资源开发实施的全过程中，它是一个总揽全局、带有战略性的重要环节。

水资源规划的任务，简单说是应采用什么措施、方法来满足用水需要，以兴利除害；也就是既能使水尽其利，又能使天然的水土资源得到必要的保护和改善。这里的措施、方法，既包括各种水利工程建筑和设备，也包括一些非工程措施，如管理和法规方面的办法、措

施之类。在规划时这些措施是否适用，不仅取决于其技术上的有效性，还取决于其他方面，如经济、财务、环境和社会影响，以及政策法规上能否接受。

水资源规划按其规划的范围、对象，通常可分为三类，即：①全地域性的构架规划；②流域规划或地区规划（包括专项规划）；③工程规划。

第①类是属于大范围，多个流域和地区间宏观性的水资源规划。往往着眼于地域水资源清册、需水情况和中、长期预测，配合经济和社会发展的水资源问题。根据这些从构架性宏观全局的角度，研究解决分区水资源问题的方向、总的构想和策略、对策。例如"全国水资源利用现状、供需关系分析及关于农业水利化的方向与建议""华北地区水资源供需现状、发展趋势和解决的战略措施的研究"等都可归入此类。

第②类规划属于一个流域或地区内的多目标治理和水利水电开发，其范围已较前一类为小。由于水利工程与流域水系（或地区）各个国民经济部门联系十分密切，因此需要全面系统地进行综合研究，也就是全流域的规划或地区规划。其研究程度远较第一类为细。它研究所述范围长时期内水资源开发管理的合理途径，研究来水、用水的预测协调，水利水电工程的位置布局、初步规模和建设程序，并以费用最小或其他指标来选定最优的规划方案，以保证有步骤、有次序地开发流域（或地区）的水资源。这类规划也常包括一些跨流域、跨地区的专项水利规划，它是以防洪排涝、灌溉、航运等某一单项目标为主的规划。例如以解决供水为主的南水北调规划，以排涝为主的江苏里下河地区治涝规划等。此外还有以行政区为限的，如省、市、县的水利规划，性质上亦属于这类"面"的地区性规划。

第③类工程规划是属于单一工程项目的水资源利用开发规划，它的地域范围已多少带有"点"的特征，而不像前一类规划之具有"面"的特征。工程规划必须是在流域或地区规划的基础上，根据流域规划所拟定的建设顺序所确定的近期工程，作更深人的规划。这类规划实际上也就是目前常称的"可行性研究"，其主要任务在于对所提工程项目的建设，明确是否切实可行，是否应该在近期组织实施。

上述后两种规划的分类，也可从基本建设程序的角度来加以说明。我国水利水电工程的基本建设，在施工前的阶段，称为前期工作阶段。前期阶段的工作，对大中型工程而言，又分三个主要环节，那就是：规划、可行性研究和设计（包括初步设计、修正设计和施工详图三个分支环节）。这里的规划也就是前面分类中所述的流域或地区规划；而可行性研究环节，就相当于前面工程规划的阶段。

前期工作中，上述三个环节的任务各有所长。流域规划是流域水利开发治理的总体规划，是根据多目标综合利用的各种要求进行干支流梯级和库群的布置，分洪、灌溉等枢纽建筑物的配置和相应河线渠线的规划，以及河道整治、湖区治理等，并从方案比较来选定这些大的工程措施以及主要工程项目建设的大致顺序。因此它是一种战略性的总安排。

可行性研究是以单项工程或为某一目的而开展的研究，它以水利规划为依据，根据经济和社会发展需要，生态环境方面允许，研究该项目在一些关键性问题上的技术可行性和综合效果的有关情况，及是否应该修建。所以，可行性研究是为了形成和确定项目，是决定项目命运的关键工作。这一阶段如完成通过，一般项目本身及重大问题，如坝址位置、规模、开发任务等也就确定下来了。

至于工程设计，则是在项目已经确定要干了，工程地址、技术方案、投资范围等前提已经明确的条件下，为了解决工程建设的技术经济问题而进行的，故是一项实施性的具体技术经济工作。这里包括一系列重要的设计内容，如大坝和水库主要参数的选定，各水工建筑物类型、尺寸和结构设计，施工方法，工程投资和效益，以及一些基本资料（如水文、地质、经济等）的复核补充工作。

但是上述这些工作内容，有时是反复进行的，目前所处阶段未必已很清楚。例如一些流域机构认为主要参数选择和经济分析应在可行性研究（也可延至初步设计）阶段做出结论，以后阶段必要时做复核工作。

水利工程基本建设上述这一套由规划到设计的工作程序，一方面体现了由整体到局部，由战略到战术，由面到点，由粗到细，前后呼应，逐步深入，极为严密和科学的工作方法。另一方面，很多内容在不同阶段常需反复进行，周而复始，不能截然划分，甚至在一次规划设计完成后，还需要定期进行修改补充（有作滚动规划），以适应客观情况的发展变化。这些都是水资源本身变化特性和多方面效应，以及与其他自然资源相比，其开发利用的复杂性、特殊性所决定的。

三、水资源利用的近代发展

流域的水利资源，包括地面和地下水，河流的上中下游和干支流各个部分，其拥有的水量、水能和水质，是社会的一种重要而又宝贵的财富。它们作为一个有机联系的完整的系统，对国家的经济建设和生活环境起着不可替代的作用。在第二次世界大战以后，特别是近十多年来，随着全球人口的快速增长、城市化进程的加快和工农业生产的迅速发展，水资源的需求大幅度增加，水质和环境问题也日益突出。不少地方水资源紧缺，出现水质污染，甚至发生水荒和公害，这使对水资源的综合开发和综合管理的要求，不仅愈来愈广泛复杂，而且愈来愈迫切。在一些地区和城市甚至已成为经济和社会发展的主要制约因素。

上面这些对水资源开发利用要求的新发展，概括起来便是：从性质上讲，已经从单纯的对水量、水能的要求，发展到对水质和水环境的规划和保护控制要求，从除害兴利，发展到防害兴利。从地域范围讲，已从一个河段、一条河流，扩展到整个河系流域，甚至跨流域的开发治理。从服务部门讲，已从传统的农业灌溉、电力、给水、航运，扩展到环境、社会经济和社会福利方面。因此，典型的水资源开发管理问题，往往涉及广大地区内众多的河流、土地上，多个工程，多项开发目标，多种约束，多种内外因素相互影响构成的完整系统，这就是水资源系统的规划或优化规划。它是人工控制和改造河流，进行径流时空调节的最新发展。

水资源系统的上述规划，是一个如此复杂的问题，因此从规划这一环节来说，必然需要一种与之相适应的新途径来分析和求解。从我国的情况来看，目前不少流域上水库大坝愈建愈多；全河整体的梯级开发和调度，以至跨流域调水等，也多有需要；水源环境的保护，即水质污染问题，在一些河流已多次出现。因此，以前用于单一河段、单一水库以及仅为经济开发目标的规划思想和设计方法，看来已不能很好适应，而需要从流域或水库群整体的观点和对水资源利用控制的多用途、多目标的全面要求，来分析和研究水资源的统一规划和管理。这里所谓"多用途"，是指水利工程建设的服务对象和利用的受益部门，如防洪、水力发电、灌溉、航运等。而"多目标"则是指各用水部门的具体生产开发目标，如水力发电的电能和出力，灌溉、给水的供水量或保证供水量等。

谈到现代意义的水资源管理或所谓水资源系统的规划、设计和控制运用已涉及社会和环境问题。因此，其内容、意义和目标等，都更为广泛。从学科角度来讲，已不是作为纯粹工程性质的所谓技术科学的一部分（如土建工程等），而是在一定程度上，提高、扩展到了水圈和地圈范围内，人类规划自身生存环境，进行国土整治的更高境界和水平。

以上这些关于水资源开发利用方面的新内容，虽然还处于形成和发展阶段，但是具有重大的发展意义，因此已成为一个水利工作者在掌握课程的传统内容之余，所应该重点了解和重视的问题。

第三节　水文及城市化对水文的影响

一、水文学

水文学是研究地球上各种水体变化规律的一门科学。它主要研究各种水体的形成、循环和分布，探讨水体的物理和化学特性，以及它们对生物的关系和对环境的作用。水体是指以一定形态存在于自然界中的水的总称，如大气中的水汽，地表的河流、湖泊、沼泽、海洋等，地下水。

各种水体都有自己的特性和变化规律。因此，水文学可按其研究对象不同分为：水文气象学、地表水水文学和地下水水文学三大类。其中地表水水文学又可分为河流水文学、湖泊水文学、沼泽水文学、冰川水文学、海洋水文学和河口水文学等。

一般所谓的水文学主要是指河流水文学，因各种天然水体中，河流与人类经济生活的关系最为密切，与其他水体水文学相比，河流水文学起源最早、发展最快，已成为一门内容比较丰富的科学，河流水文学按研究任务的不同，可划分为下列一些学科：

（1）水文测验学及水文调查。研究获得水文资料的手段和方法，站网规划理论，整编水文资料的方法及水文调查的方法和资料整理等。

（2）河流动力学。研究河流泥沙运动及河床演变的规律。

（3）水文学原理。研究水文循环的基本规律和径流形成过程的物理机制。

（4）水文试验研究。运用野外试验流域和室内模拟模型来研究水文现象的物理过程。

（5）水文地理学。根据水文特征值与自然地理要素之间的相互关系，研究水文现象的地区性规律。

（6）水文预报。在分析研究水文现象变化规律的基础上，预报未来短时期（几小时或几天）内的水文情势。

（7）水文分析与计算。在分析研究水文现象变化规律的基础上，预估未来长时期（几十年到几百年以上）内的水文情势。

水文学并非是一门纯粹的理论科学，它有许多实际用途，通常使用"应用水文学'一词来强调它的使用意义。水文学的应用范围很广，其中工程水文学是应用水文知识于水利工程建设的一门学科。它研究与水利工程的规划、设计、施工和运行管理有关的水文问题，主要内容为水文计算和水文预报，任务是为水利工程的规划、设计、施工和运行管理等提供正确、合理的水文数据，以充分开发和利用水资源，发挥工程效益。此外，还有农业水文学、城市水文学、森林水文学等应用水文学分支。

二、水文现象的基本特点和规律

（一）水文现象的基本特点

地球上的降水和蒸发，河流中的水位、流量和含沙量等水文要素，在年际间和年内不同时期，因受气候、下垫面及人类活动等因素的影响，其变化是很复杂的，这些水文要素变化的现象称为水文现象。根据对水文要素长期的观测和资料分析，发现水文现象具有不重复性、地区性和周期性等特点。

1. 不重复性

不重复性是指水文现象无论什么时候都不会完全重复出现，如河流某一年的流量变化过程，就不可能与其他任何一年的流量变化过程完全一致。这主要是由于影响水文现象的因素甚为复杂，各种因素在不同年份的组合不同而致。这就是所谓的水文现象的随机性。

2. 地区性

地区性是指水文现象随地区而异，每个地区都有各自的特殊性。但在气候及下垫面因素较为相似的地区，水文现象则具有某种相似性，在地区上的分布也有一定的规律。例如，我国南方湿润地区多雨，降水在各季节的分布也较为均匀；而北方干旱地区少雨，降水又集中在夏秋两季。因此，降水面积相近的河流，年径流量南方就比北方大，年内各月径流的变化，南方也较北方均匀些。

3. 周期性

周期性是指水文现象具有周期循环变化的性质。例如，每年河流出现最大和最小流量的具体时间虽不固定，但最大流量都发生在每年多雨的汛期，而最小流量出现在少雨或无雨的枯水期，这是因为影响河川径流的气候因素有季节性变化的结果。

（二）水文现象的基本规律

水文现象同其他自然现象一样，具有必然性和偶然性两方面，在水文学中则称之为确定性和随机性。

1. 水文现象的确定性规律

大家知道，河流每年都有汛期和非汛期的周期性交替，冰雪水源河流具有以日为周期的水量变化，产生这些现象的基本原因是地球的公转和自转。一条河流流域降落一场暴雨，这条河流就会出现一次洪水过程。如果暴雨的强度大、历时长、降雨范围大，产生的洪水就大。显然，暴雨与洪水之间存在着因果关系，这就说明，水文现象都有其客观发生的原因和具体形成的条件，它是服从确定性规律的。但是，水文现象的确定性规律难以用严密的数学方程表达出来。

2. 水文现象的随机性规律

河流某断面每年汛期出现的最大洪峰流量或枯水期的最小流量、年径流量的大小是变化莫测的，具有随机性的特点。但是，通过长期观测可以发现，特大洪水流量和特小枯水流量出现的机会较小，中等洪水和枯水出现的机会就较大，而多年平均年径流量却是一个趋于稳定的数值。水文现象的这种随机性规律需要有大量资料统计得出，所以通常称为统计规律。

综上所述，因水文现象具有不重复性的特点，故需年复一年地对水文现象进行长期的观测，积累水文资料进行水文统计，分析其变化规律。由于水文现象具有地区性的特点，故在同一地区，只需选择一些有代表性的河流及河段设站观测，然后将其观测资料经综合分析后，应用到相似地区。为了弥补资料年限的不足，还应对历史上和近期出现的大暴雨、大洪水及枯水，进行定性和定量的调查，以全面了解和分析水文现象变化的规律。

三、水文学的研究途径和方法

根据上述水文现象的基本特点和规律，水文学的研究途径可归纳如下。

1. 成因分析

根据水文现象与其影响因素之间存在确定性关系及观测的水文资料，从物理成因的角度出发，建立水文现象与其影响因素之间的数学物理方程，即以经过简化的确定性的函数关系来表示水文现象的定量因果关系。这样，就可以根据当前影响因素的状况，预测未来的水文现象，这种利用水文现象的确定性规律来解决水文问题的方法，称为成因分析法。这种方法能求出比较确切的结果，在水文现象基本分析和水文预报中，得到广泛应用。但由于影响因素较多，有时不易准确定量，不能完全满足工程的实际需要。

2. 数理统计

根据水文现象的随机性，以概率论为数学工具，通过对实测水文资料的分析，求取长期水文特征值系列的概率分布，并运用这种统计规律为工程规划设计等提供所需的设计水文特征值。这种途径是根据过去的观测资料预估和推测未来的变化，它并没有阐明水文要素之间的因果关系，也不能按时序确定它的数量，但数理统计法仍是水文计算的主要方法。

3. 地区综合

根据水文现象的地区性规律，在缺乏资料的地区，可借用邻近地区的资料，或利用分区、分类综合分析的成果，即用水文要素等值线图或分区图，地区性的经验公式或图表来估算工程规划设计所需的水文数据。

上述三种途径和方法，应是相辅相成、互为补充的，但都应重视基本资料的调查和分析，各地可根据地区特点、资料情况，采用的途径有所侧重，但应遵循"多种方法，综合分析，合理选定"的原则，确定设计成果。

四、城市化对水文过程的影响

城市化对水文过程的影响主要表现在以下几个方面，即对流域下垫面条件的改变，水文循环要素的变化、洪水过程线的变化，城市水土流失等的影响等。

1. 流域下垫面条件的改变

流域的变化主要表现在不透水面积和河道水流传播两个方面。城市化必将使流域内大片土地被用来建设工业区、商业区和住宅区。城市街道、公园场地、屋顶等均为不透水面积或微透水面积，使部分壤中流变成了地表径流。再者城市化后整治了市区的行洪通道、建设了城市排水系统，与原来的自然状况比较，则缩短了坡面汇流时间，减少了河道的调蓄水能力与糙率，从而加速了水流的传播速度。一些城市的盲目开发造成了水面率和天然调蓄能力降低，加之目前大部分的城市防洪标准不够，极易遭受江河洪水和地区暴雨的侵袭而造成洪涝。

2. 水文循环要素的变化

城市化将显著影响水文循环系统中降雨、蒸发、地表径流、地下径流等要素。加拿大安大略（Ontario）城市排水下属委员会发表的"关于城市排水实用手册"中提出了城市化引起水文要素之间分配比例的变化，见表1-3-1。其中城市化后的地表径流与屋顶截流直接进入城市雨水管道，成为雨水管径流。

表1-3-1 城市化前、后水文循环要素的变化

水文要素	降雨	蒸发	地表径流	地下径流	屋顶截流	雨水管径流
城市化前	100%	40%	10%	50%	0	0
城市化后	100%	25%	30%	32%	13%	43%

城市化对降雨的影响，章农（Changnon，1971）等人在美国圣路易州布设了250个雨量器，观测研究表明，城市的降雨量较大，在森林地区截流量最高，不透水面积上的洼蓄量低于青草地区的洼蓄量。河海大学与南京水文水资源研究所对天津市区及海河干流区水文资料的分析表明，城市化使市区暴雨出现的频率明显增加，使市区各时段设计暴雨量较郊区明显增加，降雨年内分配呈现微弱的均化趋势而入渗量却随城市化程度增加而减少。由于城市化的结果使市区房屋林立，道路纵横，排水管网纵横交错，市区糙率显著减少，地面漫流的汇流速度显著增大。年径流量是随着城市化不同程度而变化，若不透水率增加则总地表径流增加。地下水在水文循环中维持某一基流，城市化影响一般地减少基流并降低地下水位。

3. 对洪水过程的影响

在径流形成过程的诸要素中，研究城市化对植物截留及蒸散发的影响意义不大。城市化对下垫面条件的改变，主要影响到下渗及洼蓄量。洼蓄量一般较小，经验估计为1.5 ~ 3.0mm，最终将耗于蒸发。下渗能力的变化主要表现为减少，城市化将原始的透水地表改变为不透水地表，糙率相对减少，下渗通量为零，壤中流减少或为零，使汇流速度加快，地表径流量增加，一般减少基流并降低地下水位。

4. 城市水土流失

城市水土流失是一种典型的城市水文效应。城市建设发展过程中，大量的建筑工地使流域地表的天然植被遭到破坏，裸露的土壤极易遭受雨水的冲蚀，形成严重的水土流失从而改变了地表物质能量的迁移状态，增加了水循环过程中的负载。特别是对上游山地的开发占用，造成的水土流失极易引发河道堵塞、淤积及山体滑坡和泥石流等自然灾害。

第四节　生态水利工程学的知识体系

一、生态水利工程的定义

对于生态水利工程学的定义，国内最早出现在董哲仁教授的文中，后被广泛应用。其简称生态水工学，是在水利工程学的基础上，吸收、融合生态学的理论，建立和发展新的工程学科，是水利工程学的分支，当然确切地说是未来水利工程学的归属，其相应英文翻译为Ecological-Hydraulic Engineering，简称为Eco-Hydraulic Engineering。它以弱化或削减由于水利工程设施对水生态系统产生的负面影响为基础，以人类与自然和谐共存为理念，探讨新的工程规划设计理念和相适应的工程技术的工程学。

二、生态水利工程发展的理念

1. 尊重自然的理念

自然河流的地貌形态是河流经过千百万年甚至更久，发展与演化的结果，也是河流与与其相关环境相互作用，逐渐建立起来的自然均衡状态。河流地貌与河流形态的外在稳定，保证了河流生态系统的平衡与稳定。在河流自然状态下，河流生态系统里的各类动植物得到健康发展，在生存地繁衍生息，与之相关的物质和能量流通也得以良好循环。因此，生态水利工程秉承尊重自然的理念，尽可能在规划设计和建设中维持河流地貌和形态的原有自然状态。对于先前传统水利工程所造成的环境影响和生态破坏，在经济支持和保证防洪的前提下，可以进行重新设计和建设，使其河流岸边植物群落得到恢复，为动物群落的恢复创造条件，修复受损的河流生态，使尊敬自然的理念得以变成现实。

2. 水资源共享的理念

水是万物之源，不仅是人类生产和生活的基础资源，同时也是除过人类之外其他生物生活的不可或缺要素。一个地区的水资源平衡是维系本地区生态系统健康发展，生态环境稳定的根本条件。可是，人类发展史上，传统水利工程的发展所产生的一个主要问题就是人类过渡占有开发和利用水资源，导致流域内的生态环境变化，生物群落减少，生物链断裂等问题，严重破坏了生态系统的平衡和稳定。当代经济、科学和社会发展使我们逐步清晰地认识到了人与自然之间息息相关、不可分割的关系，同时也深切感受到生态破坏带给我们生存生活的问题，例如河流生态系统的破坏导致沿河以渔业为生的人民，渔业产量急剧下降，沿河渔民生活成为政府工作的议题，不得不为渔民谋划新的出路等。而这种现象的产生，莫不与我们生活息息相关的自然生态环境相关，因此，合理开发水资源，在保障我们自身生活、生产和经济发展的同时，也应该保障生态环境健康、持续、稳定发展的需水量，使人类与生物共享水资源。

3. 可持续发展的理念

"可持续发展"在我们的生活中早已耳熟能详，是人类在总结自身发展历程之后，提出的新的发展模式，其含义自然不用多说，其目的是使人口—资源—环境协调发展。由于水资源是人类生存、生活和发展最重要的基本要素，而传统的水利工程和水资源的开发利用模式所产生的问题显现出来，在总结之前发展中存在的问题之后，学者和专家们发现，可持续发展是水资源的开发和利用的必然结果。结合可持续发展的理念，应用到水资源开发和利用上来，我们可以得知，可持续发展需要我们了解水资源储量，并知道水资源的承载能力，对水资源进行优化配置，并且加强水资源开发利用的管理。具体来说就是在熟知水资源储量的基础上，结合当地社会、经济发展状况，在留够满足当地生态环境需水的前提下，把水资源合理分配到生产生活各个领域，以满足人类和自然生态环境系统共同健康发展。这不但需要我们在开发之前做到合理的规划和分配，也要做好后续的监督和管理，从体制和制度上保障水资源的可持续利用。

4.生态修复理念

在生态工程领域，生态系统和自然界自我设计与自我完善的概念主要是指生态系统的自我调节和反馈机制，也就是哲学中的否定之否定理论。具体到生态工程领域就是使生态系统具有适应各种环境变化，并进行自我修复的能力，在其基础上，研究生态系统可恢复的最低变化程度。生态水利工程从本质上讲是一种生态工程，与传统水利设计比较而言，生态水利工程设计是一种"导向性"的设计，工程设计者需要放弃传统水利工程设计时那种控制自然河道机制的想法，对生态系统进行分析，依靠其自身完整的结构和功能，加以人为干预，也就是结合生态系统的特点和人为治水的目的，把水利工程结构的设计和生态系统自身相应的结构的特点联系起来，再次进行合理的结构设计，辅助其功能的健全，使其有等同于自然状态下生态系统的结构和功能。当然，在生态水利设施设计的初始，我们必须保证建设好的生态水利工程设施有恢复到自然生态系统的最低变化程度的能力，即生态修复的能力。截至目前，生态修复技术常用的有：生物—生态修复、生物修复、水生生物群落修复、生境修复等技术。

三、生态水利工程学的研究内容

生态水利工程学是把人和水体归于生态系统，研究人和自然对水利工程的共同需求，以生态学角度为出发点而进行的水利工程建设，致力于建立可持续利用的水利体系，从而达到水资源可持续发展以及人与自然和谐的目的。生态水利工程学研究的内容广泛，涉及面广。在总结和归纳前人研究成果的基础上，发现生态水利工程学的主要内容有以下四部分。

水资源循环利用与水生态系统：结合水文学和生态学原理来研究河流流域内的生态系统；把水文情势的变化和生态系统的演变综合分析来研究其内在规律；研究水文环境要素变化对生态系统的作用，并对水资源和生态系统各要素之间的相关关系加以计算模拟。

生态水利的规划与设计：生态水利的一大研究内容就是水利工程的规划与设计，旨在研究流域生态系统承载人类干扰的最大能力，结合当地生态环境建设的要求和目标，提出符合生态要求和经济安全的水利建设规划与设计方案。生态水利学的规划设计涉猎广泛，融合水文学、环境学、生态学和水利学等多个学科，在规划设计中，需要对各学科的知识综合运用，以实现水资源的永续利用。本文主要以此为研究对象。

水利工程产生的生态效应：在对水资源的开发利用、保护管理和与生态环境之间相互关系研究的基础上，提出相应的评估预测方法和指标体系，并制定生态系统自我修复和重建的技术和工程方案。生态水利主要以防护为目标，注重工程治理和非工程辅助的措施，以恢复遭破坏流域的生态系统。

生态水利监督和管理：主要对生态水利监测和评价方法的研究，并建立相应的决策支持和预警系统，从而提出可满足生态安全的水资源配置方案与管理措施。

四、生态水利工程学的基本原则

生态水利学的基本原则是其生态水利工程规划和设计的基础，生态水利建设的目标要求也是对其工程的要求，在总结前人研究基础的基础上，本文归纳总结出生态水利工程学的五点基本能原则：

1. 工程安全性和经济性原则

生态水利工程是一项综合性工程，在河流综合治理中既要满足我们人的需求，也要兼顾生态系统健康和可持续发展的需求。生态水利工程要符合水利工程学和生态学双重理论。对于生态水利工程的工程设施，首先必须符合水利工程学的原理和原则，以确保工程设施的安全、稳定和耐久性。其次，设施必须在设计标准规定的范围内，能够承受各种自然荷载力。再者，务必遵循河流地貌学原理进行河流纵、横断面设计，充分考虑河流各项特征，动态地研究河势变化规律，保证河流修复工程的耐久性。

对于生态水利工程的经济性分析，应遵循风险最小和效益最大原则。由于生态水利工程带有一定程度的风险，这就需要在规划设计中多角度思考，多方位设计，然后比较遴选最适合最优的方案，同时在工程建立起来之后，要重视生态系统的长期定点监测和评估。

2. 河流形态的空间异质性原则

已有资料表明生物群落多样性与非生物环境的空间异质性存在正相关关系。自然的空间异质性与生物群落多样性的关系，彰显了物质系统与生命系统之间的依存和耦合关系，提高河流形态空间异质性是提高生物群落多样性的重要前提之一。我们知道河流生境的特点使河流生境形成了开放性，丰富性，多样化的条件，而河流形态异质性形成了多种生态因子的异质性，造就了生境的多样性，从而形成了丰富的河流生物群落多样性。

由于人类活动，特别是大型治河工程的规划和建设，导致自然河流渠道化及河流非连续化，使河流生境在不同程度上趋于单一化，引起河流生态系统的不同程度的衰退。生态水利工程的目标是恢复或提高生物群落的多样性，旨在工程建设的基础上，减少人为因素的干扰，利用自然生态的自我修复性，尽其可能使河流生态恢复到近自然状态或者生境多质性和生物多样性的情况，使其河流生态稳定、持续发展。

3. 生态系统自设计、自恢复原则

20 世纪 60 年代开始，有关生态系统的自组织功能被开始讨论，随后有不同学科的众多学者涉足这个领域，分析得出，生态系统的各种不同形式具有自我组织的功能，是自然生态系统的重要特征。自组织的机理是物种的自然选择，也就是说某些与生态系统友好的物种，能够经受自然选择的考验，寻找到相应的能源和合适的环境条件。在这种情况下，生境就可以支持一个能具有足够数量并能进行繁殖的种群。

4. 景观尺度及整体性与微观设计并重原则

当把生态水利工程学应用到河道治理上来的时候，我们必须考虑河流生态系统和水利

工程结合后的整体性。在大尺度景观上对河流进行生态水利规划和建设，就是从生态系统的结构和功能出发，掌握生态系统诸多要素间的交互作用，提出修复河流生态系统的整体、综合的系统方法，除了需要考虑河道水文系统的修复问题，还需要关注修复河流系统中动植物。

诚然，大尺度上是对景观的整体把握和控制，但也不能忽视局部小尺度的景观设计，因为景观的存在是以人为主体的，在景观整体性把握的前提下，也要注重微观小尺度景观，从而使全局景观更好的发挥优点，使生态水利工程的景观价值充分得到展现。再者，有时候小尺度的成败决定了大尺度的成败。

5. 反馈调整式设计原则

生态系统是发展的系统，河流修复也不是朝夕而就。长时间的尺度上看，自然生态系统的进化是数百万年时间的积累，其结果是结构的复杂性；生物群落的多样性；系统的有序性及内部结构的稳定性都得到提高，同时抗外界干扰的能力加强。短时间的尺度来看，生态系统之间的演替也需要几年时间，因此，河流修复或生态河道治理工程中，需要长远计划。生态水利工程的规划设计主要是人为仿造稳健河流系统结构，完善其功能，以形成一个健康、稳定的可持续发展的河流水利生态系统。

五、生态水利工程设计目前存在问题

生态水利工程学在理论研究方面日趋完善，实践应用也有所建树，但生态系统破坏和自然环境功能弱化等问题仍旧发生。由于本文所需，主要对工程设计方面存在许多问题加以总结归纳，结合现有研究和归纳总结，其在工程设计方面主要面临四个问题。

（1）不同区域之间，缺乏基于本区域的工程设计方法与评价标准。由于我国幅员辽阔，不同区域之间，水文要素差异明显，典型的有沿海和内陆差异，南北差异。因此，我们水利工作者在水利工程设计和实践中，务必秉着"具体问题，具体对待"原则，结合工作所在地的具体情况，选择合适的工程设计方法，制定合理的工程标价标准，避免千篇一律现象的产生。

（2）水利工程设计者缺乏相应的生态理论和实践知识，同时也缺少与生态科技工作者的合作机会和体制。由于生态水利工程起步比较晚，现今的水利工程设计者中只有部分掌握生态水利设计的知识，在缺少与生态科技工作者的合作的情况下，不能满足当前生态水利的快速发展和广泛应用。现阶段水利工程的设计，依然停留在传统设计的地步，使相当部分可以实施生态水利工程的项目被传统工程所把持，造成不必要的经济、社会和生态损失。

（3）已有水利工程设施与生态水利工程设施之间难以协调运作。已有水利工程建设较早，或已在工程所在区域形成新的生态系统，在新的生态水利工程建设时，难免与其相互影响，造成次生生态破坏；或原有水利工程造成的生态破坏依然存在，需要对其重新进行生态水利工程建设，则需要对原有设施进行改造或重修；或新的生态水利工程设施与原有工程在同一区域，二者之间联系紧密，在建设新的工程时，就需要对二者进行协调，使其健康运作。

（4）生态水利工程设计缺少相应的生态水文资料。生态水利工程的设计，不但需要水文资料，也需要相关的生态资料，由于二者分属不同部门，一来，资料难以互通利用；二来，资料的有效性也难以得到保障。

第二章　水利工程测量

　　测量学是研究地球及其表面各种形态的学科，主要任务是测量地球表面的点位和几何形状，并绘制成图，以及测定和研究地球的形状和大小。水利工程测量是在水利规划、设计、施工和运行各阶段所进行的测量工作，是工程测量的一个专业分支。它综合应用天文大地测量、普通测量、摄影测量、海洋测量、地图绘制及遥感等技术，为水利工程建设提供各种测量资料。

第一节　水利工程测量概述

一、测量基本理论知识及工作

　　由开头已提出测量学的原理，测量学随着科技的发展，在如今，按研究对象和研究范围的不同，可分为大地测量学、地形测量学、摄影测量学、工程测量学、制图学，水利工程测量就属于工程测量学其中一项。水利工程测量的主要任务是：为水利工程规划设计提供所需的地形资料，规划时需提供中、小比例尺地形图及有关信息以及进行建筑物的具体设计时需要提供大比例尺地形图；在工程施工阶段，要将图上设计好的建筑物按其位置，大小测设于地面，以便据此施工，称为施工放样；在施工过程中及工程建成后的运行管理中，都需要对建筑物的稳定性及变化情况进行监测—变形观测，确保工程安全。学会测量，得先学会确定地面点的位置，概略了解地球的形状和大小，建立适当的确定地面点位的坐标系。测量的基本原则是在布局上由整体到局部，在工作步骤上先控制后碎部，简单点就是先进行控制测量，然后进行碎步测量。

　　确定地面点高程的测量工作，称为高程测量。高程测量按使用的仪器和施测方法的不同，可分为水准测量、三角高程测量、气压高程测量和 GPS 测量等。在工程建设中进行高程测量主要用水准测量的方法。而我们所学的，也主要是水准测量。水准测量是运用水准仪所提供的水平实现来测定两点间的高差，根据某一已知点的高程和两点间的高差，计算另一待定点的高程。进行水准测量的仪器是水准仪，所用的测量工具是水准尺和尺垫。水准仪的安置是在设测站的地方，打开三脚架，将仪器安置在三脚架上，旋紧中心螺旋，仪器安置高度要适中，三脚架投大致水平，并将三脚架的脚尖踩入土中。用水准测量方法确定的高程控制点称为水准点（一般以 BM 表示），水准点应按照水准路线等级，根据不同性质的土壤及实际需求，每隔一定的距离埋设不同类型的水准标志或标石。水准仪有视准轴、水准管轴、圆水准器轴仪器竖轴四条轴线，而在这其中，圆水准器轴应平行仪器竖轴、十字丝横丝应垂直于仪器竖轴、水准管轴应平行于视准轴。在进行水准测量工作中，由于人的感觉器官反映的差异，仪器和自然条件等的影响，使测量成果不可避免地产生误差，因此应对产生的误差进行分析，并采用适当的措施和方法，尽可能减少误差予以消除，使测量的精度符合要求。

　　确定地面点位一般要进行角度测量。角度测量是测量的基本任务之一，在测量中与边长一样占有比较重要的位置，角度测量是次梁的三个基本工作之一。角度测量包括水平角测量和竖直角测量。所谓的水平角，就是空间两条直线在水平面上投影的夹角。在通一竖直角内，目标方向与水平面的夹角称为竖角，亦称垂直角，通常用 $\alpha \in (-90°, +90°)$，当视线位于水平方向上方时，竖角为正值，称为仰角；当视线位于水平方向下方时，竖角为负值，称为俯角，根据竖角的基本概念，要测定竖角，必然也与水平角一样是两个方向读数的差值。经纬仪是角度测量的主要仪器，它就是根据上述水平角和竖直角的测量原理设计制造，同时，和水准仪一样还可以进行视距测量。经纬仪的使用包括仪器安置、瞄准和读数三项。水平角的观测方法有多种，但是为了消除仪器的某些误差，一般用盘左和盘右两个位置进行观测。竖盘又称垂直度盘，它被固定在水平轴的一端，水平轴垂直于其平面且通过其中心。最终，为了测得正确可靠的水平角和竖角，使之达到规定的精度标准，作业开始之前必须对经纬仪进行检验和校正。角度观测的误差来源于仪器误差、观测误差和外界条件的影响三个方面。

　　距离测量是确定地面点位的基本测量工作之一。距离是指地面两点之间的直线长度。主要包括两种：水平面两点之间的距离称为水平距离，简称平距；不同高度上两点之间的距离称为倾斜距离，简称斜距。距离测量的方法有钢尺量距、视距测量、电磁波测距和 GPS 测量等。钢尺量距工具简单、经济实惠。其测距的精度可达到 1 / 10000 ~ 1 / 40000，适合于平坦地区距离测量，钢尺测量的主要器材有钢尺、测钎、温度计、弹簧秤、小花杆，其他辅助工具有测钎、标杆、垂球、温度计、弹簧秤和尺夹。视距测量是一种间接测距方法，它利用望远镜内十字丝分划板上的视距丝及刻有厘米分划的视距标尺，根据光学和三角学原理同时测定两点间的水平距离和高差的一种快速方法。普通视距测量与钢尺量距相比较，具有速度快、劳动强度小、受地形条件限制少等优点。但测量精度较低其测量距离的相对误差约为 1/300，低于钢尺量距；测定高差的精度低于水准测量和三角高程测量。视距测量广泛用于地形测量的碎部测量中。电磁波（简称 EDM）是用电磁波（光波或微波）作为载波传输测距信号直接测量两点间距离的一种方法。与传统的钢尺量距和视距测量相比，EDM 具有测程长、精度高、作业快、工作强度低、几乎不受地形限制等优点。边长测量是测量的基本任务之一，在求解地面点位时绝大多数都要求观测出边长。加之现在的测距仪器都比较先进、精度比较高而且距离测量的内、外也都比以前简单多了，所以距离的测量在现代测量中的地位越来越重要。

在测量工作中常要确定地面上两点间的平面位置关系，要确定这种关系除了需要测量两点之间的水平距离以外，还必须确定该两点所连直线的方向。在测量上，直线的方向是根据某一标准方向（也称基本方向）来确定的，确定一条直线与标准方向间的关系称为直线定向。直线的方向的表示方法有真方位角、磁方位角、坐标方位角以及三者之间的关系。通常用直线与标准方向的水平角来表示。测量工作中的直线都是具有一定方向的，一条直线存在正、反两个方向。

通常将能同时进行测角和光电测距的仪器称为电子速测仪，简称速测仪。速测仪的类型很多，按结构形式可分为组合式和整体式两种类型。

任何观测都是在一定的外界环境中进行的，不可避免的包含误差。产生测量的误差的主要原因是：使用的测量仪器构造不十分完善；观测者感官器官的鉴别能力有一定的局限性，所以在仪器的安置、照准、读数等方面都会产生误差；观测时所处的外界条件发生变化。测量误差是测量过程中必然会存在的，也是测量技术人员必须要面对和处理的问题。

二、小区域控制测量

在测量工作中，为了防止误差累积和提高测量的精度和速度，测量工作必须遵循"从整体到局部""先控制后碎部"的测量工作原则。即在进行测图或进行建筑物施工放样前，先在测区内选定少数控制点，构成一定的几何图形或一系列的折线，然后精确测定控制点的平面位置和高程，这种测量工作称为控制测量。控制测量分为平面控制测量和高程控制测量两部分。精确测定控制点平面坐标（x，y）的工作称为平面控制测量，精确测定控制点高程（H）的工作称为高程控制测量。根据国家经济建设和国防建设的需要，国家测绘部门在全国范围内采用"分级布网、逐级控制"的原则，建立国家级平面控制网，作为科学研究、地形测量和施工测量的依据，称为国家平面控制网。直接用于测图而建立的控制网为图根控制网。导线测量是平面控制测量的一种常用的方法，主要用于带状地区、隐蔽地区、城建区、地下控制、线路工程等控制测量。在野外进行选定导线点的位置、测量导线各转折角和边长及独立导线时测定起始方位角的工作，称为导线测量的外业工作。导线测量的外业工作包括：踏勘选点及埋设标志、角度观测、边长测量和导线定向四个方面。导线的内业计算，即在导线测量工作外业工作完成后，合理地进行各种误差的计算和调整，计算出各导线点坐标的工作。在面积为 $15km^2$ 内为满足需要进行的平面控制测量称为小区域平面控制测量。小三角测量是小区域测量的一种常用方法，他的特点是变长短、量距工作量少、测角任务重。计算时不考虑地球曲率影响，采用近视平差计算的方法处理观测结果。小区域平面控制网的布设，一般采用导线测量和小三角测量的方法。当测区内已有控制点的数量不能满足测图或施工放样需要时，也经常采用交会法测量来加密控制点。测角交会法布设的形式有前方交会法、侧方交会法和后方交会法。

精确测定控制点高程的工作称为高程控制测量。高程控制测量首先要在测区建立高程控制网，为了测绘地形图或建筑物施工放样以及科学研究工作而需要进行的高程测量，我国在全国范围内建立一个统一的高程控制网，高程控制网由一系列的水准点构成，沿水准路线按一定的距离埋设固定的标志称为水准点，水准点分为临时性和永久性水准点，等级水准点埋设永久性标志，三、四等水准点埋设普通标石，图根水准点可根据需要埋设永久性或临时性水准点，临时性水准点埋设木桩或在水泥板或石头上用红油漆画出临时标志表示。国家高程控制测量分为一、二、三、四等。一二等高程控制测量是国家高程控制的基础，三四等高程控制是一二等的加密或作为地形图测绘和工程施工工程量的基本控制。图根控制测量的精度较低，主要用于确定图根点的高程。

三、地形测量及地形图使用

地表的物体不计其数，测量学中，我们把它们分成两类:地物与地貌。将地表上的自然、社会、经济等地理信息，按一定的要求及数学模式投影到旋转椭球面上，再按制图的原则和比例缩绘所称的图解地图。为了测绘、管理和使用上的方便，地形图必须按照国家统一规定的图幅、编号、图式进行绘制。

地形图上两点之间的距离与其实际距离之比，称为比例尺。它又分数字比例尺和直线比例尺。图式是根据国民经济建设各部门的共性要求制定的国家标准，是测绘、出版地形图的依据之一，是识别和使用地形图的重要工具，也是地形图上表示各种地物、地貌要素的符号，地形符号包括地物符号、地貌符号和注记符号。地形图四周里面的四条直线是坐标方格网的边界线称为内图廓；四周外面的四条直线称为外图廓。当一张图不能把整个测区的地形全部描绘下来的时候，就必须分幅施测，统一编号，地形图的编号方法是：按照经纬线分幅的国际分幅法；按坐标格网分幅的矩形分幅法。

测绘前的准备:控制测量成果的整理，大比例尺地形图图式、地形测量规范资料的收集；测量仪器的检验和校正，以及绘图小工具的准备；坐标方格网控制；控制点的展绘。测量碎部点平面位置的基本方法：极坐标法、直角坐标法、方向交会法。地形测绘的方法：大平板仪测图法、小平板仪和经纬仪联合测图法、经纬仪测绘法、全站仪测绘法。地形图的绘制：地物描绘、地貌勾绘、地形图的拼接、地形图的整饰、地形图的检查。

绘制地形图的根本目的是为了使用地形图，地形图是工程建设中不可缺少的一项重要资料，因此，正确应用地形图是每个工程技术人员必须掌握的一门技能（求图上某点的坐标、两点之间的水平距离、方位角、高程、坡度的计算）。

四、水利工程测量

水利工程测量是水利工程建设中不可缺少的一个组成部分，无论是在水利工程的勘测设计阶段，还是在施工建造阶段以及运营管理阶段，都要进行相应的测量工作。

在勘测设计阶段，测量工作的主要任务是为水工设计提供必要的地形资料和其他测量数据。由于水利枢纽工程不同的设计阶段，枢纽位置的地理特点不同，以及建筑物规模大小等因素，对地形图的比例尺要求各不相同，因而在为水利工程设计提供地形资料时，应根据具体情况确定相应的比例尺。

例如，对某一水系（或流域）进行流域规划时，其主要任务是研究该水系的开发方案，设计内容较多，涉及区域范围广，但对其中的某些具体问题并不一定作详细的研究。为使用方便，一般要求提供大范围、小比例尺的地形图，即流域地形图。在水利枢纽的设计阶段，随着设计的逐步深入，设计内容比较详细。因此对某些局部地区，如库区、枢纽建筑区等主体工程地区，要求提供内容较详细、比例尺较大、精度要求较高的相应比例尺地形图。

由于为水利工程设计提供的地形图是一种专业性用图，因此在测量精度、地形图所示的内容等方面都有一定的特殊要求。一般来讲，与国家基本图相比，平面位置精度要求较宽，而对地形精度要求有时较严。当设计需用较大的比例尺图面时，精度要求可低于图面比例尺，即按小一级比例尺的精度要求施测大一级比例尺地形图。

在勘测设计阶段除了提供上述地形资料外，还应满足其他勘测工作的需要。如地质勘探工作中的各种比例尺的地形底图，联测钻孔的平面位置和高程，测定地下水位的高程；在水文勘测工作中测定流速、流向、水深，以及提供河流的纵横断面图等；此外，还需要为各种专用输电线、运输线和附属企业、建筑材料场地提供各种比例尺的地形图及相应的测量资料。

在水利枢纽工程的施工期间，测量工作的主要任务是按照设计的意图，将设计图纸上的建筑物以一定的精度要求测设于实地。为此，在施工开始之前，必须建立施工控制网，作为施工放样的依据。然后根据控制网点并结合现场条件选用适当的放样方法，将建筑物的轴线和细部测试于实地，便于施工人员进行施工安装。此外，在施工过程中，有时还要对地基及水工建筑物本身或基础，进行施工中的变形观测，以了解建筑物的施工质量，并为施工期间的科研工作收集资料。在工程竣工或阶段性完工时，要进行验收和竣工测量。

一个水利枢纽通常是由多个建筑物构成的综合体。其中包括有挡水建筑物（常称为大坝），它的作用大，在它投入运营之后，由于水压力和其他因素的影响将产生变形。为了监视其安全，便于及时维护和管理，充分发挥其效益，以及为了科研的目的，都应对它们进行定期或不定期的变形观测。观测内容和项目较多，用工程测量的方法观测水工建筑物几何形状的空间变化常称之为外部变形观测。通常包括水平位移观测、垂直位移观测、挠度观测和倾斜观测等。从外部变形观测的范围来看，不仅包括建筑物的基础、建筑物本身，还包括建筑物附近受水压力影响的部分地区。除外部变形观测之外，还要在混凝土大坝坝体内部埋设专用仪器，检测结构内部的应力、应变的变化情况，称其为内部变形观测；这种观测常由水工技术人员完成。在这一时期，测量工作的特点是精度要求高、专用仪器设备多、重复性大。

由上所述可以看出：在水利枢纽工程的建设中，测量工作大致可分为勘测阶段、施工阶段和运营管理阶段三大部分。在不同的时期，其工作性质、服务对象和工作内容不完全相同，但是各阶段的测量工作有时是交叉进行的，例如，在设计阶段为进行施工前的准备工作，亦着手布置施工控制网；而在施工期间，为了掌握施工质量，要测定地基回弹、基础沉降等，这就是变形观测的一部分内容；在工程阶段性竣工或全部完工之后，要进行竣工测量，绘制竣工图等，这其中又包括了测图的工作内容。而它们所采用的测量原理和方法以及仪器又基本相同。所以我们不能将各阶段的测量工作绝对分开，应看成是一个互相联系的整体。

水利工程测量贯穿于水工建设的各个阶段，是应用测量学原理和方法解决水工建设中相关的问题。由于近几年来，测绘仪器正向电子化和自动化方面发展，精度也在不断提高。各种类型的全站仪已使测角、量边完全自动化，尤其是瑞士徕卡生产的 ATC1800I 测量机器人，使变形观测完全自动化。它能自动寻找目标、自动观测、自动记录，真正实现了测量外业工作的自动化。同时，随着空间技术的发展，全球定位系统（GPS）精度不断提高，它可以提供精密的相对定位，特别是它不要求地面控制点之间互相通视，且可以大量减少施工控制网中的中间过渡控制点，这在水利工程测量中将发挥极大的作用，也为水工建筑物的变形观测提供远离建筑物的基准点创造了条件。

第二节　水利工程地形测量

一、水利工程地形测量概述

（一）基本概念

地形测量（topographic survey）指的是测绘地形图的作业。即对地球表面的地物、地形在水平面上的投影位置和高程进行测定，并按一定比例缩小，用符号和注记绘制成地形图的工作。水利工程地形测量指的是在水利工程规划设计阶段，为满足工程总体设计需要，在水利工程建设区域进行的地形测量工作。工程设计阶段的主要测绘工作是提供各种比例尺的地形图，但在工程设计初期，一般只要求提供比例尺较小的地形图，以满足工程总体设计的需要。随着工程设计进行的逐步深入，设计内容越来越详细，要求测图的范围逐渐减小，而测绘的内容则要求更加精确、详细。因此，测图比例尺也随之扩大，而这种大比例尺的测图范围又是局部的、零星的。

水利工程地形测量是水利工程测量的一部分，水利工程测量还包括施工中的放样测量，以及在施工过程中及工程建成后的运行管理阶段的变形观测。水利工程地形测量主要工作内容是指通过实地测量和计算获得观测数据，利用地形图图式，把地球表面的地物和地貌按一定比例尺缩绘成地形图，为水利工程勘测、设计提供所需的测绘资料。水利工程地形测量主要包括控制测量和碎部测量，其中控制测量又包含平面控制测量和高程控制测量两部分内容。

（二）发展简况

水利工程源远流长。在中国，《史记·夏本纪》记载，公元前 21 世纪禹奉命治理洪水，已有"左准绳，右规矩"，用以测定远近高低。在非洲，公元前 13 世纪埃及人于每年尼罗河洪水泛滥后，即用测量方法重新丈量划分土地。17 ~ 18 世纪测量仪器进入光学时代，各种光学测绘仪器应运而生，不但使仪器精度得到较大的提高，而且使仪器的体积和重量明显降低。20 世纪第二次世界大战后，航空摄影测量应用日益广泛，大面积的测图等工作一般用航测方法完成，大大减少了测量的外业工作量。20 世纪 50 年代后，测量工作吸收各种新兴技术，发展更加迅速。中国水利工程测量，从 20 世纪 70 年代后期以来，在控制测量方面，已普遍采用电子计算机技术以及电磁波测距导线、边角网等形式与优化设计方法。陆上地形测量已广泛应用航测大比例尺成图和地面立体摄影测量，并正由模拟测图逐步转向数字化、自动化测图；水下地形测量普遍应用回声测探技术，大面积水域测量开始应用微波测距自动定位系统。近年来，遥感技术已应用于地图编制、土壤侵蚀测绘和水深测量等方面，实现了利用卫星照片修测 1：50000 ~ 1：100000 比例尺地形图，并将逐渐实现利用卫星照片测制较大比例尺的地形图。

20 世纪 80 年代以后，出现了许多先进的地面测量仪器，为工程测量提供了先进的技术手段和工具。如光电测距仪、电子经纬仪、电子全站仪、GPS、数字水准仪、激光准直仪、激光扫平仪等，为工程测量向现代化、自动化、数字化方向发展创造了有利条件。全站仪和 GPS 的应用，是地面测量技术进步的重要标志之一。全站仪利用电子手簿或自身内存自动记录野外测量数据，通过接口设备传输到计算机，利用应用软件对测量数据进行自动处理或形成特定图形文件。它还可以把由微机控制的跟踪设备加到全站仪上，能对一系列目标自动测量，实现对多个目标进行自动监测，为测绘自动化、数字化发展开辟了道路。GPS技术因其观测速度快、定位精度高、观测简便、全天候、自动化程度高、经济效率显著以及不受地形约束等优点，已广泛应用于大地测量、工程测量以及地形测量等各个方面。全自动数字水准仪等仪器的出现，实现了几何水准测量中自动安平、自动读数和记录，使几何水准测量向自动化、数字化方向迈进。

二、主要测量方法和优缺点分析

（一）控制测量

为保证工程设计阶段各项测绘工作的顺利进行，需在工程设计区域建立精度适当的控制网。控制网具有控制全局、限制测量误差累积的作用，是各项测量工作的依据。对于地形测图，等级控制是扩展图根控制的基础，以保证所测地形图能互相拼接成为一个整体。控制测量分为平面控制测量和高程控制测量。平面控制网和高程控制网一般分别单独布设，也可以布设成三维控制网。

1. 平面控制测量

平面控制测量是为测定控制点平面坐标而进行的。平面控制网常用三角测量、导线测量、三边测量和边角测量等方法建立，所建立的控制网分别为三角网、导线网、三边网和边角网。

三角网是将控制点组成连续的三角形，观测所有三角形的水平内角以及至少一条三角边的长度（该边称为基线），其余各边的长度均从基线开始按边角关系进行推算，然后计算各点的坐标。三角测量是建立平面控制网的基本方法之一。三角测量法的优点是：几何条件多、结构强、便于检核；用高精度仪器测量网中角度，可以保证网中推算边长、方位角具有必要的精度。缺点是：要求每点与较多的邻点相互通视，在隐蔽地区常需建造较高的规标；推算而得到的边长精度不均匀，距起始边越远精度越低。

导线网是测定相邻控制点间边长，由此连成折线，并测定相邻折线间的水平角，以计算控制点坐标。导线测量布设简单，推进迅速，受地形限制小，每点仅需与前后两点通视，选点方便，特别是在隐蔽地区和建筑物多而通视困难的地区，应用起来方便灵活。随着电磁波测距仪的发展，导线测量的应用日益广泛。主要优点在于：①网中各点上的方向数较少，除节点外只有两个方向，因而受通视要求的限制较小，易于选点和降低规标高度，甚至无须造标；②导线网的网形非常灵活，选点时可根据具体情况随时改变；③网中的边长都是直接测定的，因此边长的精度较均匀。导线网的主要缺点是：①导线网中的多余观测数较同样规模的三角网要少，检核条件少，有时不易发现观测值中的粗差，因而可靠性不高；②其基本结构是单线推进，控制面积没有三角网大；③方位传算的误差较大。

三边网是在地面上选定一系列点构成连续的三角形，采取测边方式推算各三角形顶点平面位置的方法。在三边测量中，由一系列相互连接的三角形所构成的网形称为三边网。三边网要求测量网中的所有边长，利用余弦公式计算各三角形内角，从起始点和已知方位角的边出发推算各三角形顶点的平面坐标。由于用三边测量方法布设锁网不进行角度测量，推算方位角的误差易于迅速积累，所以需要通过大地天文测量测设较密的起始方位角，以提高三边测量锁网的方位精度。此外，在三角测量中，可以用三角形的三角之和应等于其理论值这一条件作为三角测量的内部校核，而测边三角形则无此校核条件，这是三边测量的缺点。当作业期间的天气条件不利于角度观测时，用微波测距仪建立二等或更低等的三边测量锁网，有较高的经济效益。工程测量中正在采用激光测距仪或红外测距仪布设短边的三边测量控制网。

边角测量是利用三角测量和三边测量，同时观测三角形内角和全部或若干边长，推求各个三角形顶点平面坐标的测量技术和方法。边角测量法既观测控制网的角度，又测量边长。测角有利于控制方向误差，测边有利于控制长度误差。边角共测可充分发挥两者的优点，提高点位精度。在工程测量中，不一定观测网中所有的角度和边长，可以在测角网的基础上加测部分边长，或在测边网的基础上加测部分角度，以达到所需要的精度。

目前，由于 GPS 技术的推广应用，利用 GPS 建立平面控制网已成为主要的方法。GPS

定位技术比常规控制测量具有速度快、成本低、全天候（不受天气影响）、控制点之间无须通视、不需要建造规标、仪器轻便、操作简单、自动化程度高等优点，另一方面，GPS控制网与常规控制网相比，大大淡化了"分级布网、逐级控制"的布设原则，控制点位置是彼此独立直接测定的，所以在控制测量工作中已广泛应用。但是GPS测量易受干扰（较大反射面或电磁辐射源），对地形地物的遮挡高度有要求。

2. 高程控制测量

水利工程设计阶段所建立的高程控制主要是为各种比例尺的测图所用，但水利水电用图本身具有特殊的要求，它对地形图的精度要求较高，在库区地形图中，要求居民地有较多的高程点，以便正确估计淹没范围。水库高水位边界地带的垭口高程必须仔细测定和注记，以便判定是否修建副坝。

高程控制网主要采用水准测量和三角高程测量方法建立。虽然GPS用于高程控制网的建立已经取得了较大的进展，但由于其精度仍然具有较大的误差，和上述两种方法有一定差距，且正处于探索阶段，因此本文不再介绍。高程控制网可以一次全面布网，也可以分级布设。首级网一般布设成环形网，加密时可布设成附和线路或结点网。测区高程应采用国家统一高程系统。

水准测量又名"几何水准测量"，是用水准仪和水准尺测定地面上两点间高差的方法。在地面两点间安置水准仪，观测竖立在两点上的水准标尺，按尺上读数推算两点间的高差。通常由水准原点或任一已知高程点出发，沿选定的水准路线逐站测定各点的高程。由于不同高程的水准面不平行，沿不同路线测得的两点间高差将有差异，所以在整理国家水准测量成果时，须按所采用的正常高系统加以必要的改正，以求得正确的高程。用水准测量方法建立的高程控制网称为水准网。区域性水准网的等级和精度与国家水准网一致。各等级水准测量都可作为测区的首级高程控制。小测区联测有困难时，也可用假定高程。水准测量属于直接测高，精度高，但是工作量大，测量速度慢，同时受地形影响较大，适用于较平坦的区域。

三角高程测量是根据两点间的竖直角和水平距离计算高差而求出高程的，其精度低于水准测量。常在地形起伏较大、直接水准测量有困难的地区测定三角点的高程，为地形测图提供高程控制。三角高程测量可采用一路线、闭合环、结点网或高程网的形式布设。三角高程路线一般由边长较短和高差较小的边组成，起讫于用水准联测的高程点。为保证三角高程网的精度，网中应有一定数量的已知高程点，这些点由直接水准测量或水准联测求得。为了尽可能消除地球曲率和大气垂直折光的影响，每边均应相向观测。三角高程测量属于间接测高，测量速度快，受地形影响较小，但是三角高程测量受大气折光和地球曲率影响，精度较低，必须进行改正才能达到较高的精度，测试过程复杂，通常用在大比例尺地形图中。

（二）碎部测量

碎部测量（detail survey）是根据比例尺要求，运用地图综合原理，利用图根控制点对地物、地貌等地形图要素的特征点，用测图仪器进行测定并对照实地用等高线、地物、地貌符号和高程注记、地理注记等绘制成地形图的测量工作。碎部点的平面位置常用极坐标法测定，碎部点的高程通常用视距测量法测定。碎部测量又分为传统测图法和数字化测图。

1. 传统测图法

传统测图法有平板仪测图法、经纬仪和小平板仪联合测图法、经纬仪（配合轻便展点工具）测图法等。它们的作业过程基本相同。测图前将绘图纸或聚酯薄膜固定在测图板上，在图纸上绘出坐标格网，展绘出图廓点和所有控制点，经检核确认点位正确后进行测图。测图时，用测图板上已展绘的控制点或临时测定的点作为测站，在测站上安置整平平板仪并定向，通过测站点的直尺边即为指向碎部点的方向线，再用视距测量方法测定测站至碎部点的水平距离和高程，按测图比例尺沿直尺边沿自测站截取相应长，即碎部点在图上的平面位置，并在点旁注记高程。这样逐站边测边绘，即可测绘出地形图。

（1）平板仪测图法

平板仪由平板和照准仪组成。平板又由测图板、基座和三脚架组成；照准仪由望远镜、竖直度盘、支柱和直尺构成。其作用同经纬仪的照准部相似，所不同的是沿直尺边在测图板上画方向线，以代替经纬仪的水平度盘读数。平板仪还有对中用的对点器，用以整平的水准器和定向用的长盒罗盘等附件。测图时，应用测图板上已展绘出的相应于地面控制点A，B的a，b，在B点安置平板仪，以b为极点，按BA方向将平板仪定向，然后用望远镜照准碎部点C，通过b点的直尺边即为指向C点的方向线。再用视距测量的方法测定B点到C点的水平距离和C点的高程，按测图比例尺沿直尺边自b点截取相应长度，即得C点在图上的平面位置c，并在点旁记其高程，随后逐点逐站边测边绘，即可测绘出地形图。

（2）经纬仪测绘法

经纬仪测绘法的实质是按极坐标定点进行测图，观测时先将经纬仪安置在测站上，绘图板安置于测站旁，用经纬仪测定碎部点的方向与已知方向之间的夹角、测站点至碎部点的距离和碎部点的高程。然后根据测定数据用量角器和比例尺把碎部点的位置展绘在图纸上，并在点的右侧注明其高程，再对照实地描绘地形。此法操作简单，灵活，适用于各类地区的地形图测绘。在现场边测边绘。如将观测数据带回室内绘图则称为经纬仪测记法。

在碎部测量过程中，控制点的密度一般不能完全满足施测碎部的需要，因此还要增设一定数量的测站点以施测碎部。为了检查测图质量，仪器搬到下一测站时，应先观测前站所测的某些明显碎部点，以检查由两个测站测得该点平面位置和高程是否相同，如相差较大，则应查明原因，纠正错误，再继续进行测绘。若测区面积较大，可分成若干图幅，分别测绘，最后拼接成全区地形图。为了相邻图幅的拼接，每幅图应测出图廓外 5mm。

（3）小平板仪与经纬仪联合测图法

小平板仪与平板仪不同之处，主要在于照准设备。小平板仪的照准器由直尺和前、后规板构成，直尺上附有水准器。测图时，将小平板仪安置在控制点上以确定控制点至碎部点的方向。在旁边安置经纬仪，用视距测量的方法测定至碎部点的水平距离和碎部点的高程，定出碎部点在图上的位置，并注记高程，边测边绘。若在平坦地区，可用水准仪代替经纬仪，碎部点的高程用水准测量的方法测定。

上述的几种测量方法又被称之为图解法测图。传统的图解法测图是利用测量仪器对地球表面局部区域内的各种地物、地貌特征点的空间位置进行测定，并以一定的比例尺按图式符号将其绘制在图纸上。通常称这种在图纸上直接绘图的工作方式为白纸测图。在测图过程中，观测数据的精度由于刺点、绘图及图纸伸缩变形等因素的影响会有较大的降低，而且工序多、劳动强度大、质量管理难，特别在当今的信息时代，纸质地形图已难以承载更多的图形信息，图纸更新也极为不便，难以适应信息时代经济建设的需要。

2. 数字化测图

随着计算机技术的迅猛发展和科技的不断进步，其向各个领域正在不断渗透，加之电子全站仪、GPS-RTK 技术等先进测量设备和技术的广泛应用，地形测量正向着自动化和数字化方面全面发展，在此背景下，数字化测图技术便应运而生。20 世纪 90 年代初，测绘科技人员将其与内业机助制图系统相结合，形成了野外数据采集到内业成图全过程数字化和自动化的测量制图系统，人们通常将这种测图方式称为野外数字测图或地面数字测图。根据野外数据采集设备的不同，可将数字化测图分为全站仪测图和 GPS-RTK 测图两种方式。

（1）全站仪测图

电子全站仪是一种利用机械、光学、电子等元件组合而成、可以同时进行角度（水平角、垂直角）测量和距离（斜距、平距、高差）测量，并可进行有关计算并实现数据存储的一种综合三维坐标高科技测量仪器。全站仪只需要在测站上一次安置该仪器，便可以完成该测站上所有的测量工作，故称为电子全站仪，简称全站仪。

全站仪测图的原理是：将全站仪架设在控制点上，整平、对中，将控制点位坐标、仪器高、棱镜高等相关信息输入到全站仪内，然后将棱镜垂直立在另一个控制点或图根点上并用全站仪后视测量此棱镜，此时便完成了坐标系统的构建，并在全站仪内部进行储存。此时便可用极坐标法进行地物、地形点的测量，将棱镜依次架设到地貌、地物点上，然后分别用全站的照准设备对准棱镜中心，利用全站仪的自动测角、测边功能测定测站至测点间的距离及方位角并实时计算出测点的三维坐标并进行记录，测站每换一处位置便需要仪器站观测一次。将每一个测站上的所有地物、地貌点测量完成并检验后，便可以搬到下一个测站按照上述相同的步骤进行观测，直到测完所有测站上的所有地物、地形点。

相比于传统纸质测图来说，全站仪测图由于其便捷、快速、简单、电子存储等优点已经得到了较大的进步和发展。但是由于仪器站对棱镜站必须每点进行观测，便要求测站点与棱镜站点必须互相通视，因此受地形影响较大，每一站测站只能控制通视范围内的测点，通视范围外的测点需要另设测站进行观测，同时由于全站仪目前大都为激光测距，因此受一定距离的限制，超出该距离仪器站便无法读取棱镜站信息，因此受上述两方面因素的影响，全站仪测图适用于小范围的平坦地区作业。同时由于对中、照准等过程存在部分人为误差，对测量精度也会带来一定的影响。

（2）GPS-RTK 测图

GPS 实时动态定位测量简称 RTK(real time kinematic)。GPSRTK 系统是集计算机技术、无线电技术、卫星定位技术和数字通信技术于一体的组合系统。单基站 RTK 首先需要在一个基准站上假设一台 GPS 接收机，然后一台或多台 GPS 接收机安设在运动载体上，基站与运动载体上的 GPS 接收机间通过无线电数据进行传输，联合测得该运动载体的实时位置，从而描绘出运动载体的行动轨迹。

RTK 的工作原理是在基准站 GPS 和移动站 GPS 间通过一套无线电通信系统进行连接，将相对独立的接收机连成一个有机整体。基准站 GPS 把接收到的伪距、载波相位观测值和基准站的一些信息（如基准站的坐标和天线高）都通过通信系统传送到流动站，流动站在接收卫星信号的同时，还接收基准站传送来的数据并进行处理：将基准站的载波信号与自身接收到的载波信号进行差分处理，即可实时求解出两站间的基线向量，同时输入相应的坐标，转换参数和投影参数，即可求得实用的未知点坐标。

上述全站仪测图和 RTK 测图只介绍了野外数据的采集，要完成最终地形图的绘制，还需要用专门的软件进行地形图的制作。CASS 是比较常用的地形地籍成图软件。上述野外数据采集后，用 CASS 软件进行室内数据的传输和格式的转换统一，最后在计算机上编辑成图。不过上述两种方法均要求在野外采集数据的时候进行草图的绘制，室内进行编辑成图时要求严格按草图进行，这样才能保证成图的准确性。

三、水利工程地形测量应用现状

首先就平面控制测量方面而言，目前随着 GPS 静态定位技术的不断发展与完善，凭借着其速度快、全天候、高精度、低成本、操作简单等特点，GPS 技术已普遍用于各个方面的控制测量工作中，并已经逐步取代了全站仪、经纬仪等常规测量方法用于各种类型和等级的控制网建立中。而且随着各种高精度后处理软件的出现，静态 GPS 定位测量技术所取得的精度也越来越高。由于水利工程地形测量区域范围较大，而且多在地形较为复杂的山区，各个控制点间距离较远，且通视条件受地形影响较大，将 GPS 静态定位技术用于水利工程地形测量首级平面控制网的测设过程中，可以有效解决上述距离远、通视条件差的问题，已取得了较好的效果。

在高程控制网方面，虽然目前将 GPS 测量技术用于高程控制网的建立已经做了不少探索和尝试，且其高程定位精度已经有了较大提高，但是由于高程异常、大气传播误差和多路径误差等问题的影响，目前 GPS 技术用于高程控制网中仍处于探索阶段，其高程定位精度仍然无法和水准测量的精度相比。精密水准测量是最原始的高程测量方法之一，是经过考核的并且得到大家认同的方法，其应用于高程传递及高程控制网的建立中仍然是目前精度最高、应用最广泛的方法。当然由于受水利工程所在山区地形条件的限制，导致水准测量无法进行的，也可以用高精度三角高程测量的方法进行高程的确定。

在碎部测量方面，近些年随着电子计算机、地面测量仪器、数字成图软件和 GIS 技术的应用而快速发展起来的数字测图技术，由于其速度快、劳动强度小、成图质量高的优点，已经广泛应用于地形图的测设过程中。目前应用最广泛的是全站仪测图和 GPS-RTK 测图。而在水利工程地形测量中，受多方面条件的影响，可以将全站仪和 RTK 技术相结合应用于数字测图的过程也是目前较常用的一些做法，将全站仪用于较平坦的区域，将 RTK 用于地形起伏较大，通视条件较差的区域，可以相互弥补单独使用时存在的不足，有利于提高测量精度和工作效率。

水利工程测区的重要特点就是植被覆盖茂密、高差大、交通条件差、人烟稀少。在这种环境下，目前主流的控制和碎部测量技术受到了很大约束和限制，本文通过平面控制测量、高程控制测量及碎部测量的实施方案进行对比研究，制定出行之有效的施测方案提高劳动效率及成果质量，同时通过 GPS 静态数据与 CROS 基站数据进行计算、借助谷歌卫星影像结合航测图优化控制网的选点、延长静态同步观测时间、RTK 结合全站仪施测等技术手段及方式的使用，来解决测区由于植被、地形等客观因素带来的限制。

四、水下地形测量

（一）水下地形测量的重要性

进入 21 世纪，人类面临着许多严峻的问题：人口膨胀、资源短缺、环境污染等，在陆地资源告急的情况下，各国纷纷将眼光投向了大海。海洋不仅蕴藏着丰富的生物、矿藏、油气等资源，而且其本身也是国际交往的桥梁和纽带，地理位置十分重要。因此，凭借独到的海洋技术最大限度、可持续地开发利用海洋，将是每个临海国家必须重视的战略性问题。同时，在江河、湖泊上建设发电站，其能源是环保的，并具有抗洪、抗旱等多种功能。还有整治、管理航道，确保水运畅通也是关系国计民生的大事。无论是开发河流湖泊还是开发利用海洋，都离不开水下地形测量这种基础性的测绘工作。如海底管线的铺设，首先就需要获得水下地形图；海洋上，航道的选择需要了解水下障碍物的情况，这也需要水下地形图；港口的清淤、整治工程也需要水下地形图。可见其重要性。

（二）水下地形测量技术及发展现状

定位和测深是水下地形测量最基本的内容，构成了水下地形测量的两大主题。

在水面上定位先后出现了天文定位、六分仪定位、经纬仪定位、无线电双曲线定位、物理测距定位、水下声标定位、全站仪定位、GPS 定位等方法。目前，最常用的是全站仪定位和 GPS 定位。全站仪测量定位仅适用于港口及沿岸。而 GPS 定位具有全覆盖、全天候、高精度的特点，特别是 RTK 的定位精度可达厘米级，在水上定位得到了广泛的应用。

测深方面先后出现了测深杆、测深锤、回声测深仪、双频测深仪、精密智能测深仪、多波束测深系统、侧扫声纳、机载激光测深和遥感测深等方法。20 世纪 30 年代初，回声测深仪的问世替代了传统的测深杆及测深锤，标志着水深测量技术发生了根本性变革。然而早期的回声测深仪，其精度和分辨率较低，不能满足水下测深的要求。经过长期的努力，后来相继出现了精密回声测深仪和双频测深仪。与早期的测深仪相比，这些测深仪除了具有吃水改正、声速改正、转速恒定保证等常规功能外，还具有先进的水深数据数字化采集处理功能，具有良好的外部接口设备，并且，有些现代测深仪还引入船姿传感器从而具有涌浪补偿功能，这些高性能的测深仪有时也被称为智能测深仪。上述测深仪属于单波束测深仪，只能测得测量船下方单一位置的深度，获取的数据量少，难以满足高效率测量的要求。60 年代末，多波束测深系统及侧扫声纳系统相继问世。多波束测深系统能够同时高精度地测定多个位置的水深。首台实际应用的多波束系统是美国通用仪器公司生产的 Sea Beam 系统，该系统于 1977 年正式使用。目前常用的多波束系统有：Sea Beam 950，2000（美国）；Echos XD（芬兰）；Simrad EM（挪威）；HS 系列（日本）；Minichart、Bottomchart 及 Hydrosweep 系列（德国）。已装备多波束系统的国家有：美国、法国、德国、日本、澳大利亚、荷兰、印度、韩国、英国、意大利、加拿大、挪威、俄罗斯、西班牙、中国等。其中装备最多的是日本、美国和挪威。此外，我国也研制成功了多波束测深系统，已投入使用。侧扫声纳系统可获得直观的水底地貌形态，沉积物类型及结构，以及水底沉物等方面的信息。1960 年首台侧扫声纳系统于英国海洋研究所问世。目前常见的侧扫声纳系统有 SeamARC（美国）、GLORIA Ⅱ（英国）、CFBS-30（德国），BATHY-SCAN（英国）、SAR（法国）、Benigraph（挪威）等。80年代还出现了集测深与海底声学成像于一身的测深侧扫声纳系统，也称为干涉法条带测深系统。目前，其测深精度不及多波束测深系统，不过海底成像能力优于多波束测深系统，而且干涉法条带测深系统较简单、成本低、安装使用方便，因此有着很好的发展前景。同时，多波束测深系统也正在向轻便、低成本的方向发展，并将大幅度提高海底成像的技术水平，综合起来看，二者之间的差别正在逐步缩小，可望研制成取二者之长的新一代海底地形条带式探测系统。另外，美国、澳大利亚、加拿大、苏联和瑞典等国相继研制出机载激光测深系统，其穿透深度为 50 ~ 100m，测深精度为 ±0.3 ~ ±1m，不过测量深度较浅（小于 7m），一般用于海洋调查。从海洋测深角度来看，单波束精密测深仪和多波束测深系统是重要的测深设备，分别用于浅海区和深海区。

水下地形测量硬件发展的同时，软件也得到了飞速的发展，国内外相继出现了各种水下地形测量软件。具有代表性的是美国 Coastal Oceanographics 公司开发的 Hypackmax。它不仅仅用于水下地形测量，而是集测量设计、组合导航、数据密采、专业数据处理、成果输出及成图的综合测量软件系统，功能强大、快速、可靠。Hypack 还是世界上少数的可以针对独立用户需求进行实时开发和定制的测量软件，其用户覆盖全球权威水文测量机构，诸如美国和欧洲各国海岸警备队、NOAA、各国海事局及大学研究机构等。不过，Hypack 也有不足之处：一是价格昂贵；二是软件复杂，需要对施工人员进行培训；三是软件中不能自主添加功能等等。

目前，高新技术给水下地形测量带来了一场新的革命，使水下地形测量由静态、二维向动态、三维方向发展。GPS 系统、精密测深仪、多波束测深系统等高新测量系统的出现，使水上定位、水下测深由离散、低精度、低效率向全覆盖、高精度、高效率的方向发展，从而进入一个新的发展时期。然而，从目前的发展状况来看，水下地形测量理论与方法的研究远远落后于数据采集及系统的发展和应用。并且，由于未能全面顾及各种效应的影响，使得最终测深值的精度远低于测深仪器所具有的测深精度。这种差异比陆地测量更为突出，因为水上作业具有更强的动态性和实时性。因此，有必要对水上定位、测深做更加深入的研究，充分发挥各种硬件设备的性能，尽可能更快、更好、更可靠地实现水下地形测量、水上作业。

第三节 拦河大坝施工测量

兴修水利，需要防洪、灌溉、排涝、发电、航运等综合治理。一般由若干建筑物组成一整体，称为水利枢纽。水利枢纽示意图，其主要组成部分有：拦河大坝、电站、放水涵洞、溢洪道等。

拦河大坝是重要的水工建筑物，按坝型可分为土坝、堆石坝、重力坝及拱坝等（后两类大中型多为混凝土坝、中小型多为浆砌块石坝）。修建大坝需按施工顺序进行下列测量工作：布设平面和高程基本控制网，控制整个工程的施工放样；确定坝轴线和布设控制坝体细部放样的定线控制网；清基开挖的放样；坝体细部放样等。对于不同筑坝材料及不同坝型施工放样的精度要求有所不同，内容也有些差异，但施工放样的基本方法大同小异。

一、土坝的控制测量

土坝是一种较为普遍的坝型。根据土料在坝体的分布及其结构的不同，其类型又有多种。

土坝的控制测量是根据基本网确定坝轴线，然后以坝轴线为依据布设坝身控制网以控制坝体细部的放样。

（一）坝轴线的确定

对于中小型土坝的坝轴线，一般是由工程设计人员和勘测人员组成选线小组，深入现场进行实地踏勘，根据当地的地形、地质和建筑材料等条件，经过方案比较，直接在现场选定。

对于大型土坝以及与混凝土坝衔接的土质副坝，一般经过现场踏勘，图上规划等多次调查研究和方案比较，确定建坝位置，并在坝址地形图上结合枢纽的整体布置，将坝轴线标于地形图上，为了将图上设计好的坝轴线标定在实地上，一般可根据预先建立的施工控制网用角度交会法测设到地面上。

坝轴线的两端点在现场标定后，应用永久性标志标明。为了防止施工时端点被破坏，应将坝轴线的端点延长到两面山坡上。

（二）坝身控制线的测设

坝身控制线一般要布设与坝轴线平行和垂直的一些控制线。这项工作需在清理基础前进行（如修筑围堰，在合拢后将水排尽，才能进行）。

1.平行于坝轴线的控制线的测设

平行于坝轴线的控制线可布设在坝顶上下游线、上下游坡面变化处、下游马道中线，也可按一定间隔布设（如10m、20m、30m等），以便控制坝体的填筑和进行收方。

2.垂直于坝轴线的控制线的测设

垂直于坝轴线的控制线，一般按50m、30m或20m的间距以里程来测设，其步骤如下。

（1）沿坝轴线测设里程桩。

由坝轴线的一端定出坝顶与地面的交点，作为零号桩，其校号为0＋000。

然后由零号桩起，由经纬仪定线，沿坝轴线方向按选定的间距丈量距离，顺序钉下0＋030、060、090……等里程桩，直至另一端坝顶与地面的交点为止。

（2）测设垂直于坝轴线的控制线。将经纬仪安置在里程桩上，定出垂直于坝轴线的一系列平行线，并在上下游施工范围以外用方向桩标定在实地上，作为测量横断面和放样的依据，这些桩亦称横断面方向桩。

（三）高程控制网的建立

用于土坝施工放样的高程控制，可由若干永久性水准点组成基本网和临时作业水准点两级布设。基本网布设在施工范围以外，并应与国家水准点连测，组成闭合或附合水准路线，用三等或四等水准测量的方法施测。

临时水准点直接用于坝体的高程放样，布置在施工范围以内不同高度的地方。临时水准点应根据施工进程及时设置，附合到永久水准点上。

二、土坝清基开挖与坝体填筑的施工测量

（一）清基开挖线的放样

为使坝体与岩基很好结合，坝体填筑前，必须对基础进行清理。为此，应放出清基开挖线，即坝体与原地面的交线。

清基开挖线的放样精度要求不高，可用图解法求得放样数据在现场放样。为此，先沿坝轴线测量纵断面。即测定轴线上各里程桩的高程，绘出纵断面图，求出各里程桩的中心填土高度，再在每一里程桩进行横断面测量，绘出横断面图，最后根据里程桩的高程、中心填土高度与坝面坡度，在横断面图上套绘大坝的设计断面。

（二）坡脚线的放样

清基以后应放出坡脚线，以便填筑坝体。坝底与清基后地面的交线即为坡脚线，下面

介绍两种放样方法。

1. 横断面法

仍用图解法获得放样数据。首先恢复轴线上的所有里程桩，然后进行纵横断面测量，绘出清基后的横断面图，套绘土坝设计断面。

2. 平行线法

这种方法以不同高程坝坡面与地面的交点获得坡脚线。在地形图上确定土坝的坡脚线，是用已知高程的坝坡面（为一条平行于坝轴线的直线），求得它与坝轴线间的距离，获得坡脚点。平行线法测设坡脚线的原理与此相同，不同的是由距离（平行控制线与坝轴线的间距为已知）求高程（坝坡面的高程），而后在平行控制线方向上用高程放样的方法，定出坡脚点。

（三）边坡放样

坝体被脚放出后，就可填土筑坝，为了标明上料填土的界线，每当坝体升高 lm 左右，就要用桩（称为上料桩）将边坡的位置标定出来。标定上料桩的工作称为边坡放样。

（四）坡面修整

大坝填筑至一定高度且坡面压实后，还要进行坡面的修整，使其符合设计要求。此时可用水准仪或经纬仪按测设坡度线的方法求得修坡量（削坡或回填度）。

三、混凝土坝的施工控制测量

混凝土坝按其结构和建筑材料相对土坝来说较为复杂，其放样精度比土坝要求高。施工平面控制网一般按两级布设，不多于三级，精度要求最末一级控制网的点位中误差不超过 ±10mm。

（一）基本平面控制网

基本网作为首级平面控制，一般布设成三角网，并应尽可能将坝轴线的两瑞点纳入网中作为网的一条边。根据建筑物重要性的不同要求，一般按三等以上三角测量的要求施测，大型混凝土坝的基本网兼作变形观测监测网，要求更高，需按一、二等三角测量要求施测。为了减少安置仪器的对中误差，三角点一般建造混凝土观测墩，并在墩顶埋设强制对中设备，以便安置仪器和视标。

（二）坝体控制网

混凝土坝采取分层施工，每一层中还分跨分仓（或分段分块）进行浇筑。坝体细部常用方向线交会法和前方交会法放样，为此，坝体放样的控制网——定线网，有矩形网和三角网两种，前者以坝轴线为基准，按施工分段分块尺寸建立矩形网，后者则由基本网加密建立三角网作为定线网。

1. 矩形网

直线型混凝土重力坝分层以坝轴线为基准布设的矩形网，它是由若干条平行和垂直于坝轴线的控制线所组成，格网尺寸按施工分段分块的大小而定。

2. 三角网

由基本网的一边加密建立的定线网，各控制点的坐标（测量坐标）可测算求得。但坝体细部尺寸是以施工坐标系船岁为依据的，因此应根据设计图纸求其得施工坐标系原点 O 的测量坐标和坐标方位角，换算为便于放样的统一坐标系统。

（三）高程控制

分两级布没，基本网是整个水利枢纽的高程控制。视工程的不同要求按二等或三等水准测量施测，并考虑以后可用作监测垂直位移的高程控制。作业水准点或施工水准点，随施工进程布设，尽可能布设成闭合或附合水准路线。作业水准点多布设在施工区内，应经常由基本水准点检测其高程，如有变化应及时改正。

四、混凝土坝清基开挖线的放样

清基开挖线是确定对大坝基础进行清除基岩表层松散物的范围，它的位置根据坝两侧坡脚线、开挖深度和坡度决定。标定开挖线一般采用图解法。和土坝一样先沿坝轴线进行纵横断面测量绘出纵横断面图，由各横断面图上定坡脚点，获得坡脚线及开挖线。

实地放样时，可用与土坝开挖线放样相同的方法，在各横断面上由坝轴线向两侧量距得开挖点。如果开挖点较多，可以用大平板仪测放也较为方便。方法是按一定比例尺将各断面的开挖点绘于图纸上，同时将平板仪的设站点及定向点位置也绘于图上。

在清基开挖过程中，还应控制开挖深度，在每次爆破后及时在基坑内选择较低的岩面测定高程（精确到 cm 即可），并用红漆标明，以便施工人员和地质人员掌握开挖情况。

五、混凝土重力坝坝体的立模放样

（一）坡脚线的放样

基础清理完毕，可以开始坝体的立模浇筑，立模前首先找出上、下游坝坡面与岩基的接触点，即分跨线上下游坡脚点。

（二）直线型重力坝的立模放样

在坝体分块立模时，应将分块线投影到基础面上或已浇好坝坡脚放样示意图的坝块面上，模板架立在分块线上，因此分块线也叫立模线，但立模后立模线被覆盖，还要在立模线内侧弹出平行线，称为放样线，用来立模放样和检查校正模板位置。放样线与立模线之间的距离一般为 0.2 ~ 0.5m。

1. 方向线交会法

2. 前方交会（角度交会）法

方向线交会法简易方便，放样速度也较快，但往往受到地形限制，或因坝体浇筑逐步升高，挡住方向线的视线不便放样，因此实际工作中可根据条件把方向线交会法和角度交会法结合使用。

（三）拱坝的立模放样

拱坝坝体的立模放样，一般多采用前方交会法。放样数据计算时，应先算出各放样点的施工坐标，而后计算交会所需的放样数据。

模板立好后，还要在模板上标出浇筑高度。其步骤一般在立模前先由最近的作业水准点（或邻近已浇好坝块上所设的临时水准点）在仓内酌设两个临时水准点，待模板立好后由脑时水准点按设计高度在模板上标出若干点，并以规定的符号标明，以控制浇筑高度。

第四节　河道测量

一、测量的任务

测量工作在水利工程中起着十分重要的作用。我国的水资源按人口平均是很少的，只有世界人均占有水量的四分之一。但因我国地域辽阔，水资源总量居世界第六位，许多未能开发利用。为了合理开发和利用我国的水资源，治理水利工程的规划设计阶段、建筑施工阶段和运行管理阶段，每个阶段都离不开测量工作。

对一条河流进行综合开发，使其在供水、发电、航运、防洪及灌溉等方面都能发挥最大的效益。在工程的规划阶段，应该对整个流域进行宏观了解，进行不同方案的分析比较，确定最优方案，这时应该有全流域小比例尺（例如采用 1：50000 或 1：100000）的地形图。当进行水库的库容与淹没面积计算时，为了正确地选择大坝轴线的位置时，这时应该采用较小比例尺（例如采用 1：10000 ~ 1：50000）的地形图。坝轴线选定后，在工程的初步设计阶段，布置各类建筑物时，应提供较大比例尺（例如采用 1：2000 ~ 1：5000）的地形图。在工程的施工设计阶段，进行建筑物的具体形状、尺寸的设计，应提供大比例尺（例如 1：500 ~ 1：1000）的地形图。另外，由于地质勘探及水文测验等的需要，还要进行一定的测量工作。

在工程的建筑施工阶段，为了把审查和批准的各种建筑物的平面位置和高程，通过测量手段，以一定的精度测设到现场，首先要根据现场地形、工程的性质以及施工组织设计等情况，布设施工控制网，作为放样的基础。然后，在按照施工的需要，采用适当的放样方法，按照猫画虎规定的精度要求，将图纸上设计好的建筑物测设到实地，定点划线，以指导施工的开挖与砌筑。另外，在施工过程中，有时还要进行变形观测。工程竣工后，要测绘竣工图，以作为工程完工后的验收资料，并为今后工程扩建或改建提供第一手资料。在工程的运行管理阶段，需要对水工建筑物进行的变形观测。以便了解工程设计是否合理，验证设计理论是否正确，同时也为水工建筑物的设计和研究提供重要的数据。对水工建筑物进行系统的变形观测，能及时掌握建筑物的变化情况，能及时了解建筑物的安全与稳定情况，一旦发现异常变化，可以及时采取相应措施，防止事故的发生。水工建筑物的变形观测工作，大体上分为外部观测和内部观测两类。在施工单位实施项目施工时，外部观测项目由测量部门负责；内部观测项目由实验或科研单位负责。在管理工作上，一般将外部、内部观测工作，统一由观测班、组承担。水工建筑物的变形观测项目，主要包括大坝的水平位移、垂直位移（又称沉陷）、裂缝、渗漏观测等。

二、河道测量概述

河道有对人们提供灌溉、泄洪、航运和动力等有利的一面，但是又有危害人们的另一面。为了兴利除害，就必须进行河道的整治。要正确的整治河道，必须了解河道及其附近的地形情况掌握它的演变规律，而河道测量就是对河道进行调查研究的一个重要的方法。

河道测量是江、河、湖泊等水域测量的总称。为了充分开发和利用水力资源以获得廉价的电力，为了更好地满足工业与居民用水的需求，为了使农田免受旱涝灾害以增加生产，为了整治河道以提高航运能力，应该对河道进行截弯取直、拓宽、加深甚至兴建各种水利工程。在这些工程的勘测设计中，除了需要路上地形图外，还需要了解水下地形情况，测绘水下地形图。它的内容不像路上地形图那样复杂，根据用途目的，一般可用等高线或等深线表示水下地形。

在水利工程的规划设计阶段，为了拟定梯级开发方案，选择坝址和水头高度，推算回水曲线等，都应编绘河道纵断面图。河道纵断面图是河道纵向各个最深点（又称深泓点）组成的剖面图。图上包括河床深泓线、归算至某一时刻的同时水位线、某一年代的洪水位线、左右堤岸线以及重要的近河建筑物等要素。

在水文站进行水情预报时，在研究河床变化规律和计算库区淤积确定清淤方案时，在桥梁勘测设计中，决定桥墩的类型和基础深度，布置桥梁的孔径等时，都不得需要施测河道貌岸然横断面图。河道横断面图是垂直于河道主流方向的河床剖面图。图上包括河谷横断面、施测时的工作水位线和规定年代的洪水位线等要素。

另外，河道纵断面图，完全是依据河道横断面图绘制的。

三、河道控制测量

河道测量与陆上测量的原理相同，即先作陆上控制测量，后测绘水下地形（含纵横断断面的水下部分），河道控制测量包括平面控制测量和高程控制测量。

（一）平面控制测量

1. 当测区原有的控制点能满足河道测量的精度与密度要求时，应充分予以利用，不再另布设新控制网。当测区已有的地形图的比例尺和精度能满足要求时，容许依据地形图上的明显地物点作为测站，将沿河水位点和横断面位置等测绘于图上，作为编绘纵断面图的基本资料。

2. 当测区没有适合的平面控制和地形图可利用时，应按《水测规范》的规定布设首级平面控制网（图根级）。

例如，对中、小河道进行测量时，通常用经纬仪导线作为平面控制。根据实际情况，把导线布置在河道一岸的堤顶上或者沿着河岸布置。对于大河道，由于河面宽，堤防高，在一边布置导线，对施测河道另一边的地形就会有困难，所以可考虑用小三角测量作为平面控制。导线和小三角应该尽量与国家控制点连接，如果连接有困难，最好在两端分别观测方位角，以便校核。

（二）高程控制测量

施测河道纵、横断面布设基本高控制时，在水准路线长度一定的情况下，河流比降愈大，水准测量的等级愈低；反之，则水准测量的等级愈高。这样使水准测量的误差，在测定河流比降时，对其影响最小。

中、小河道可以采用五等或四等水准测量作为高程控制。在进行五等或四等水准测时，应该以高一级的水准点为起闭点，采用附和或闭合水准路线。五等或四等水准测量的路线不要紧靠导线，可以选择在平坦和坚硬的大路上进行。为了便于连测导线点，在观测过程中，一般每隔 1～2km 测设一个临时水准点，并尽可能设置在坚固的建筑物上，如石桥、涵闸、房屋角等适当的部位。

根据测设的临时水准点，用普通水准测量的方法采用附、闭合水准路线，测定导线点的高程。

（三）河道控制测量特点

1. 平面和高程控制网，应靠近平行于河流岸边布设，并尽可能将各横断面端点、水文站的水准基点及连测水位点高程的临时水准标志等直接组织在基本控制网内。

2. 如果新布设平面和高程控制网，其坐标系统和高程起算基准面，应与计划利用的原有测绘资料的系统一致。

3. 五等水准点、平面控制点和横断面端点的埋石数量，应在任务书中明确规定。

4. 固定标石应埋在常年洪水位线以上。靠近库区边缘的标石，应尽可能埋在正常高水位线以上。以保证标石的安全，而且在洪水季节也能进行测量工作。

四、水位观测

（一）水位观测

水位即水面高程。在河道测量中，水下地形点的高程是根据测深时的水位减去水深计算得到的，因此，测深时必须进行水位观测。这种测深时的水位称为工作水位。由于河流、湖泊水位受各种因素的影响而随季节性变化，为了准确的反映一个河段上的水面比降，需要测定该河水段上各处同一时的水位，这种水位称为同时水位。此外，由大量降雨或融雪的影响，造成河水超过滩地或漫出两岸地面时的水位，这种水位称为洪水位。洪水位是进行水利工程设计和沿河安全防护必不可少的基本资料。

在水位观测中，采用的基准面有绝对和相对两种。绝对基准面就是采用国家统一高程基准面，以"1956 年黄海高程系"为绝对基准面或以"1985 年高程基准"为基准面。以前采用"1956 年黄海高程系"为绝对基准面的水位，必要时应根据它与"1985 年国家基准"的关系进行换算，使以前的观测资料能够继续应用。相对基准面又称测站基准面，它是采用观测河段历年最低枯水位以下 0.5 ~ 1.0m 处的平面作为测站基准面。

1. 水位观测的基本知识

在进行河道横断面或水下地形测量时，如果作业时间较短，河流水位又比较稳定，可以直接测定水位线的高程作为计算水下地形点高程的起算依据。如果作业时间较长，河流水位变化不定时，则应设置水尺随时进行观测，以保证提供测深时的准确水面高程。

水下地形点的高程等于水位减水深，因此，水位最好与测量水深同时进行。水位等于水尺零点高程与水面截取水尺读数之和。

由于河流水面涨落是不断变化的，所以水尺读数也随时刘变化。然而待观测的水深点一般较多，因此不可能与测深相对应的时间都进行观测水位。在实际工作中，一般可根据水域特性、测深时段和精度要求，采用定时观测水位，绘制水位与时间曲线。

水位观测时应遵守下述规定：

（1）水位观测，根据具体情况，确定观测时间和观测水位的次数，并将观测结果及时刻（年、月、日、时、分）计入手簿。

（2）为保证观测精度，观测水尺读数时，应蹲下身体使视线尽量平等于水面读取，每次均应读出相邻波峰与波谷的水尺读数各两次，当两次波峰与波谷中数的较差小于 1cm 时，取平均值作为最后结果。水尺读数应该读至 mm，读数时应特别注意水尺上 dm、cm 读数的正确性，每次观测后对大数必须进行复核。

（3）在水位观测中，应充分利用原有水文站，观测水位的时间应尽量与水文站相一致，或请水文站人员按规定时间代为观测。

2. 临时水准站的布设

在河道测量中，如果河道沿线原水水位站或水文站不能满足要求时，可根据河流特点与水文工作者共同研究，适当布设临时水位点进行补充。临时水位站一般可供规划设计阶段或施工阶段观测水位。它的设备较简单，即要每个临时水位站附近，设立一个临时水准点，并根据河流特性，设置直立式或矮桩式水尺。水尺由木桩、水尺板、螺栓的垫木组成。

设置水尺的原则是：即要能观测最低水位，也要能观测最高水位。应用较多的为直立式水尺；当水尺易受水流、漂浮物撞击、河床土质松软时，可设置矮桩式水尺，它是由一连串短木桩组成，各木桩通过临时水准点测定其高程。

《水测规范》规定，临时水位站的水尺零点高程，根据临时水准点测定，而临时水准点的高程，则根据相邻水位之间的落差，可作支线水准或附合水准，按五等水准测量施测。

3．同时水位的测定

为了在河道纵、横断面上绘出同时水位线，或提供各河段水面落差等资料，一般均需测定同时水位。但在河段比降大，水位变化小，用工作水位能满足规划设计要求时，可用工作水位代替同时水位线。根据河道长度、水面比降、水位变化大小和生产的要求，测定同时水位的方法有多种，现主要介绍两种。

（1）工作水位法

在不同时间内测定各水位点的高程，然后，从两端水文站或临时水位站的水位资料来换算同时水位。若河道较长，可分为若干河段，每段均以水位站作为起止点。现将具体作业方法介绍如下：

1）根据任务要求，对河道作适当分段，然后，逐段测定水位点高程。

2）作业出发前，所有观测人员应核对时表，使上、下游两水位点的时表一致。

3）在选出的水位点处设立水边桩，测量出水面与桩顶的高差，并读出时刻，计入手簿。为了便于观测，可采用引沟或其他防浪措施使水面稳定。

4）从临时水位点连测出水边桩的高程。按五等水准观测精度，转站次数最多不得超过3站。

（2）瞬时水位法

在规定的同一时刻，连测出全部水位点的高程，具体作业步骤如下：

1）作业出发前，观测员应核对时表，并规定测量水面高程的同一时刻。

2）在选出的水位点处挑一水边桩，并在上、下游各约5m处再打两个检查桩。水边桩的位置应在测量水位时不致因水位下落而使木桩离开水边。

3）在规定的同一时刻，迅速量出水面与桩顶的高差，即木桩顶上的水深。高差取一次波峰与波谷的中数。水边桩的高程仍按肖法（4）测定。当由3个桩推得的水位无显著矛盾时，以主桩观测结果为准。

4）各水边桩桩顶高程的连测，以在测量水面与各桩顶水深前、后两天之内进行为宜。

4．同时水位的换算

当观测的河段较短时，可采用瞬时水位法测定的成果为同时水位。若施测的河段较长，观测力量不足时，可采用工作水位法。由工作水位换算为同时水位时，其改正数的计算方法，可根据不同地区，选用下述方法之一。

（1）由两个水位站与各水位点间的落差求改正数

此法系假定改正数的大小与两水位站和各水位点间的落差成正比进行内插。对于平原与山区河道均适用。

（2）由距离求改正数

此法是假定各水位点落差改正数的大小与水位站和水位点间的距离成正比，即按距离进行内插求改正数。它适用于平原河道。

5. 洪水调查测量

进行洪水调查时，应请当地年长居民指点亲眼看见的最大洪水淹没痕迹，回忆发水的具体日期。洪水痕迹高程用五等水准测量从临近的水准点引测确定。

洪水调查测量一般应选择适当的河段进行。选择河段应注意以下几点：

（1）为了满足某一工程设计需要而进行洪水调查时，调查河段应尽量靠近工程地点。

（2）调查河段应当稍长，并且两岸最好有古老村庄和若干易受洪水浸淹的建筑物。

（3）为了准确推算洪水流量，调查段内河道应比较顺直，各处断面形状相近，有一定的落差；同时无大的支流加入，无分流和严重跑滩现象，不受建筑物大量引水、排水和变动回水的影响。

在弯道处，水流因受离心力的作用，凹岸水位通常高于凸岸水位而出现横向比降，其两岸洪水位差有的可达 3m 以上。根据湾道水流的特点，应在两岸多调查一些洪水痕迹，取两岸洪水位的平均值作为标准洪水位。

五、水深测量

水深即水面至水底的垂直距离。为了求得水下地形点的高程，必须进行水深测量。水深测量根据河流特性、水深、流速、水域通航情况，按测量工具的不同，测深工作可分为下述几种方法。

（一）测深杆测深

测深杆简称测杆。它适用于流速小于 1m/s 且水深小于 5m 的测区。其测深读数误差不大于 0.1m。测深杆一般用长度为 6 ~ 8m、直径 5cm 的竹竿、木杆或铝杆制成。从杆底底盘，用以防止测深时测杆下陷而影响测深精度。

测深时，应将测杆斜向测点上游插入水中，当测杆到达与测点位置成垂直状态时，读取水面所截杆上读数，即为水深。

（二）测深锤测深

测深锤测深一般适用于流速小于 1m/s、水深小于 15m 的测区。在险滩、急流和其他无法通行测船，而必须在皮筏上测深时，也适合采用。

测深时，应将测深锤向上游投掷，当测绳成垂直状态的一瞬间立即进行读数。读数前，应将测绳松弛部分拉紧并稍向上提后迅速落下，当证实测锤确实抵达水底时，读数方为有效。有浪段应将波浪影响记入读数内。在堆积岩石河段测深时，为了避免测锤被岩石卡住，读数后应立即提锤。若在皮筏或小船上测深时，可在水平处抓住测绳，提锤后再读数。

（三）测深铅鱼测深

在水浅流急不能行船的测工，可将重量一般为 15 ~ 50kg 的铅鱼安装在断面索上测深。在水深急流测区，可将测深铅鱼安装在船工上使用。

全套测深铅鱼设备应符合下述要求：

（1）为了保证测深铅鱼在水中的稳定性，铅鱼尾翼不应短于鱼身全长的一半。在淤泥中测深时，可在铅鱼底部加一带孔垫板。

（2）钢丝测绳的粗度应根据铅鱼重量和流速而定，一般绳粗与鱼重之比是 1mm : 10kg。绳粗一般不大于 5mm。

（3）夹叉量角器能随测绳的不同方向绕其垂直轴转动。滑轮计数器应与测绳相应地转动，但测绳在计数器上不能滑动。

（4）绞车上应有一个制动器，并能轻快地转动，使操纵绞车的工作人员能感觉到测深铅鱼已触及水底为准。

（5）测定测绳偏角所使用的量角器的零点，应置于测绳垂直状态的位置上。

测深前可根据测区水深、铅鱼重量、绳粗及偏角检查情况，在测区内不同流速与深度的地方，校测一定数量的测点，并编制出本地区经验改正表，以便使用。投放铅鱼时，应认真操作，注意安全，防止事故。每点测完后，可将铅鱼提离水底适当高度。若铅鱼挂于水下障碍物时，应速放测绳并停止测船前进，设法取出铅鱼并检查测绳有无损坏。

六、河道纵横断面测量

在河道纵横断面测量中，主要工作是横断面图的测绘。河道横断面图及其观没成果即是绘制河道断面图（和水下地形图）的直接依据。

（一）河道横断面测量

河道横断面图是垂直于河道主流方向的河床剖面图，图上包括河谷横断面、施测时的工作水位线和规定年代的洪水位线等要素。

1. 断面基点的测定

代表河道横断面位置并用作测定断面点平距和高程的测站点，称为断面基点。在进行河道横断面测量之前，首先必须沿河布设一些断面基点，并测定它们的平面位置和高程。

（1）平面位置的测定

断面基点平面位置的测定有两种情况：

1）专为水利、水能计算所进行的纵、横断面测量，通常利用已有地形图上的明显地物点作为断面基点，对照实地打桩标定，并按顺序编号，不再另行测定它们的平面位置。对于有些无明显地物可作断面基点的横断面，它们的基点须在实地另行选定，再在相邻两明显地物点之间用视距导线测量测定这些基点的平面位置，并按坐标展点法（或量角器展点法）在地形图上展绘出这些基点。根据这些断面基点可以在地形图上绘出与河道主流方向垂直的横断面方向线。

2）在无地形图可利用的河流上，须沿河的一岸每隔 50 ~ 100m 布设一个断面基点。这些基点的排列应尽量与河道主流方向平行，并从起点开始按里程进行编号。各基点间的距离可按具体要求分别采用视距、量距、解析法测距和红外测距的方法测定；在转折点上应用经纬仪观测水平角，以便在必要时（如需测绘水下地形图时）按导线计算各断面点坐标。

断面基点和水边点的高程，应用五等水准测量从邻近的水准基点进行引测确定。如果沿河没有水准基点，则应先沿河进行四等水准测量，每隔 1 ~ 2km 设置一个水准基点。

2. 横断面方向的确定

在断面基点上安置经纬仪，照准与河流主流垂直的方向，倒转望远镜在本岸标定一点作为横断面后视点。由于相邻断面基点的连线不一定与河道主流方向恰好平行，所以横断面不一定与相邻基点连线垂直，应在实地测定其夹角，并在横断面测量记录手簿上绘一略图注明角值，以便在平面图上标出横断面方向。

为使测深船在航行时有定向的依据，应在断面基点和后视点插上花杆。

3. 陆地部分横断面测量

在断面基点上安置经纬仪，照猫画虎准断面方向，用视距法依次测定水边点、地形变换点和地物点至测站点的平距及高差，并计算出高程。在平缓的匀坡断面上，应保证图上 1 ~ 3cm 有一个断面点。每个断面都要测至最高洪水位以上；对于不可能到达的断面点，可利用相邻断面基点按前方交会法进行测定。

4. 河道横断图的绘制

河道横断面图的绘制方法与公路横断面图的绘制方法基本相同，用印有毫米方格的坐标纸绘制。横向表示平距，比例尺一般为 1：1000 或 1：2000；纵向表示高程，比例尺为 1：100 或 1：200。绘制时应当注意：左岸必须绘在左边，右岸必须绘在右边。因此，绘图时通常以左岸最末端的一个断面点作为平距的起算点，标绘在最左边，将其他各点对断面基点的平距换算成对左岸断面端点的平距，在去展绘各点。在横断面图上应绘出工作水位（实测水位）线；调查了洪水位的地方应绘出水位线。

（二）河道纵断面的绘制

河道纵断面图是根据各个横断面的里程桩号（或从地形图上量得的横断面间距）及河道貌岸然深泓点、岸边点、堤顶角肩点等的调高程绘制而成。在坐标纸上以横向表示平距，比例尺为 1∶1000～1∶10000；纵向表示高程，比例尺为 1∶100～1∶1000。为了绘图方便，事先应编制纵断面成果表，表中除列出里程桩号和深泓点、左右岸边点、左右堤顶的高程等外，还应根据设计需要列出同时水位和最高洪水位。绘图时，从河道上游断面桩起，依次向下游取每一个断面中的最深点展绘到图纸上，连成折线即为河底纵断面。按照类似方法绘出左右堤岸线或岸边线、同时水位线和最高洪水位线。

第三章　防洪工程规划与设计

第一节　防洪规划发展

一、防洪与防洪规划

20 世纪 60 年代以后，世界各地先后出现不同规模的洪涝灾害，各国也都依据本国的实际情况主动展开了防洪规划的编制工作，并取得显著成果。而且随着人类社会科学水平的发展与提高，防洪规划工作技术水平日益提高，诸多学者将工程水文学应用于水文分析、洪水分析；将水力学、水工结构学、河流动力学、泥沙运动学等专门技术，应用于河道开发治理；把工程经济学应用于多种规划方案的经济评价与比较分析。并逐步形成了包含调查方法、计算技术、规划方案论证等较完整的近代水利规划的理论体系，为以可持续发展为中心的规划提供了标准和评价方法。

同时 1993 年密西西比河发生的洪涝灾害，各国均意识到仅仅依靠工程措施没有办法彻底阻挡特大洪水的生成，反而有可能承担更大的损失。洪水灾害频发证明传统防洪理念已经难以处理现状防洪问题，人类必须探索更为合理的、科学的防洪措施和洪水控制方法。于是美国提出的防洪非工程措施成为人们关注的焦点，诸多国家开始结合自身情况利用这种方法抵御洪水。防洪工程措施和非工程措施的结合，使得诸多国家洪水控制的能力有了很大的提高。

有关防洪措施的制定，世界各国大同小异，普遍都是选取工程措施与非工程措施相结合。以工程措施为主，非工程措施为辅，构建完整的防洪体系。其中，工程措施一般是根据流域或区域洪灾的成因和特性选取水库、河道、堤防和分滞洪工程对洪水进行抓蓄、排泄和分滞，也就是通常所说的"上蓄、中疏、下排、适当地滞"的治理方针。非工程措施包括泛洪区的规划管理、洪水预报和警报、加强立法和防洪规划、建立洪水保险及加强水土保持建设等。

我国防洪规划的开展主要经历了以下几个时期：20 世纪 50、60 年代，防洪规划制定和水利工程修建仅针对局部地区或单一目标的兴利除弊为主；70、80 年代，科学技术不断提升，形成现代水利科学，并日益成熟，施工水平也得到提高，大规模水利建设面向多目标开发；90 年代，开始逐渐重视节约水资源、保护水环境，并制定相关法规、引进现代化管理，综合治理水资源和水环境；进入 21 世纪后，社会经济的发展导致用水量骤增，部分地区水资源短缺、水环境恶化、水资源受到污染，为了达到可持续发展的需要，提出"人水和谐"的主题。

然而目前制定的防洪规划大都是大江大河的流域防洪规划或者城市防洪规划，对于中小河流区域的防洪规划研究较少，故而有必要对区域防洪规划进行进一步的深入探讨，确保中小河流及其周边地带的防洪安全。虽然世界各国对防洪安全已形成共识，但是由于社会发展状况及经济基础水平的不同，具体措施的制订与施行方式也不相同，但是通过研究各国防洪现状和经验、防洪管理水平的发展、遭遇的问题及发展趋势，对制定区域防洪规划极具现实意义。

二、城市防洪规划研究

城市作为区域的政治、经济、文化中心，必须合理制定防洪规划，确保城市安全。随着社会的繁荣，经济水平的提升，生产力水平的提高，我国城市飞快发展，城市水平也越来越高，导致城市地区人口密集，财富集中。同时城市还是国家和地区的政治、经济、文化的发展中心，及交通枢纽。因此，洪水一旦危害到城市所造成的经济损失要远超过非城镇地区，因此城市防洪一向是防洪的重点。

洪水对城市带来巨大的风险的同时，城市发展也对洪水形成造成一定的影响。城市对洪水造成影响的因素包括：气候因素、自然地理因素和人为因素。以下两方面加重了我国城市洪水灾害：一是城市洪水灾害的承受体急剧增加，洪灾损失不断提升；二是城市化发展过快，导致城市内涝加重；其中城市化发展过快是引发我国城市洪灾加剧的最主要因素。

城市"热岛效应"影响降水条件，导致局部暴雨出现频率加大。城市化改变了土地利用方式和规模，改变了流域下垫面条件，加入了不透水面积，减少了土壤水和地下水的补给，导致地表径流加大。同时，城市中管网密布，雨水汇集时间缩短，洪峰流量提高，雨洪径流总量提升。

因此随着我国城市的发展，城市防洪是我国防洪的重点。早在 1981 年国务院就提出了城市防洪除了每年汛期要做好防汛工作外，特别要从长远考虑，结合江河规划和城市的总体建设，做好城市防洪规划、防洪建设、河道清障和日常管理工作。1987 年以后我国陆续确定北京、长春、上海、济南、武汉等 31 座城市为全国重点防洪城市。然而我国城市防洪依旧存在着一连串的问题：城市防洪标准低；防洪工程不配套；防洪技术水平低；防洪管理落后。

而西方发达国家城市防洪工作的发展远超我国，尤其是近 20 多年来，发达国家特别重视对洪水的控制管理，并采取了一系列的措施：①加强城市的雨水调蓄能力，例如日本在一些公共场所修建雨水收集装置、贮水池、透水砖等一切可利用的方式，调蓄雨洪，加强雨水利用；②在工程建设过程中注重工程的施工质量，因此发达国家不一定谋求高标准的防洪建设，但是绝对会追求高质量的工程建设，例如使用浆砌石或大型预制块修砌堤防的护坡，即使发生洪水满溢现象，也能保证堤防的安全；③注重提高民众的防洪安全意识，例如美国制定的 21 世纪防洪战略，即全民防洪减灾战略，就是充分民众的积极性来迎接洪水挑战；④重视洪水控制方面的科学研究，在美国很多科研机构和政府部门专门从事洪水方面的科学研究，并进行了大量的实际调查研究工作，还定期召开学术会议，取得了杰出的研究成果。

第二节　城市化对洪水的影响

一、城市化及其影响

城市化是指人类生产和生活方式由乡村型向城市型转化的历史过程，表现为乡村人口向城市人口转化以及城市不断发展和完善的过程。从城市地理学的角度分析，城市化也就是城市用地的扩张，同时，城市的文化、生活方式和价值观也传播到农村地区。

城市化是当今社会发展的主流趋势，也是文明进步必然的趋势，还是一个涉及社会、经济、政治、文化等多个因素的复杂的人口迁移过程。城市化发展必然出现以下几种情况：①城市人口增加，城市人口比重不断提升，农业人口向非农业人口转换；②产业结构发生变化，由第一产业逐渐向第二、第三产业转换；③居民消费水平不断提高；④城市人民的生活方式、价值观及城市文明渗透、传播和影响到农村地区，即城乡一体化；⑤人们的整体素质不断提升。

我国的城市发展与工业发展不协调的过程持续了较长一段的时期。1987 年以前，由于非城镇化工业战略和政策的实施，我国城市化很缓慢，表现为城市化不足。1987 年以后，随着改革开放和经济持续发展，我国城市进入一个新的发展阶段。我国城市具有以下特点：①我国城市构成丰富，甚至拥有世界级超大城市、特人城市；②城市分布不均衡，我国一线、二线城市大都分布在中东部地区，只有少量分布在我国西部地区；③城市配套设计不完善，人均绿地面积、住房等条件低于世界平均水平，且污染严重。

城市发展象征着人类科学的进步以及改造自然能力的提高。城市发展拓展了人类的生存空间，提高了人类生存的物质条件，同时也改变了物质循环过程和能量转化功能，致使生态环境发生转变。因此，城市化不仅给人类社会带来巨大变化，也对生态环境造成巨大影响，引发人类文明与自然的冲突。例如，人口增加，致使城市资源短缺、交通道路拥挤，交通建设引起尘土飞扬、水土流失及噪音污染等；工业化发展导致工厂林立，造成空气污染、水资源污染、噪音污染等问题加剧。城市人民一长期受这些有害污染的影响，导致人们的健康受损，并诱发各种疾病。

二、城市化水文效应

水文效应是指受自然或人为因素的影响，地理环境发生改变，从而引起水循环要素、过程、水文情势发生变化。城市化水文效应是指城市化引起的水文变化及其对环境的干扰或影响，对城市水文效应的研究更加注重城市化发展过程中人类活动对水循环、水量平衡要素及水文情势的影响及反馈。

随着城市高密度、集约化的发展，人口不断集中，土地面积不断增加，土地利用情况发生巨大变化，城市地区建筑物和工厂持续修建，下垫面透水性能降低，河网治理及排水管网系统的完善，造成产汇流过程的变化，影响雨洪径流的形成过程，迫使水文情势发生变化；同时，民众生活质量提升、工厂数目的增长，废气污水随意排放、城市污染严重，造成城市地区水环境发生严重变化。可见在城市化发展过程中，城市对水文的影响日益加重，致使城市化发展可能出现下列水文效应，见表3-2-1：

表3-2-1　城市化可能出现的水文效应

城市化过程	可能的水文效应
树和植物的清除	蒸散发量和截留量减少；水中悬浮固体及污染物增加，下渗量减少和地下水位降低，雨期径流增加以及基流减少
房屋、街道、下水道建造初期	增大洪峰流量和缩短汇流时间
住宅区、商业区和工业区的全面发展	增加不透水面积，减少径流汇流时间，径流总量和洪灾威胁大大增加
建造雨洪排水系统和河道整治	减轻局部洪水泛滥，而洪水汇集可能加重下游的洪水问题

城市化导致人类与自然之间的矛盾加剧，城市的聚集效应及土地利用变化，甚至在某种程度上，引发局部气候变化，扰乱了城市水文生态系统。城市化的水文效应主要表现在以下几个方面：对水量平衡的影响；对水文循环过程的影响，例如城市下垫面条件变化导致的蒸发、降水、径流特征变化；对水环境的影响，例如对城市地表水质、地下水质的影响及对水上流火的影响；对水资源的影响，主要为用水需求量的增加以及由于污染而造成的水的去资源化。

三、城市化对洪水的影响

城市人口、建筑物及工商企业的高度密集，天然地表被住宅、街道、公共设施、工厂等人工建筑取代，致使地表的容蓄水量、透水性、降雨和径流关系都发生明显改变。引发城市典型气候特征热岛效应，继而引发城市"雨岛效应"，致使城市范围内的降雨强度明显大于周围地区，汛期的雷暴雨量也增加。同时下垫面的人为改变及排水系统的完善，降低了调洪能力，提高了汇流速度，汇流系数增加，城市地区汇流过程发生显著变化。这些因素共同作用对洪水产生明显作用。

（一）城市下垫面变化

城市化引起的土地利用/覆盖变化是流域下垫面改变的主要原因，是人类活动改变地表最深刻、最剧烈的过程。土地利用变化包括土地资源的数量、质量的变化，还包括土地利用的空间结构变化及土地利用类型组合方式的变化。换句话说，城市土地利用变化也是城市对自然的改造过程，即自然土地利用变成了人工土地利用。较早之前就有研究结果明确指出：在较短的时间内，影响水文变化的因素，其一是土地利用变化。土地利用/覆盖变化通过影响下垫面的种类、地区蒸散发过程，改变地表径流形成的条件，进而影响水文过程。

表3-3-2　土地利用/覆盖变化的水文效应

土地利用与土地覆被变化	地表径流	河川径流	径流系数	蒸散发	洪涝	水土流失	水质
森林遭受破坏，森林覆盖率下降	湿润地区增加	减小	减小	增加	增加	增加	下降
	干旱地区增加	减小	增加	减小	增加	增加	下降
城市不透水面积增加	增加	减小	增加	减小	增加		下降
围垦水域	增加	减小	增加	减小	增加	增加	下降
旱荒地改水川，旱地改水浇地	减小	增加	减小	增加	增加		下降

由上表可知，土地利用灌溉变化通过改变地表截留量、蒸发量及土壤水分状况等，影响地表的调蓄能力，对城市水文循环产生一定的作用；另一方面，土地利用/覆盖变化改变了洪水运行路径，进而影响了洪水汇流时间、洪峰流量及洪水总量。

综合上述分析可知，城市化对自然环境最直观的干预表现为改变了地表下垫面的特性，弱化了地面透水性能，导致了径流过程、散发过程和生态过程的改变。且UNESCO（联合国教育科学及文化组织）的研究报告中也系统地论述了，城市化进程引起的水文效应中，最显著的是城区不透水面积骤增导致下渗能力降低、洪峰流量增大。也有学者认为城市化对下垫面的影响还包括河道断面的改变。天然流域下渗能力较强，但是大范围的人工硬化地面取代了自然的绿地，扩大了不透水面覆盖范围，形成具有城市特性的径流过程。同时，由于下渗能力导致的下渗量减少，致使补给地下水含水层的水量减少，导致地下水水位下降，对河道枯水期补给能力降低。而城市河道整治，使河道顺直，水流畅通，糙率降低，过水能力加强，水流速度加快，加剧了对河床的冲刷。

概括来说，城市下垫面的变化对于城市气候、河流、降雨、洪水径流过程、水土保持以及城市水质等诸多方面均造成一定的影响。

（二）城市气候的变化

城市气候是指在同一区域气候的背景上，由于受到城市特殊下垫面和人类活动的强烈影响，在城市地区形成不同于当地区域气候的局部气候。可见城市发展从诸多方面对气候形成产生影响，虽然这种差异还不足以改变区域气候的基本特征，但是对各项气候要素（如气流、温度、能见度、湿度、风和降水等）还是具有一定影响。

城市化导致的地表变化是影响气候形成的重要因素之一，地表与大气接触，二者之间存在着水分、热量及物质之间的交换与平衡；同时地面是空气运动的界面，但是大范围硬化地面取代了自然条件下的地面，致使地面的不透水性、导热性均发生变化。由此可知下垫面变化产生的影响直接反映在城市的气温、湿度、风速等气候因素上。

城市气候的基本特征表现为：

（1）出现城市热岛效应。它是城市地区大量人为热量的释放造成的结果，是城市气候的典型特征之一；以及城市内部高度密集的工业、人口和众多高层建筑物吸收大量太阳辐射，阻碍空气流通，降低风速，导致城市热空气不能及时扩散；同时由于不透水地面和建筑物的覆盖，雨水迅速通过城市排水管网排出，使得城市的蒸发较小，空气湿度较低。故而，热岛效应导致市区温度明显高于其周边地区。

（2）在城市热岛效应的影响下，城市大气层不稳定，形成对流，当空气湿度符合一定条件时，则会形成对流雨；在工业废气、汽车尾气、建筑粉尘的影响下，城市上空的颗粒物质及污染物含量明显提升，为降水提供了大量凝结核，成为降雨的催化剂，增加了降雨概率；同时由于城市建筑林立，阻碍了降水系统的转移，延迟了降雨时间，加大了降雨强度。这种情况也被称为城市"雨岛效应"。

（3）由于城市地表渗水性能较差；雨水排水管网系统日益完善，能够迅速排除地表降水；城市绿化相对较少，绿地面积小于郊区，植物水分散发量小；加之热岛效应使城市地区气温偏高，从而致使城市地区的蒸散发量明显低于郊区。

（4）在城市生产、生活过程中，大量的废热、有害气体及粉尘的排放，造成大气质量下降，形成雾霾，影响了空气的能见度，并为云雾形成提供了丰富的凝结核。

随着我国城镇数量和规模的急剧扩张，城市化对于气候的作用愈发明显，而且城市占地范围越厂，城市气候就愈发明显。就水文方面来说，地区某些气候特征的变化，如温度、湿度、降水等气候特征，都直接或间接地影响了城市防洪、水污染防治和城市水资源等。

（三）城市对径流形成的影响

城市化发展过程中，对于径流量的影响主要取决于下垫面的变化，而城市地区人为硬化地面的增加，导致城市地区不透水面积增加，下渗能力降低，蓄水能力减弱，汇流速度提高，地表径流量增长，地下水水位下降。由诸多试验结果可知，随着不透水面的增大，涨洪段变陡，洪峰滞时缩短，退水时段减少。也有研究资料表明，天然流域状态下蒸散发量占降水量的40%，下渗量占50%，地表径流量仅占100%。

天然流域和完全城市化流域两种极端情况的比较：天然流域降雨过程中，部分降雨被植物截留后通过蒸散发回到大气中，而未被植物截留的部分则经过填洼、下渗到土壤中，当土壤含水量达到饱和，形成径流，汇入河道，形成的流量过程线比较平缓；而完全城市化流域中，以为填洼和下渗量几乎为零，且受下垫面影响，致使降雨很快形成径流，增大了河流的流量，且形成的流量过程线较为陡峭。

（四）城市化对洪水的影响

近年我国许多大城市，例如北京、武汉、广州等，遭遇暴雨威胁，洪涝灾害造成的损失迅速增长，阻挠了城市的发展，甚至对人民生命财产安全造成巨大的威胁。城市作为自然—社会—经济的复合开放地域系统，城市洪涝灾害也可以看作是全球—流域—城市不同地域尺度、不同子系统的变化共同作用的结果，其影响因子见表3-3-3。

表3-3-3 城市洪涝的影响因子

地域尺度	影响因子
全球气候变化	极端天气和气候事件，海平面上升引发风暴潮、海水入侵、排水不畅等
流域水系生态变化	不合理的土地利用，乱砍滥伐，水土流失，河道改造，水质恶化，农田开垦，城市所在地区自然地理条件和水文特性等
城市化	城市不透水面积增加，森林绿地减少，湿地减少，城市热岛、雨岛效应，排水管网铺设，地面沉降，河道水系人工化排洪排涝工程老化，视洪水为灾、以排水为主的雨水管理模式，人口财富的高度密集等

诸多城市洪涝灾害频发，究其根源还是城市化发展造成的。随着城市发展的不断深化，地表被不透水的硬化地面所覆盖，下渗量明显降低，径流量显著增加；加之排水系统不完善，对于较大强度的暴雨，难以及时排出，造成城市被淹，凸显了城市防洪体系的不足。

通过分析城市地区洪水特性可知：城市化发展导致该地区单位线的洪峰流量大约是城市化以前的 3 倍，洪峰历时相对缩短了 1/3；暴雨径流产生的洪峰流量预见期约是自然状态下的 24 倍，这取决于不透水面积的大小、河道的整治情况、河道植被以及排水设施等。由此可知，洪峰流量的增长与城市不透水面积、雨水排水系统的覆盖面积、流域面积及汇流时间存在一定的经验关系。

同时，城市化发展对洪水造成的影响不仅仅在于常遇洪水洪峰流量的增加，还包括洪水重现期的缩短。Wilson 的研究结果表明：完全城市化的流域多年平均洪峰流量要比相似的农村地区增大 4.5 倍，而 50 年一遇洪峰流量值也要增大 3 倍。同时城市化发展还导致城市河道被侵占，河道调蓄能力下降，洪水发生频率增加，百年一遇洪水出现的概率增加了 6 倍。

第三节　区域防洪规划

一、防洪规划

洪水作为一种自然水文现象，在人类社会发展过程中是不可避免的，然而洪水所造成的灾害在全球范围内越来越频繁，强度越来越大，造成影响与损火也越来越人。根据调查研究可知，全球各种自然灾害所造成的损失中，洪涝灾害占40%，是自然灾害之首。因此，为了减少洪水发生可能、降低洪灾损失，必须采取一定措施。然而单一的防洪手段与防洪措施，往往只能在一定程度上降低洪水的威胁，且常常顾此失彼，带来各种问题。是以需要对已施行和即将施行的防洪手段和措施制定合理规划，结合地区自然地理条件、洪水特性及洪灾的危害程度等方面，制订和实施总体防洪规划，建立起有效地防洪体系。

防洪规划是指为了防治某一流域、河段或者区域的洪水灾害而制定的总体安排。根据流域或河段的自然特性、流域或区域综合规划对社会经济可持续发展的总体安排，研究提出规划的目标、原则、防洪工程措施的总体部署和防洪非工程措施规划等内容。规划的主要目标是江河流域，其主要研究内容包括：工程措施布置、非工程措施应用、河流总体方案制定、洪水预警系统建立、洪泛区管理及防洪政策与法规的制定等。

防洪规划的类型包括流域防洪规划、河段防洪规划和区域防洪规划。流域防洪规划是以流域为基础，为防治其范围内的洪灾而制定的方案，注重干流左、右岸地区的防洪减灾；区域防洪规划是为了保护区域不受洪水危害而制定的方案，是流域防洪规划的一部分，应服从流域整体防洪规划，并与之相协调，但对于某些重点防护区，区域防洪规划又具有防洪特点和应对措施，因此区域防洪规划与流域防洪规划有一定关联，也有自身的独立性；而河段防洪规划则是针对规划河段的自然状况及流域发展情况制定的，不同河段状况不同，导致其侧重点不同，由此可知河段防洪规划是流域防洪规划的补充，应服从流域整体规划。

防洪规划作为一项专业水利规划，是水利建设的前期工作。它主要是针对诱发洪灾的原因及未来趋势，根据社会的需求，提出适合的防洪标准，利用先进的计算方法和计算手段，计算防洪保护区的设计洪水位，并结合当地的其他水利规划，制定防洪规划方案，以满足区域的防洪要求，为社会和经济的发展提供保护。因此防洪规划的主要目可概括为：在充分了解河水流动特性的基础上，合理规划各种防洪措施，提高江河防洪的能力，减少洪水造成的损失。

（一）规划的主要内容

防洪规划的主要内容包括：在调查研究的基础之上，确定其防洪保护对象、治理目标、防洪标准及防洪任务；确定防洪体系的综合布局，包括设计洪水与超标洪水的总体安排及其相对应的防洪措施，划定洪泛区、蓄滞洪区和防洪保护区，规定其使用原则；对已拟定的工程措施进行方案比选，初步选择合适的工程设计特征值；拟定分期实施方案，估算施工所需投资；对环境影响和防洪效益进行评价；编制规划报告等。

（二）规划的目标和原则

防洪规划的目标是根据所在河流的洪水特性、历时洪水灾害，规划范围内国民经济有关部门及社会各方面对防洪的要求及国家或地区政治、经济、技术等条件，考虑需要与可能，研究制定保护对象在规划水平年应达到的防洪标准和减少洪水灾害损失的能力，包括尽可能地防治毁灭性灾害的应急措施。

防洪规划的制定应遵循确保重点、兼顾一般，遵循局部与整体、需要与可能、近期与远景、工程措施与非工程措施、防洪与水资源综合利用相结合的原则。在制定研究具体方案的过程中，要充分考虑洪涝规律和上下游、左右岸的要求，处理好蓄与泄、一般与特殊的关系，并注意国土规划与土地利用规划相协调。

（三）规划的标准

防洪标准是各种防洪保护对象或水利工程本身要求达到的防御洪水的标准，即受保护对象不受洪水损害最大限度所能抵御的洪水标准。其中保护对象是指容易受到洪水的危害，进而有必要实施一定的措施，确保其安全的对象。在制定防洪标准时，依照防洪的要求，结合社会、经济、政治情况，综合论证加以确定。在条件允许时，可采取不同防洪标准所能降低的洪灾经济损失与防洪所需的费用对比的方法，合理确定防洪标准。

在我国防洪标准通常是通过某一重现期的设计洪水体现。防洪标准的高低，直接取决于保护对象的规模、重要性、洪灾的严重性及洪灾对国民经济影响程度。然而多方面的因素影响防洪标准的制定，例如实测的水文、气象资料，工程的规模等级，防洪保护区的经济发展状况等。为了保障人民生命财产安全，我国建设部和质检总局联合发布了 GB 50201-201*《防洪标准》（征求意见稿），制订了城市与乡村的防洪标准，见表3-3-1和表3-3-2。

表3-3-1　城市保护区的防护等级和防洪标准

防护等级	重要性	常住人口 （万人）	经济当量人口 （万人）	防洪标准 [重现期〔年〕]
I	特别重要	≥150	≥300	≥200
II	重要	150～50	300～100	200～100
III	比较重要	50～20	100～40	100～50
IV	一般	<20	<40	50～20

表3-3-2　乡村保护区的防护等级和防洪标准

防护等级	户籍人口（万人）	耕地面积（万亩）	经济当量人口（万人）	防洪标准[重现期（年）]
I	≥150	≥300	≥75	100~50
II	150~50	300~100	75~25	50~30
III	50~20	100~30	25~10	30~20
IV	<20	<30	<10	20~10

根据防洪保护对象的不同需要，防洪标准可采用设计一级或者设计、校核两极。当防洪保护区的地理条件比较复杂时，可根据规划范围内的地理条件和经济发展条件等因素，将规划范围划分成为多个防洪保护分区，后依照保护对象的重要性、洪灾损失的严重性，结合可行的防洪措施，通过技术经济比较，并依照国家颁布的标准，合理选用适当的防洪标准。保证在合理使用防洪工程时，能够承受低于防洪标准的洪水，能够确保保护对象及工程自身的安全。

二、区域防洪规划

区域防洪规划是防洪规划的一种类型，本文上文已经提及区域防洪规划应以流域防洪规划的指导，并与之相协调，同时区域防洪规划还应服从区域整体规划。区域整体规划是指在一定地区范围内对整个国民经济建设进行的总体的战略部署。由此可见区域防洪规划自身具有其独特性。

区域作为一个可以独立施展其功能的总体，其自身具有完整的结构。然而以区域为研究对象的防洪规划，其规划区域未必是一个完整的流域，可能只是某个流域一部分，甚至是由多个流域的部分组成，这是区域防洪规划与流域防洪规划最大的不同点。

由此可见在进行区域防洪规划制定时，可以根据区域的自然地理情况，将规划区域划分成多个小区域分别进行防洪规划。例如可以根据区域的地理条件将该区域分为山丘、平原区分别进行规划，也可以根据区域中河流的数量，将其划分为小流域进行规划。

三、城市防洪规划

城市作为区域的中心，其人口密集，经济发达，一旦发生洪水将造成巨大的损失，故而对于在区域防洪规划中，城市的防洪规划尤为重要。城市防洪规划是以流域规划和城市整体规划为指导，根据城市所在地区的洪水特性，兼顾当地的自然地理条件、城市发展需要和社会经济状况，全面规划、综合治理、统筹兼顾。其主要任务包括：结合当地的自然地理条件、洪水特性、洪灾成因和现有防洪设施，从实际出发，建立必要的水利设施，提高城市的防洪管理能力、防洪水平，确保城市正常工作；当出现超标洪水时，有积极的应对方案，可以保证社会的稳定，保护人民的生命财产安全，把损失降到最低。

城市防洪规划是城市防洪安全的基础，与城市的发展息息相关。因此，城市防洪规划即要提高城市防洪的能力，为可持续发展提供防洪保障；又要与城市水环境密切结合，营造人水和谐共处的环境。因此，城市防洪规划应做到：①城市防洪规划与流域、区域防洪规划相辅相成、相互补充；②积极调整人水关系，突出"以人为本"的理念；③防洪标准要适应防洪形势的变化；④城市防洪规划应当是总体规划的一部分，要考虑城市发展的要求；⑤治涝规划要与城市水务相结合；⑥城市防洪规划与城市景观建设相结合，提高城市水环境。

（一）城市防洪规划的原则

城市防洪规划应制定应遵循的原则如下：

（1）必须与流域防洪总体规划和区域整体规划为相协调，根据当地洪水特征及影响，结合城市自然地理条件、社会经济状况和城市发展需要，全面规划、综合治理、统筹兼顾、讲究效益。

（2）工程措施与非工程措施相结合。工程措施主要为水库、堤防、防洪闸等；而非工程措施则由洪水预报、防洪保险、防汛抢险、洪泛区管理、居民应急撤离计划等。根据不同洪水类型，例如暴雨洪水、风暴潮、山洪、泥石流等，制定防洪措施，构建防洪体系。重要城市制定应对超标洪水的对策，降低洪灾损失。

（3）城市防洪是流域防洪的重要组成部分。城市防洪总体规划设计时，特别是堤防的布置，必须与江河上、下游和左、右岸流域防洪设施相协调，处理好城乡结合部不同防洪标准堤防的衔接问题。

（4）城市防洪规划是城市总体规划的一部分。防洪工程建设应与城市基础设施、公用工程建设密切配合。各项防洪设施在保证防洪安全的前提下，结合工程使用单位和有关部门的需求，充分发挥防洪设施的多功能作用，提高投资效益。

（5）城市内河及左、右岸的土地利用，必须服从防洪规划的要求。涉及城市防洪安全的各项工程建设，例如道路、桥梁、港口码头、取水工程等，其防洪标准不得低于城市的防洪标准；否则，应采取必要的措施，以满足防洪安全要求。

（6）注意节约用地。防洪设施选型应因地制宜，就地取材，降低工程造价。

（7）应注意保护自然生态环境的平衡。由于城市天然湖泊、注地、水塘是水环境的一部分，可以保护及美化城市，对其应予以保护。同时保护自然生态环境，可以达到调节城市气候、洪水径流，降低洪灾损失的目的。

（二）城市防洪排涝现状

城市作为国家政治、文化、经济的中心，其安全直接关系着国计民生，因此无论是国家防洪战略还是区域防洪规划都将城市防洪视为重点。然而城市化发展引发城市水文特性的变化，导致洪峰流量和洪水总量的增加，使现有防洪工程承担了巨大的压力；同时，由于城市暴雨径流的增加，现状的排水设施难以满足城市排水的要求，导致近年来诸多城市发生严重内涝，影响人民的生活及社会安定。

（三）城市防洪排涝存在的问题

虽然新中国成立以来国家制定颁布了一系列措施加强城市地区的防洪工作，并取得了一定的成效，但是我国城市防洪工作起步还是相对较晚，防洪水平还是相对较低，防洪技术相对落后，致使防洪工作还是存在着一系列的问题。

1. 城市防洪标准低

城市防洪标准整个城市防洪体系应当具备的抵抗洪水的综合能力。城市防洪标准的制定直接关系着城市的安全，对此部分发达国家城市防洪标准制定的相对较高，例如日本常采用的标准能达到 100～200 年一遇的水平；美国、瑞士常采用的标准能达到 100～500 年一遇的水平；伦敦和维也纳的标准甚至达到 1000 年一遇的水平。然而，目前我国防洪标准达到国家规定标准的城市比例为我国现有城市的 28%，其中，防洪标准在百年一遇之上的城市比例仅为 3%，其余城市现行的防洪标准均低于规定的防洪标准。

2. 城市内涝问题突出

城市发展过程中，为了抵御外江洪水的入侵，一些城市在周围修筑了大量堤防，却忽略了城区排水设施的同步建设，导致不少城市的排水标准不足，排水设施老化，排水能力严重不足。然而城市的发展引发城市"热岛效应"与城市"雨岛效应"，导致城市地区暴雨发生的概率和强度增加，排水系统的不完善导致城市内涝日益严重。

城市治涝规划是为了排除城市内涝，保障城市安全所指定的规划，包括治涝标准分析、治涝区划分、排水管网规划、排涝河道治理。排水管网规划一般由城建部门承担，其他三方面由水利部门承担。在我国排水管网系统在设计时所选用的重现期一般为 1～3 年，重要地区所采用的重现期为 3～5 年。由此可见城市排水标准远远低于城市防洪标准，这也是城市内部遇到较大强度的降雨时，城市内部积水不能及时排除，城市内部积水严重的原因之一。

同时城市的发展还造成城市内部洪水与涝水难以区分。"洪水"与"涝水"都是由于降雨产生的，"洪水"是客水带来的水位上涨，是暴雨引起的一种自然现象；而"涝水"是指城区内降水来不及排泄而造成的城市部分地区积水的现象。虽然"洪水"与"涝水"的定义非常明确，二者的特性也不相同，但是对于具体地区二者又相互关联，难以区分。

3. 规划滞后

目前我国城市防洪规划严重落后，许多城市缺乏完整的防洪规划。同时城市经济水平的差异，导致部分城市在制定防洪规划时不顾及流域防洪整体规划，随意改变防洪标准，加大了下游城市的防洪压力，影响了整个流域的防洪整体规划。同时，我国许多城市的部分防洪工程建设时期较早，建筑物已使用多年并发生老化现象，导致现有的防洪工程基础较差；同时对于防洪建筑物缺乏日常维护与管理，重点工程带病作业，导致容易出现各种险情。

4.防洪治涝技术和管理水平低

构建完整的防洪体系先进的技术和有效地管理手段必不可少，例如洪水预报、顶警系统、3S 技术（遥感、卫星定位、地理信息系统）对于及时了解洪水水情和灾情，指挥抗洪抢险，减免城市洪涝灾害损失具有重要作用。目前这些新技术在我国还处于起步阶段，导致防洪治涝技术发展和洪水应对机制的建设与管理还比较薄弱，这对城市防洪减灾建设造成了巨大的影响。

第四节　设计洪水

设计洪水是指符合设计标准的洪水，是水利水电工程在建设过程中的依据。设计洪水的确定是否合理，直接影响江河流域的开发治理、工程的等级及安全效益、工程的投资及经济效益，因此设计洪水计算是水利工程中必不可少的一项工作。

设计洪水计算是指水利水电工程设计中所依据的设计标准（由重现期或频率表示）的洪水计算，包括正常运行洪水和非常运行洪水两种情况，设计洪水计算的内容包括推求设计洪峰流量、不同时段的设计洪水总量以及设计洪水过程线三个部分。因此，在工程规划设计阶段，必须考虑流域上下游、工程和保护对象的防洪要求，计算相应的设计洪水，以便进行流域防洪工程规划或确定工程建筑物规模。

一、洪水设计标准

由于洪水是随机事件，即使是同一地区，每次发生的洪水均有一定差别，因此需要为工程设计规划所需的洪水制定一个合理的标准。防洪设计标准是指担任防洪的水工建筑物应具备的防御洪水能力的洪水标准，一般可用相应的重现期或频率来表示，如 50 年一遇、100 年一遇等。我国目前常用的设计标准为以下两种形式：①正常运行洪水也称频率洪水，通过洪水的重现期（频率）表示，是诸多水利工程进行防洪安全设计时所选用的洪水；②非常运行洪水即最大可能洪水，使用具有严格限制，通常在水利工程一旦失事将对下游造成非常严重的灾难时使用，将其作为一级建筑物非常运用时期的洪水标准。

防洪标准作为水利工程规划设计的依据。如果洪水标准定得过大，则会造成工程规模与投资运行费用过高而不经济，但项目却比较安全，防洪效益大；反之，如果洪水标准设得太低，虽然项目的规模与投资运行成本降低，但是风险增加，防洪效益减小。根据设计原则，通过最经济合理的手段，确保设计项目的安全性、适用性和耐久性的满足需求。因此，采用多大的洪水作为设计依据，关系着工程造价与防洪效益，最合理的方法是在分析水工建筑物防洪安全风险、防洪效益、失事后果及工程投资等关系的基础之上，综合分析经济效益，考虑事故发生造成的人员伤亡、社会影响及环境影响等因素选择加以确定。

二、设计洪水的计算方法

进行设计洪水计算之前，先确定要建设的水利工程的等级，然后确定主要建筑物和次要建筑物的级别。然后根据规范确定与之相对应的设计标准，进行设计洪水计算。所谓设计洪水的计算，就是根据水工建筑物的设计标准推求出与之同频率（或重现期）的洪水。根据工程所在地的自然地理情况、掌握的实际资料、工程自身的特征及设计需求的不同，计算的侧重点也不相同。对于堤防、桥梁、涵洞、灌溉渠道等无调蓄能力的工程，只需考虑设计频率的洪峰流量的计算；对于蓄滞洪区工程，则需要重点考虑设计标准下各时段的洪水总量；而对于水库等蓄水工程，洪水的峰、量、过程都很重要，故需要分别计算出设计频率洪水的三要素。

目前，常用的计算设计洪水的方法，根据工程设计要求和具体资料条件，大体可分为以下几种：

（1）由流量资料推求设计洪水。该方法通常采用洪水频率计算，根据工程所在位置或其上下游的流量资料推求设计洪水。通过对资料进行审查、选样、插补延长及特大洪水处理后，选取合适的频率曲线线型，例如 P-III 型曲线，对曲线的参数进行合理估算，推求设计洪峰流量，对于洪水过程线的推测，常用的办法是选择典型洪水过程线，然后加以放大，放大方法包括同倍比放大法和同频率放大法。

（2）由暴雨资料推求设计洪水。该方法是一种间接推求设计洪水的方法，主要应用于工程所在地流量资料不足或人为因素影响破坏了实测流量系列的一致性的地区，根据工程所在地或邻近相似地区的暴雨资料，以及多次可供流域产汇流分析计算用的降水、径流对应观测资料来推求设计洪水。该方法与方法（1）可统称为数理统计法，也称为频率分析法。

（3）最大可能洪水的推求。一些重要的水利水电工程常采用最大可能洪水即校核洪水作为非常运用下的设计洪水。通过可能最大暴雨推求最大可能洪水，计算方法与利用一定频率的设计暴雨推求设计洪水基本相同，即通过流域的产汇流计算最大可能净雨过程，然后进行产汇流计算，推求出可能最大洪水。

综上所述，其实亦可将洪水计算归纳为两种计算途径：一是数理统计法，认为暴雨和洪水是随机事件，通过运用数理统计学原理及方法，进行一定频率的设计洪水计算，此方法也被称作频率分析法；二是水文气象法，认为暴雨或洪水是必然发生事件，通过应用水文学与气象学的原理，通过一定方法，推求出可能出现的最大暴雨或洪水，即可能最大暴雨或可能最大洪水。频率分析法主要是基于短期洪水资料，通过拓展频率曲线推导出各种设计标准对应的设计洪水，利用该方法推求的设计洪水，具有明显的频率特性，但其物理生成过程难以确定；水文气象法是以现有的强降雨数据作为研究对象，联系计算区域的特性以及工程自身要求，通过推求可能最大降水，进而推导出最大可能洪水，该方法的物理成因具有良好的解释，但无明确的频率概念。

（一）由流量资料推求设计洪水

应用数理统计的方法，由流量资料推求设计洪水的洪峰流量及不同时间段的洪量，称为洪水频率计算。根据《水利水电工程设计规范》规定，对于大中型水利工程应尽可能采用流量资料进行洪水计算。由流量资料推求设计洪水主要包括洪水三要素：设计洪峰流量、设计时段洪量和设计洪水过程线。

1. 资料审查与选样

由流量资料推求设计洪水一般要求工程所在地或上下游有 30 年以上实测流量资料，并对流量资料的可靠性、一致性和代表性进行审查。可靠性审查就是要鉴定资料的可靠程度，侧重点在于检查资料观测不足或者整理编制水平不足的年份，以及对洪水较大的年份，通过多方面的分析论证确定其是否满足计算需求。一致性审查是为了确保洪水在一致的情况下形成，若有人类活动影响，例如兴建水工建筑物、进行河道整治等对天然流域影响较为明显的情况，应当进行还原计算，确保从天然流域得到洪水资料。资料的代表性审查是指检验样本资料的统计特性能否真实地反映整体特征、代表整体分布。但是洪水的整体是无法确定的，所以通常来说，资料统计时间越长，且包括出现大、中、小各种洪水年份，其代表性越好。

选样是指从每年的全部洪水过程中，选取特征值组成频率计算的样本系列作为分析对象，以及如何从持续的实测洪水过程线上选取这些特征值。选样常用的方法有：年最大值法（AM）和非年最大值法（AE）。

2. 资料插补延长及特大洪水的处理

如果实测流量系列资料较短或有年份缺失，则应当对资料进行插补延长。其方法有：当设计断面的上下游站有较长记录，且设计站和参证站流域面积差不多，下垫面情况类似时，可以考虑直接移用；或者利用本站同邻近站的同一次洪水的洪峰流量和洪水量的相关关系进行插补延长。

特大洪水要比资料中的常见洪水大得多，可能通过实测资料得到，也可能通过实地调查或从文献中考证而获得（也称历史洪水）。由于目前我国河流的实测资料系列还较短，因此根据实测资料来推求百年一遇或千年一遇等稀有洪水时，难免会有较大的误差。通过历史文献资料和调查历史洪水来确定历史上发生过得特大洪水，就可以把样本资料系列的年数增加到调查期限的长度，增加资料样本的代表性。但是这样得到的流量系列资料是不连续的，故一般用来计算洪水频率的方法不能用于该系列，因此对有特大洪水的系列需要进行进一步研究处理。对于有特大洪水的流量资料系列，往往采取特大洪水和常见洪水的经验频率分开计算的方法。目前常用的方法有两种：独立样本法和统一样本法。

3. 洪水频率计算

根据规范规定"频率曲线线型一般采用皮尔逊 III 型。特殊情况，经分析论证后也可以采用其他线型"。选定合适的频率曲线线型后，可通过矩法、概率权重矩法或权函数法估计参数的初始值，利用数学期望公式计算经验频率。将洪峰值对应其经验频率绘制在频率格纸上，描出频率曲线，调整统计参数，直到曲线与点拟合完好。然后根据频率曲线，求出设计频率对应的洪峰流量和各统计时段的设计洪水量。关于求得的结果的合理性检验，可利用各统计参数之间的关系和地理分布规律，通过分析比较其结果，避免各种原因造成的差错。

4. 设计洪水过程线的拟定

在水利水电工程规划设计过程中为了确定规模等级，大都要求推求设计洪水过程线。所谓设计洪水过程线是指相应于某一设计标准（设计频率）的洪水过程线。由于洪水过程线是极为复杂且随机的，根据目前技术难以直接得到某一频率的洪水过程线，通常选择一个典型过程线加以放大，使得放大后的洪水过程线中的特征值，如洪峰流量、洪峰历时、控制时段的洪量、洪水总量等，与相对应的设计值相同，即可认为该过程线即为"设计洪水过程线"。目前常用的为同倍比放大法、同频率放大法或分时段同频率放大法。

（二）由暴雨资料推求设计洪水

由暴雨资料推求设计洪水，主要应用于无实测流量资料或实测流量资料不足，而有实测降雨资料的地区。由于我国雨量观测点较多，分布相对较为均匀，降雨资料的观测年限较长，且降雨受流域下垫面变化影响相对较小，基本不存在降雨资料不一致的情况，因此利用暴雨推求设计洪水的例子在实际工程中比较常见。同时对于重要的水利工程，有时为了进一步论证由流量资料推求的设计洪水是否符合要求，也需要由暴雨资料推求设计洪水，加以校核。

尽管我国绝大部分地区的洪水是由暴雨引起的，但是洪水形成的主要因素不仅与暴雨强度有关，还与时空分布、前期影响雨量、下垫面条件等密切相关。为了工作简便，在推导过程之中，采用暴雨与洪水同频率假定。

1. 设计暴雨的推求

设计暴雨是指工程所在断面以上流域的与设计洪水同频率的面暴雨，包含不同时段的设计面暴雨深（设计面暴雨量）和设计面暴雨过程两个方面。

估算设计暴雨量的方法常用的有两种：①当流域上雨量站较多，且分布均匀，各站都有一长时间的实测数据时，可在实测降雨数据中直接使用所需统计时段的最大面雨量，进行频率计算，得到设计面雨量，该方法也叫设计暴雨量计算的直接方法；②当流域上雨量站数量较少，分布不均，或者观测时间短，同时段实测数据较少时，可以使用流域中心代表站实测的各时段的设计暴雨量，利用点面关系，把流域中心的点雨量转化为相对应时段的面暴雨量，该方法即为设计暴雨计算的间接方法。

2. 产汇流分析

降雨扣除截留、填洼、下渗、蒸发等损失后，剩下的部分即为净雨，关于净雨的计算即为产流计算。产流计算的目的是通过设计暴雨推求出设计净雨，常用的方法有降雨径流相关法、初损法、平均损失率法、初损后损法或流域水文模型。

净雨沿着地面或地下汇入河流，后经由河道调蓄，汇集到流域出口的过程即为汇流过程，对于整个流域汇流过程的计算即为汇流计算。流域汇流计算常用的有经验单位线、瞬时单位线和推理公式等，河道汇流计算主要有马斯京根法、汇流曲线法等。

产汇流计算是以实际降雨资料为依据，分析产汇流规律，然后根据设计需求，由设计暴雨推求设计洪水。

（三）其他方法推求设计洪水

也可以通过最大可能暴雨推求最大可能洪水，其计算方法与利用暴雨推求洪水的方法基本相同，采取同频率假定，认为最大可能洪水（PMF）是由最大可能暴雨（（PMP）经过产汇流计算后得到的。目前计算最大可能暴雨时一般针对设计特定工程的集水面积直接推求，包括暴雨移置法、统计估算法、典型暴雨放大法及暴雨组合法。

在我国中小流域推求设计洪水过程中，如果缺少必要的资料时，往往通过查取当地暴雨洪水图集或水文计算手册，得出设计暴雨量后检验暴雨点面关系、降雨径流关系和汇流参数，对于部分地区还要经过实测大洪水检验，其计算结果实用性较强。然后通过降雨径流关系进行产流计算；通过单位线法、推理公式法或地区经验公式法等，进行汇流计算。

第五节　建筑物防洪防涝设计

一、建筑物防涝的内涵

洪涝，指的是持续降雨、大雨或者是暴雨使得低洼地区出现渍水、淹没的现象。对于建筑物来讲，洪涝会对建筑物造成一定的影响或破坏，危及建筑物的安全功能。对于建筑物来说，防洪的主要目的是减少和消除洪灾，并且能够适合各种建筑物。建筑物防洪主要包括建筑物加高、防淹、防渗、加固、修建防洪墙、设置围堤等。

二、洪涝对建筑物的破坏形式

（一）洪水冲刷

洪水对建筑物造成的最严重的破坏是直接冲刷，水流具有巨大的能量，并且将这些能量作用在建筑物上面，导致构件强度不高、整体性差的建筑物就很容易倒塌。有些建筑物虽然具有比较坚固的上部结构，但是如果地基遭受到冲刷，就会破坏上部结构。

（二）洪水浸泡

1. 地基土积水

洪涝灾害使得地表具有大量的积水，导致地下水位上升，但是有些地基土对水的作用比较敏感，含水量不同就会导致其发生很大的变性，使得基础位移，破坏建筑物，导致地坪变形、开裂。

2. 建筑材料浸泡

由于洪涝灾害引起的地表积水中会包含各种化学成分，当某一种或者是多种化学成分含量过多的时候，就会腐蚀钢材、可溶性石料以及混凝土，破坏结构材料。

3. 退水效应

洪水退水以后，地表水就会进入到湖、渠、洼、河，使地下水位下降，建筑物地基土在经过水的浸泡之后又经过阳光的照射，土体结构就会发生变化，土层中的应力就会重新进行分布，就会引起不均匀沉降使得上部结构倾斜，最终致使结构构件发生开裂，将这种现象称为"洪水退水效应"。

总而言之，洪水对于建筑物造成的破坏主要包括洪水引起的伴生破坏、缓慢的剥蚀、侵蚀破坏、急剧发生的动力破坏。在不用的建筑结构形式、不同的外界环境以及不同的地区，破坏也会明显不同。

三、具体建筑物实验概况

以洪水对某村镇住宅的破坏机理为例子：洪水破坏村镇住宅建筑物的作用力主要有水流的浸入力、水流的静压力、水流的动水压力。这三种作用力是相互作用的，力作用的次序与出现的时间也是有差别的。在洪水暴发初期，主要是水流的静水压力与洪水的动水压力，这个时候村镇住宅建筑物再迎水面上所经受的压力值是最大的，有的时候甚至是能够达到两者之和。对于建筑等级较低或者是脆性材料的村镇住宅建筑物，就会因为强度不足不能够承受这种作用力而遭到破坏。当村镇住宅建筑物内部继续进水，洪水静水压力就会逐渐变弱，这个时候的作用力主要是洪水的动水压力。

四、建筑物防洪防涝设计内容

1. 场地选择

在建设建筑物的时候最重要的环节就是选址。为了能够使建筑物能够经得起洪水的考验，保证建筑物的安全，选址的时候应该避免旧的溃口以及大堤险情高发区段，避免建筑物直接受到洪水的冲击。具有防洪围护设施（如围垦子堤、防浪林等）、地势比较高的地方可以优先作为建筑物用地。对建筑物进行选址的时候应该在可靠的工程地质勘查和水文地质的基础上进行，如果没有精确的基础数据就很难形成正确完善的设计方案。建筑物进行选择的时候要用到的基础数据主要包含地质埋藏条件、地表径流系数、地形、降水量、地貌、多年洪水位等。在这里需要明确指出的是，拟建建筑应该选择建在不容易发生泥石流和滑坡的地段，并且要避开不稳定土坡下方与孤立山咀。此外，由于膨胀土地基对浸入的水是比较敏感的，通常不作为建筑场地。

2. 基础方案

要采取有利于防洪的基础方案。房屋在建设的时候要建在沉降稳定的老土上，比较适合采取深基的方式。比如采取桩基，能够增强房屋的抗冲击、抗倾性以确保抗洪安全。在防洪区不适合采用砂桩、石灰等复合地基。在对多层房屋基础进行浅埋时，应该注意加强基础的整体性和刚性，比如可以采用加设地圈梁、片筏基础等方式。在许多房屋建设过程中，采用的是新填土夯实，没有沉降稳定的地基，这对房屋上部的抗洪是极其不利的。

3. 上部结构

在防洪设计中要增强上部结构的稳定性与整体性。对于多层砌体房屋建造圈梁和构造桩是十分有必要的。有些房屋建筑，在楼面处没有设置圈梁，而是采用水泥砂浆砌筑的水平砖带进行代替，这种做法是错误的。还有的房屋，只是采用粘土作砌筑砂浆，导致砌体连接强度比较低，不能够经受住水的浸泡，使得房屋的整体性比较差，抗洪能力也比较低，对于这些应进行改正。

4. 建筑材料

具有耐浸泡、防蚀性能好、防水性能好等特性的建筑材料对于防洪防涝是非常有利的。此外，砖砌体应该加入饰面材料，这样可以保护墙面，减少洪水的剥蚀、侵蚀。在施工的时候选择耐浸泡、防水性能好的建筑材料对于抗洪是十分有利的。混凝土具备良好的防水性能，是建造防洪防涝建筑物的首先材料。砖砌体应该加入防护面层，如果采用的是清水墙，就必须采用必备的防水措施。在洪水多发地区过去的时候多运用的是木框架结构，现在几乎已经逐渐被混凝土和砖结构所取代，如果采取木框架结构，首先应该对木材进行防腐处理。

第六节 农村地区防洪工程的设计方案探究

各个地区的工程项目在建设过程中，都必须要考虑防洪工程的设计，这样可将工程损伤降到最低，尤其在农村地区的防洪工程项目的建设过程中，将起到关键性的作用，因此，工程项目建设人员在设计工程建设方案时，做好防洪工程方案的设计工作，对整个工程项目建工之后的运行非常重要。

一、农村地区防洪工程设计中存在的问题

（一）防洪工程建设流程不够合理

农村地区的临时性防洪工程大部分是当地农民修建，农民仅按照洪水具体来向进行筑堤，尽管能起到相应的防洪作用，但未进行统一、合理地规划，使工程防洪标准偏低，从而影响农民居住安全。例如，农村地区山洪沟的两岸主要由水泥砌石的挡墙、丁坝、铅丝石笼等进行防洪筑堤，其中，在沟口处的水泥砌石的挡墙有125m，左右岸都有，目前已渐渐开裂，而当前形成规模堤防是2500m，是当地居民作为应急修建，主要选取在第四系洪冲积卵的砾石地层上部，其抗冲性很差，受到冲刷之后易使坡面、堤身发生倒塌，最终使堤失去稳定性，且大多数筑堤的抗洪作用非常小。

（二）防洪工程设计时对信息处理不全面

在农村地区防洪抗旱中，离不开对信息的采集以及分析，这其中就包括了对汛期河道水位的监测、雨水信息评估、旱汛期的监察以及抗灾物资需求的分析等，这些多样化数据的需求，在目前所具备的信息处理能力中还难以做到有效分析，从而使得应对灾情时难以采取有效的应对措施，除此之外，在信息采集方面的配套设施也需要进一步地提升，当前已具有的信息化能力难以做到有效地处理这些信息的能力，主要表现在应对防汛的前期工作中，由于缺乏比较全面的数据信息分析，这使得应对洪水灾害的能力受到极大的制约。

（三）防洪工程外部环境影响以及制约

农村地区防洪工程难免会受到自然因素的影响，例如，当地地质状况、施工现场环境等不良因素制约，自然环境主要是就是指施工时的天气原因，遇到冰雪、雷电、暴风雨等突发的天气状况影响施工质量，所以，有的施工方为了赶上施工进度，在规定的时间内顺利完成施工，所以就会忽视天气原因以及当地环境等客观因素对施工造成的不良影响，还有当地的水文状况、地质勘探等因素，都会严重导致水利施工的顺利进行。

（四）防洪工程现场施工材料管理水平低

农村地区防洪工程管理过程中，现场材料的管理是一个非常重要的环节，如果材料的管理不妥，就会增加施工的难度，也会给整个施工过程造成很大的问题。现场施工材料的管理主要是针对材料的选择以及材料的采购、材料的使用等一系列问题进行分类、分项进行科学处理。针对整个施工项目而言，材料合格、存放有序、供应及时是保证施工质量的重要前提，因此，防洪工程建设的现场管理中，对建筑材料的管理必不可少。与此同时，施工管理人员的管理方法对工程也会产生一定的影响，如果现场管理人员采用科学的管理方法就能为工程施工建设节省施工材料，降低施工成本，反之，则会导致施工材料浪费，拖延施工周期。

二、提升农村地区防洪设计水平的措施

（一）选择合适的防洪工程选址

农村地区防洪工程设计时，在选址方面防洪工程需和流域内的防洪规划较好地协调，通过在新构建的防洪工程中，把洪水归顺于南北走向山洪沟中，通过山洪沟直接泄至下游的滞洪区，最终汇入总排干沟，具体包括下述几方面：

首选，在选址方面，所治理的工程需上游、下游及左右岸完全兼顾，且在充分满足洪水行洪要求的基础上，尽可能使用已经存在的工程项目防洪对策，并综合考虑地貌、地形等条件，尽量做到少拆迁、少占地，缩小工程量，同时根据当地的实际状况和地勘定时报告。虽然当前的防洪堤起到相应的防洪作用，但修建时仅仅用于应急，这就使受冲刷之后的堤身、坡面存在不稳定情况。为此，此次防洪工程设计主要对当前的防洪堤进行清理，同时在原有堤线的基础上修建新的建防洪堤，不会占用新土地。

其次，设计人员在布置沟道走向时，需和水流的流态要求相符，且行洪的宽度需布置合理，堤线需和河道的大洪水主流线保持在水平的状态，两岸上、下游的堤距需相互协调，不可突然地放大或是缩小。堤线需保持平顺，不同堤线应平缓地连接，且确保防洪沟弯曲段，选用相对大的弯曲半径，以免急转弯、折线。例如，山洪沟河道较为显著，且天然河道宽在 2m ~ 14m，河槽的深度为 0.5 ~ 1.0m，当雨季的水量很小的时候，以天然河槽的流水为主，而一旦发生洪水，则会在沟口区顺洪积扇地形逐渐漫散，如果农民按照洪水的来向临时筑堤，则会影响整个工程的防洪质量。

最后，设计人员在考虑防洪工程的任务时，需充分了解当地工程建设情况，以便不会影响当地的引洪淤灌任务。按照当前河道、堤防的布置状况，当地农民在建设土堤时，若遭遇小洪水下泄，需将一部分洪水直接引到农田灌溉，对此，此次防洪工程设计时，应将农民灌溉需求充分考虑在内。

（二）合理设计防洪堤工程

在设计防洪工程堤防工程的过程中，需选择合适的防洪堤筑堤材料，通常情况下，主要以浆砌石堤、土堤、混凝土等填筑混合材料开展各项施工。主要表现为：土堤的施工过程较为简单，且造价相对低，但是堤身变形很大，且抗冲能力非常差；浆砌石堤的结构相对简单，其抗冲的能力很好，同时耐久性也很强，应用起来整体性、防渗性能非常好；混凝土堤的耐久性、抗冲性能非常好，但是施工过程较为复杂，且工程造成相对高，需要较长的时间才能完成施工。例如，在对堤体填筑结构及护坡结构进行设计时，如果防洪工程开挖料主要是冲洪积粉土，因此，材质无法满足工程结构布设要求，采用石渣料回填堤体并现场试验确定分层厚度，然后分层回填碾压。具体而言，堤体密度 ≥ 0.6，石渣料干密度 ≥ 20.5kN/m^3。在此过程中，采用 C20 砼框格 + 干砌块石及 C20 砼框格 + 撒播草籽对堤段斜坡坡面进行护坡设计。堤身及基础结构设计时，必须进行稳定性计算分析，从地质勘查

结果来看，该防洪工程基岩埋置较深，因此采用碾压块石料置换重力式及衡重式挡墙基础，置换厚度分别为 2 ～ 3m、3 ～ 4m。

（三）做好防洪地区防洪堤工程施工质量监管

在农村地区防洪堤工程施工质量管理中，施工管理人员要身负使命，本着对农村地区经济社会发展的原则对防洪堤的施工过程严格管理，确保责任落实到位，并在一定时期内多对施工管理人员、施工相关责任人做业务培训，全面执行和落实相关的安全责任。而且，在安全生产管理中，管理人员对防洪堤工程责任招标做出规范性处理，审计人员要监督施工期限与合同竣工时间是否一致，签订补充合同有无备案，项目条款语言应该规范、概念界定清晰严谨。

（四）提升防洪抗旱技术的处理能力

由于信息技术可以在防洪抗旱中发挥十分重要的作用，因此需要加以开发信息技术的多层次性，满足防洪抗旱中各种信息的处理能力，下面通过分析防洪抗旱的指挥系统，以提升信息技术的处理能力为例，说明信息技术所带来的积极作用。在防洪抗旱中，指挥系统是一个关键性的部分，因此需要在信息采集、通信网络、数据统计等方面加强建设工作。一方面需要提升某省各个地区中的不同部门所管理的水流情况，然后通过分析这些信息，使得各个单位都能够有针对性的灾情应对以及做出处理方案；另一方面是再进一步升级现有的技术系统，弥补已经存在的问题，从而达到有效提升防洪抗旱的能力，此外，在有条件的地区可以加快研发新型技术以及防洪抗旱的产品，对于没有及时处理的灾情可以通过这些产品而达到减少人们生命财产受到损害的目的。此外，防洪堤工程施工等大型水利工程易受自然条件约束，投资建设周期长，风险施工难度大，时间滞后等现实问题制约使水利工程项目的有效管理加大了难度。管控人员必须保证水利工程实施的科学性，因此全过程跟踪审计尤为重要，它能从源头上规避防洪堤水利工程项目实施中的恶性腐败问题，有效提高了投资管理方的综合效益。

第七节 高原地区防洪堤工程设计

高原地区的地形一般都比较复杂，其与普通的防洪堤工程是存在较大的区别的，在高原地区开展防洪堤工程的过程中需要注意高原地区的地势，并且在不同的地势条件中注意不同的工程设计要点，保证工程的开展符合其实际要求，从而增强防洪堤工程的整体功效。

一、防洪堤工程类型的确定

不管是在哪个地区开展防洪堤工程建设，都需要对工程的类型进行确定，要根据工程的实际情况制定施工方案和计划，这样才能保证工程的稳定开展。一般来说，在进行防洪堤工程建设之前，是需要做好施工的前期准备工作的，首先施工单位需要对高原地区的实际地域情况进行调查，将其地质条件、地形及结构等都进行严格的地质勘测，并且要保证数据的准确性，将勘测数据进行总结，制作成具体的报告上交给技术部门进行分析，从而得出具体的施工位置。就高原地区来说，不同的地势条件会导致水文地质、土壤结构及地下构造等都存在一定的区别，因此还需要将这些实际情况进行勘测，得出具体的数据才能判断符合标准的防洪堤工程类型。

二、高原地区防洪堤工程施工设计特点

高原地区的地形比较复杂，并且防洪堤工程量比较大，但是高原地区的工程建设一般施工工期比较短，这就给工程增加了一定的难度。在开展防洪堤工程施工的过程中，需要用到大量的混凝土才能完成施工任务，因此，在储存和组织材料的过程中会受到一定的约束。高原地区在地形上是交叉分布的，其工程点比较多，施工范围又比较广，因此施工难度较大，在施工过程中容易发生安全事故，就需要注意施工人员的安全问题。很多高原地区在开展防洪堤工程施工的过程中场地比较狭窄，在布置施工任务的过程就会有一定的难度，因此，在对工程进行设计的过程中，就需要保证在实际的施工过程中施工道路的通畅性。高原地区的防洪堤工程比较复杂，在进行工程设计的过程中就需要结合以上特点对施工任务进行布置，使得工程在实际的施工过程中能够按照工程设计稳定开展。

三、高原地区防洪堤工程设计要点

（一）灌柱桩

在高原地区开展防洪堤工程设计的过程中，要注意灌注桩是一个重要的工程施工设计要点。拦挡坝基础灌注桩的深度比较大，其孔数又比较多，因此其在实际的施工过程中难度比较大，就需要对其进行合理的设计。在设计过程中可以对灌注桩的布置进行探讨，这部分的设计要点需要从灌注桩的整体施工来讨论，当施工人员进场后需要立即进行拦挡坝的开挖，这样能够为灌注桩尽早开挖提供有利条件。工程施工单位还需要对施工技术的实施进行详细的设计，在对具体的施工部分进行设计的过程中，施工单位要让技术专家和权威进行详细的技术分析，根据灌注桩的施工特点制定可行的施工计划和方案，并且在整个探讨过程中不断完善施工方案，与业主和监理部门进行一定的联系，使其能够参与到设计过程中，协同施工部门共同对设计方案提出建议。由于高原地区的下部地层比较复杂，在开展工程设计的过程中就需要对灌注桩的施工设备需要进行准备，加强造孔设备配置，保证能够为施工进度的增强提供保障。

（二）堆石坝施工设计

防洪堤工程的主要施工工艺就是堆石坝施工，这项施工工艺是作为一项新的施工技术

在近几年才在防洪堤工程施工过程中扩展开来的。在对高原地区的防洪堤工程进行设计的过程中，施工单位要指派专家组成员对这项施工工艺进行研究和分析，经过专业人员对高原地区地势情况和水土条件的考察制定出合理的施工方案。在防洪堤工程中，堆石坝施工的设计要点还应该包括对施工方案的具体实施，很多施工工艺在实际的实施过程中会由于不符合地形条件等出现相关的问题，导致工程不能正常进行，为了防止施工过程中问题的出现，专业的施工设计人员还需要编制切实可行的施工组织方案和措施，完善堆石坝施工设计，为高原地区防洪堤工程的实际施工提供推动力。

（三）施工安全问题

施工安全问题一直是建设工程施工设计的要点，安全问题关系着施工人员的人身安全，与企业的经济利益也有直接关系，因此，在开展高原地区防洪堤工程设计的过程中就要重点注意施工过程中的安全问题。在开展施工设计的过程中，施工企业要模拟施工现场实验室的设立，充分应用企业的技术优势，将原材料以及实际施工过程中的质量进行全面化的模拟。施工安全与施工材料及施工人员是有很大的关系的，企业需要做好技术交底工作，并且在开展施工设计的过程中对操作人员进行安全技术交底，保证施工过程中的人员安全。防洪堤工程是需要建立在爆破施工的基础上的，因此设计人员还需要设立专职火工材料管理人员，制定专业的管理制度，要求专职人员严格按照相关规定执行爆破，并且将剩余的火工材料及时退库。在工程设计过程中还需要按照相关部门的安全规定建立现场质量和安全管理制度，针对施工人员的安全可以建立奖惩制度，这样还能够将施工质量的保证包含在工程设计范围之内，最大限度地完善高原地区防洪堤工程设计。

（四）施工进度的保证

施工进度的保证作为高原地区防洪堤工程设计的重要部分，在整体的工程设计中占有着重要的位置。很多施工企业在开展工程施工的过程中会出现较多的问题，导致工程不能正常进行，从而延缓施工工期，给企业带来严重的经济损害，因此就需要将施工进度的保证包含在工程设计中，便于对实际施工中出现的问题进行及时处理。高原地区的地形条件不允许施工工期的延误，一旦施工工期达不到标准，就很容易导致企业的整体经济效益得不到保障。在开展工程设计的过程中，施工企业需要对施工过程中的环境、气候变化进行预测，并且针对这些情况制定针对性的解决策略，保证施工过程中的问题能够得到有效的解决。防洪堤工程是一项比较复杂的工程，为了方便对施工进行控制，施工企业可以将整体工程分成几个单项工程，然后针对单项工程不同的施工要点编写施工方案和措施，不断优化防洪堤工程的整体设计，从源头上控制施工期。工程进度与施工材料、设备等也有较大的关系，一旦施工材料的质量不达标，就会导致工程暂时不能开展，设备一旦损坏也会使得工程必须延迟，所以，施工设计人员需要将施工材料的质量标准和设备的维护都纳入工程设计细则中，降低由材料和设备带来的工程工期问题。

（五）材料、设备的组织和运输

材料的质量和设备的维护是贯穿于高原地区防洪堤工程的整体施工过程中的，因此为了保证工程施工的有效性，就必须保证工程设计的完善。除了材料质量和设备维护之外，在工程设计过程中还需要制定好材料、设备的组织和运输，这样才能全面保证施工材料和设备各方面的使用和保存，最大程度地完善工程设计。在组织和运输材料及设备的过程中，防洪堤工程中所有需要用到的材料都是需要由工程承包商进行组织采购和运输的，而在高原地区开展防洪堤工程的过程中难度比较大，地势条件有限，很多工作面高峰施工强度集中，在组织和运输材料的过程中就存在一定的难度，因此就需要对其进行合理的设计，保证工程设计的有效性。

（六）资源配置

在开展防洪堤工程设计的过程中，需要将资源配置看作重点事项，高原地区的可用资源比较少，并且能够在施工过程中使用的资源种类也会受到限制，很多在普通的防洪堤工程中的可用资源不适用于高原地区，所以，资源配置就成了高原地区防洪堤工程设计的重点和难点。在对设备配置进行设计的过程中，需要将重点放在施工企业总部和工程区附近项目便于抽调的设备上，然后根据实际的工程概况确定可用的设备资源，做好设备资源使用设计方案。施工人员也是主要的可用资源配置，由于防洪堤工程的施工地区是高原地区，在选择施工人员的时候，不仅需要选择专业性较高的施工人员，还要选择能吃苦并且具有丰富施工经验的人，这样才能在高原地区持续施工。工程资金也是资源配置中的一部分，工程设计人员在设计施工方案的过程中，需要对施工成本的使用进行合理的规划，并且建立健全的财务管理规章制度，保证工程资金能够发挥最大的作用。

（七）人员培训

施工人员作为建设工程的主体，不管是在实际的施工过程中还是在工程设计中，都应该进行科学合理的规划和管理。人员培训是保证施工质量和人员安全的主要保障，只有做好人员的培训工作，才能在实际的施工过程中保证工程的整体质量。施工企业需要将人员培训放入工程设计的重点内容中，在设计施工方案的同时，对施工人员进行组织，加强其安全意识和专业的施工技能。很多防洪堤施工人员并不能适应高原地区的气候条件，对于高原地区的防洪堤工程设计来说，施工企业首先需要对施工人员的气候适应状况进行调查，保证其能够在高原地区开展工作的前提下进行施工，然后根据施工人员的施工特长对其进行任务分配，从人员的使用上做好工程设计相关内容。

（八）施工总程序规划原则

在高原地区开展防洪堤工程设计的过程中，最主要的就是根据实际的施工情况对施工总程序进行规划，为了保证工程规划的有效性和合理性，就需要根据施工总程序的规划原则进行工程设计。施工企业需要按照施工场地的实际情况设计整体的施工总程序，将其转化为施工设计方案，然后对其进行不断的优化。在进行工程设计的过程中，所有的施工部门都需要派专业人员参与讨论和设计方案的制定，便于达到整体施工程度的统一。当然，高原地区防洪堤工程设计还需要包括对施工人员切身利益的保障以及施工周围环境的保护，施工企业要对其进行统筹安排，在工程设计中使得施工人员的利益与其劳动力达到平衡等，按照整体的施工程序原则进行工程设计和规划，从而实现工程设计的合理性。

第四章 农田水利工程规划与设计

第一节 农田水利概述

一、农田水利概念

水利工程按其服务对象可以分为防洪工程、农田水利工程（灌溉工程）、水力发电工程、航运及城市供水、排水工程。农田水利是水利工程类别之一，其基本任务是通过各种工程技术措施，调节和改变农田水分状况及其有关的地区水利条件，以促进农业生产的发展。农田水利在国外一般称为灌溉和排水。

农田水利主要的作用是中小型河道整治，塘坝水库及圩垸建设，低产田水利土壤改良，农田水土保持、土地整治以及农牧供水等。其主要是发展灌溉排水，调节地区水情，改善农田水分状况，防治旱、涝、盐、碱灾害，以促进农业稳产高产。本文所研究的农田水利亦主要是指灌溉系统、排水系统特征丰富的灌溉工程（灌区）。

二、农田水利工程构成

农田水利学其内容主要包括：农田水分和土壤水分运动、作物需水量与灌溉用水、灌溉技术、灌溉水源与取水枢纽、灌溉渠系的规划设计、排水系统规划设计、井灌井排、不同类型地区的水问题及其治理、灌溉排水管理。关于农田水利的构成与类型，按照农田水利工程的功能和属性可分为：灌溉水源与取水枢纽、灌溉系统、排水系统三个部分。

（一）灌溉水源与取水枢纽

灌溉水源是指天然水资源中可用于灌溉的水体，有地表水、地下水和处理后的城市污水及工业废水。

取水枢纽是根据田间作物生长的需要，将水引入渠道的工程设施。针对不同类型的灌溉水源，相对应的灌溉取水方式选择上也有所不同。如地下水资源相对丰富的地区，可以进行打井灌溉；从河流、湖泊等流域水源引水灌溉时，依据水源条件和灌区所处的相对位置，主要可分为引水灌溉、蓄水灌溉、提水灌溉和蓄引提相结合灌溉等几种方式。

1. 引水取水

当河流水量丰富，不经调蓄即能满足灌溉用水要求时，在河道的适当地点修建引水建筑物，引河水自流灌溉农田。引水取水分无坝取水和有坝取水。

无坝取水，当河流枯水时期的水位和流量都能满足自流灌溉要求时，可在河岸上选择适宜地点修建进水闸，引河水自流灌溉农田。

有坝取水，当河流流量能满足灌溉引水要求，但水位略低于渠道引水要求的水位，这时可在河流上修建雍水建筑物（堤坝或拦河闸），抬高水位，以达到河流自流引水灌溉的目的。

2. 抽水（提水）取水

当河流内水量丰富，而灌区所处地势较高，河流的水位和灌溉所需的水位相差较大时，修建自流引水工程不便或不经济时，可以在离灌区较近的河流岸边修建抽水站，进行提水灌溉农田。

3. 蓄水提水

蓄水灌溉是利用蓄水设施调节河川径流从而进行灌溉农田。当河流的天然来水流量过程不能满足灌区的灌溉用水流量过程时，可以在河流的适当地点修建水库或塘堰等蓄水工程，调节河流的来水过程，以解决来水和用水之间的矛盾。

4. 蓄引提结合灌溉

为了充分利用地表水源，最大限度地发挥各种取水工程的作用，常将蓄水、引水和提水结合使用，这就是蓄引提结合的农田灌溉方式。

（二）灌溉系统

灌溉系统是指从水源取水，通过渠道及其附属建筑物向农田供水、经由田间工程进行农田灌水的工程系统。完整的灌溉系统包括渠首取水建筑物、各级输配水工程和田间工程等，灌溉系统的主要作用是以灌溉手段，适时适量的补充农田水分，促进农业增产。

（三）排水系统

在大部分地区，既有灌溉任务也有排水要求，在修建灌溉系统的同时，必须修建相应的排水系统。排水系统一般由田间排水系统、骨干排水系统、排水泄洪区以及排水系统建筑物所组成，常与灌溉系统统一规划布置，相互配合，共同调节农田水分状况。农田中过多的水，通过田间排水工程排入骨干排水沟道，最后排入排水泄洪区。

三、古代农田水利

我国农田水利一词最早出现在北宋时期颁布的水利法规《农田水利约束》，灌溉一词的起源更早，《庄子·逍遥游》有"时雨将矣，而犹浸灌"。《史记·河渠书》中已有水利一词，在当时主要指农田水利，其中有郑国渠"溉泽卤之地四万余顷"的记载。在《汉书·沟洫志》中，溉、溉灌与灌溉三词并用，共同表达灌溉农田之意，灌溉一词一直保留应用到现在。排水的排字意为排泄，《孟子·滕文公上》有"决汝、汉，排淮、泗"；《汉书·沟洫志》有"排水择而居之"等语。

我国在长江下游考古中，发现有新石器时代灌溉种稻的遗迹，约有 5000 年的历史。公元前 1600 ~ 前 1100 年中国实行井田制度，划分地块，利用沟洫灌溉排水。到西周时代，沟洫工程进一步发展，并出现了蓄水工程。约公元前 600 年，孙叔敖兴建期思雩娄灌区，是中国最早见于记载的灌溉工程。春秋战国时代曾修建过多处大型自流灌区工程，著名的有引漳十二渠、都江堰、郑国渠等，在此期间也已经使用桔槔提水灌溉。当时人们已认识到农田水利的重要意义，《荀子·王利》曾指出："高者不旱，下者不水，寒暑和节，而五谷以时熟，是天下之事也"。秦汉时期，灌溉排水及相关农田水利建设早已由黄河、长江和淮河流域逐渐扩展到浙江、云南、甘肃河西走廊以及新疆等地。隋、唐、宋时期，我国农田水利事业进入巩固发展的新时期，太湖下游地区兴修圩田、水网；黄河中下游大面积放淤；同时，水利法规也逐渐趋于完备；唐时期有《水部式》，宋时期有《农田水利约束》等。元、明、清时期，在长江、珠江流域，特别是两湖、两广地区附近，农田水利事业得到了更进一步的开发。明天启年间有《农政全书》，书中《水利》对中国农田水利学的发展起到了先导的作用；《泰西水法》为介绍西方水利技术的最早著述。

我国古代农田水利工程设施，分输水、引水、泄水、控制水流、清沙等设备，多为就地取材用竹、木、石材料制成。

四、现代农田水利

我国的农田水利有着悠久的历史，历代劳动人民创造了很多宝贵的治水经验，在我国水利史上放射着灿烂的光辉。但是漫长的封建社会，压抑着劳动人民的积极性和创造性，严重阻碍了我国农业生产的发展，农田水利建设进展缓慢。社会主义新中国的建立，为我国农田水利事业的发展开创了无限广阔的前景。建国四十多年来，我国农田水利事业得到了巨大发展，主要江河都得到了不同程度的治理，黄河扭转了过去经常决口的险恶局面，淮河流域基本改变了"大雨大灾、小雨小灾、无雨旱灾"的多灾现象，海河流域减轻了洪、涝、旱、碱四大灾害的严重威胁，水利资源也得到初步开发。

截至 2010 年为止，全国建成了大中小型水库 87873 多座，总蓄水库容量 7162 亿 m^3；全国已累计建成各类机电井 533.7 万眼，其中：安装机电提水设备可正常汲取地下水的配套机电井 487.2 万眼，装机容量 5145 万 kW。全国已建成各类固定机电抽水泵站 46.9 万处，装机容量 4321 万 kW，固定机电排灌站 43.5 万处，装机容量 2331 万 kW，流动排灌和喷滴灌设备装机容量 2068 万 kW。全国有效灌溉面积万亩以上的灌区有 5795 处，农田有效灌溉面积 28415 千 hm^2，居世界首位。按有效灌溉面积达到万亩划分，其中：灌溉面积在 50 万亩以上的灌区有 131 处，农田有效灌溉面积 10918 千 hm^2；30 万 ~ 50 万亩大型灌区 218 处，农田有效灌溉面积 4740 千 hm^2。全国农田有效灌溉面积达到 60348 千 hm^2，占全国耕地面积的 49.6%。全国工程节水灌溉面积达到 27314 千 hm²，占全国农田有效灌溉面积的 45.3%。在全部工程节水灌溉面积中，渠道防渗节灌面积 11580 千 hm²，低压管灌面积 6680 千 hm²，喷、微灌面积 5141 千 hm²，其他工程节水灌溉面积 3912 千 hm²。万亩以上灌区固定渠道防渗长度所占比例为 24.1，其中干支渠防渗长度所占比例为 34.8%。全国水土流失综合治理面积达到 106.8 万 hm²，其中：小流域治理面积 41.6 万 hm²，实施生态修复面积达 72 万 hm²，当年建成黄土高原淤地坝 268 座。由此进行了这些工作，在占全国总耕地面积 49% 的灌区，生产着约占全国总产量 75% 的粮食和 90% 以上的棉花、蔬菜等经济作物。

农业是安天下、稳民心的产业。粮食安全直接关系社会稳定和谐，关系人民的幸福安康。我国特殊的人口和水土资源条件，决定我国既是一个农业大国，也是一个灌溉大国，灌溉设施健全与否对农业综合生产能力的稳定和提高有着直接影响。农田水利建设不仅是中国农业生产的物质基础，也是我国国民经济建设的基础产业。

随着我国水利建设的不断发展，在辽阔的土地上，已出现了许多宏伟的农田水利工程，在满足灌溉农田、保持水土流失等功能的同时还创造了独特的工程景观，凝聚着我国劳动人民无穷智慧和伟大的创造力。如有灌溉面积超过一千万亩的四川省都江堰灌区、安徽省淠史杭灌区和内蒙古自治区的河套灌区，装机容量超过四万千瓦的江苏省江都排灌站；总扬程高达 700m 以上的甘肃省景泰川二期抽灌站；以及流量超过 15m³/s、净扬程达 50m 的湖北省青山水轮泵站等等。

五、农田水利特征与发展趋势

（一）农田水利特征

农田水利工程需要修建坝、水闸、进水口、堤、渡槽、溢洪道、筏道、渠道、鱼道等不同类型的专门性水工建筑物，以实现各项农田水利工程目标。农田水利工程与其他工程相比具有以下特点：

（1）农田水利工程工作环境复杂。农田水利工程建设过程中各种水工建筑物的施工和运行通常都是在不确定的地质、水文、气象等自然条件下进行的，它们又常承受水的渗透力、推力、冲刷力、浮力等的作用，这就导致其工作环境较其他建筑物更为复杂，常对施工地的技术要求较高。

（2）农田水利工程具有很强的综合性和系统性。单项农田水利工程是所在地区、流域内水利工程的有机组成部分，这些农田水利工程是相互联系的，它们相辅相成、相互制约；某一单项农田水利工程其自身往往具有综合性特征，各服务目标之间既相互联系，又相互矛盾。农田水利工程的发展往往影响国民经济的相关部门发展。因此，对农田水利工程规划与设计必须从全局统筹思考，只有进行综合地、系统地分析研究，才能制定出合理的、经济的优化方案。

（3）农田水利工程对环境影响很大。农田水利工程活动不但对所在地区的经济、政治、社会发生影响，而且对湖泊、河流以及相关地区的生态环境、古物遗迹、自然景观，甚至对区域气候，都将产生一定程度的影响。这种影响有积极与消极之分。因此，在对农田水利工程规划设计时必须对其影响进行调查、研究、评估，尽量发挥农田水利工程的积极作用，增加景观的多样性，把其消极影响如对自然景观的损害降到最小值。

（二）农田水利发展趋势——景观化

随着农村经济社会的发展，农田水利也从原来单一农田灌溉排水为主要任务的农业生产服务，逐渐转型为同时满足农业生产、农民生活和农村生态环境提供涉水服务的广泛领域。各项农田水利工程设施在满足防洪、排涝、灌溉等传统农田水利功能的前提下充分融合景观生态、美学及其他功能，已经成为广大农田水利工作者更新、更迫切的愿望。

新时期的农田水利规划与设计要着力贯彻落实国家新时期的治水方针，适应农村经济的发展与社会主义新农村的建设要求，紧紧围绕适应农村经济发展的防洪除涝减灾、水资源合理开发、人水和谐相处的管理服务体系开展有前瞻性的规划思路。依据以人为本、人水和谐的水利措施与农业、林业及环境措施相结合，因地制宜采取蓄、排、截等综合治理方式，进行农田水利与农村人居环境的综合整治。

（1）水利是前提，是基础

农田水利基本任务是通过各种工程技术措施，调节和改变农田水分状况及其有关的地区水利条件，以促进农业生产的发展。农业是国民经济的基础，搞好农业是关系到我国社会主义经济建设高速度发展的全局性问题，只有农业得到了发展，国民经济的其他部门才具备最基本的发展条件。

（2）景观是主题，是提升

水利是景观化水利，是融合到自然景观里的水利。从农田水利的角度，通过合理布置各类水工建筑设施，在保证农田灌溉排涝体系安全的同时达到景观作用。传统的农田水利工程外观形式固定，在视觉上给人粗笨呆板的视觉效果，在以后的规划设计过程中将水工建筑物的工程景观、文化底蕴与周围自然环境相融合的综合性景观节点，在保证其功能的基础上赋予农田水工建筑物全新形象。

农田水利作用的对象就是水体，将水进行引导、输送从而进行农业灌溉，两者的联系紧密结合。在我国农田水利事业发展的历程中，同时也孕育了丰富的水文化。

第二节　农田水利规划设计研究进展

一、国外农田水利规划设计研究进展

（一）国外灌排技术研究进展

1. 节水灌溉技术发展

在水资源日益紧缺的今天，发展节水农业是全世界共同面临的研究课题。农业节水灌溉工程主要有渠系建筑物完善配套、渠道衬砌、低压管道输水灌溉、喷灌、微灌、渗灌等。渠道衬砌是国外发达国家最早开始的节水灌溉技术，渠道衬砌在提高灌溉水利用率的同时也带来了生态环境的破坏，低压管道输水灌溉因其节水、节地、省工、输水速度快、便于计量、控制灵活、对种植业结构调整具有较强的适应性等优点，在世界节水灌溉技术中得到广泛的应用。早在 20 年代美国就开始使用管道输水技术，低压管道灌溉面积以达到总灌溉面积的 50%。日本已有 30% 的农田实现了地下管道灌溉，并且管网的自动化、半自动化给水控制设备也较完善；以色列、英国、瑞典等国有 90% 的土地实现了灌溉管道化。

节水灌溉技术中微喷灌是随着美国经济、科技技术恢复之后，迅速发展起来的节水灌溉技术。美国西部干旱的 17 个州推广使用喷灌灌溉技术为主，1996 年美国喷灌面积达到 1082 万 hm^2，占美国灌溉面积的 44%。以色列的灌溉技术一直处于世界领先水平。以色列 25 万 hm^2 的有效灌溉面积全部实施了喷灌和微灌，且 80% 是灌溉与施肥同步进行。2000 年，以色列微灌面积发展到 16.6 万 hm^2，占总灌溉面积的 66% 以上。30 年来以色列创造了农业用水新概念，将给土壤浇水转变为给作物浇水，使得灌溉水减到了最低水量，在半沙漠地区出现了现代化农场，这些农场一般都有高度自动化滴灌系统，以保证供给作物适时适量的水和肥料。在南部的内格夫荒漠，年降水量不足 50mm，当地农户在沙漠中建起了温室大棚，用滴灌技术种植瓜果、蔬菜、花卉，出口欧洲。日本位于亚洲东本部，是西太平洋一个岛国其耕地面积不足国土面积的一半，为了满足国民的粮食需求，多年来日本致力于提高产量，争取粮食自给，特别重视灌溉提高单产的作用，重视灌溉与施肥、改土的结合，在 1973 年 3 月还制定了输水管道设计标准。

2. 田间排水技术发展

农田排水可分为过湿地排水和盐碱地排水两大类，过湿地排水是指排除农田中多余的水分，达到除涝、降渍、改善沼泽地的目的；盐碱地排水是指控制地下水位，及时排出过多的地表水及地下水，使盐碱地得到改良。近一百多年来，世界上不少国家由于灌区急剧发生土壤次生盐碱化问题，推动了排水事业的发展。美国于 1849 ~ 1850 年建立了沼泽地法案，广泛开展了农田排水，到 1960 年，排水面积达到 4000 多万 hm²；1909 年之后埃及为了解决棉田的盐碱化问题大力发展深沟排水。暗管是为了解决作物受渍的问题而发展的地下排水技术，英国在 17 世纪初发明了鼠道式暗管排水技术，19 世纪中叶发明了挖掘机。1859 年，在美国俄亥俄州出现了铺设瓦管不用人力挖沟的鼠道犁。日本的暗管排水始于 20 世纪 50 年代初，到 80 年代中期，暗管排水面积已达水田排水面积的 1/3，农田排水工程施工基本上实现了机械化。随着科技发展，农田排水新技术也随之产生，新型排水指标研究，以地下水连续动态 SEWx 为指标的排水设计理论国外已用于农田排水工程规划设计。排水在盐碱地改良中担当着重要角色，国外在设计灌水定额时提出淋洗需水量（leaching requirement）的概念，强调排水工程应满足有效排除这部分水量的要求，我国对此研究是一个薄弱环节有待加强。

（二）国外生态河道研究进展

随着经济的发展，环境保护日益受到人们的广泛关注。河道中的水资源作为生态环境的最为重要的控制因素，直接影响着生态环境的平衡发展。河岸作为河道的主要组成，影响着河道的生态建设。早期河岸的防护工程多采用浆砌块石、干砌块石或混凝土护坡，尽管这些防护工程形式在保证防洪安全、防止水土流失方面起到一定作用，但是也在不同程度上对生态环境及城市景观有一定的破坏，造成生态破坏。国外对生态河道建设的研究重视较早。

早在 20 世纪 30 年代末至 80 年代末期，人们首次提出河道治理要亲近自然。1938 年德国的 Seifert 首先提出"近自然河溪治理"概念，这是人类首次提出河道生态方面的治理理论。20 世纪 50 年代德国正式创立了"近自然河道治理工程"提出河道整治要符合植物化和生命化原理。

20 世纪 80 年代欧洲工程界对出现的水利工程规划设计理念对河道造成的生态危害开始反思，认识到水利工程的设计不但要符合工程设计要求还要符合自然原理。随着生态学的发展这一观点越来越受到重视，出现了研究生态河道的相关理论与技术。

随着科学的发展河道生态治理理论逐步进入科学规范轨道。世界各国开始意识到早期的传统人工改造对河道生态影响，20 世纪末期各国开始研究河道生态修复技术。BrinsonMm（1981 年）、AmorosC（1987 年）、AholaH（1989 年）、Phillips J（1989 年）、Mason CF（1995 年）、Cooper J R（19% 年）、JaanaUusi-Kamppa（2000 年））等先后研究了河道两岸植被、森林、水生生物对水体污染物质的截留容量和净化效果。在植物对农业非点源氮、磷污染的吸收研究中，Richardson CJ（1985 年）、PettsGE（1992 年）等先后提出湿地系统对水生植物的对污染物的吸收作用，及湿地系统对水环境质量具有重要作用。

美国以及欧洲等国家提出"土壤生物工程护岸"这一概念，此项概念是从最原始的柴木枝条防护措施发展而来的，经过多年的研究，现已形成一套完整的理论和施工方法，并得到了广泛应用。土壤生物工程是指利用植物对气候、水文、土壤等的作用来保持岸坡稳定的。

20世纪90年代受到德国"近自然型河流"观念的影响，日本开始提倡"多自然型河川建设"技术。通过改良传统的河道治理技术方法，将原有混凝土护坡拆除，取而代之的是浅滩、深潭、河心洲，减少景观树、绿地、草皮等绿化手段。丰富了河道的生态变化，为各种生物提供生存躲避的场所。日本神奈川县和东京的交界处的境川采用近自然的治河方法进行了治理，河道的微污染水体的水质有了明显的改善。

（三）国外村庄整治技术研究

1. 英国村庄建设

自20世纪50年代开始，英国经济得到复苏，城市发展迅速城市化建设得到空前提高，但是随之而来的城市人口过密、城市乡村发展不协调、农村基础设施薄弱等负面影响制约着英国整体发展。英国提出"乡村发展规划"整体规划，该规划核心是加强乡村人口集中建设中心村，政府出台一系列综合措施以提高乡村服务的利用率，发挥其规模建设作用。70年代中期后，英国乡村"发展规划"政策转向为"结构规划"政策。

英国村庄建设给予的启示：①城乡统筹规划，树立"规划空间全覆盖"的规划思想。②城乡产业一体化发展，综合考虑城乡的产业结构与经济社会指标两者的分工与合作。③加强中心村建设，将中心村建设作为乡村规划建设的发展重点，充分发挥其地区经济与服务的作用。

2. 德国"乡村更新"假设

德国是一个注重整体协调发展的国家。德国以其优美的环境、便捷的交通、完善的基础设施而著名，德国村庄整治的主要做法有：①制定服务于村庄更新建设的法律体系。其中以《联邦土地整理法》及《联邦建筑法》最为重要。②注重村庄更新建设的规划控制。德国村庄整治规划的重点是优先考虑基础设施和社会服务设施的建设，注重单个建筑设计和整体景观协调，注重环境保护和古建筑物的保护。③强调村庄更新建设公众参与。从村庄更新项目的提出至规划设计、施工、建设管理，公众始终处于主导地位，通过平等的参与协商，加强公众与政府之间的沟通交流，调动居民参与乡村更新建设的积极性。德国村庄更新规划得以实施离不开有效的法律体系、控制村庄更新规划、公众参与。

3. 韩国新村运动

20世纪60年代，韩国过分注重经济发展，重点扶持工业企业加强出口建设，使得工业与农业发展失去平衡，农村劳动力老龄化、大量农村人口涌入城市等因素带来诸多城市及社会问题。然而，由于当时的韩国还处于经济发展初级阶段，没有大量资金及人力解决农村生活及生产条件，因此发动广大农民、调动农民的积极性，通过农民的辛勤劳动来改善环境建设农村成为唯一的解决方法。韩国的"新村运动"就是此背景下提出的。

韩国"新村运动"主要内容包括：①加强农村基础设施建设。解决与农民生产生活最密切的问题，包括：道路、饮水、能源、通信、水利等问题，通过改善农村的基础设施，调动农民的积极性；②制定科学规划。韩国政府制定了科学有效的农村规划；③提高农民素质。韩国注重教育和培训农民使得韩国在短短 30 年之内完成农业现代化及农业经济发展。

二、国内农田水利规划设计研究进展

（一）国内灌排技术研究进展

1. 节水灌溉技术发展

我国是一个水资源相对贫乏的国家，水资源总量 2.8 万亿 m^3，居世界各国第 6 位，但因为人多地广，人均水资源占有量确不足 1/4，居世界 109 位，属 13 个贫水国之一。同时我国还是一个用水大国，目前我国灌溉面积约占耕地面积的 50%，农业用水量约占总用水量的 80%，约 4000 亿 m^3，而灌溉水的利用率只有 40% 左右，而发达国家的灌溉水利用率可达 80% ~ 90%，因此如果利用先进的节水灌溉技术，将全国已建成灌区的灌溉水利用率提高 10% ~ 20%，则每年可节约水量 400 ~ 800 亿 m^3。

节水灌溉是指根据农作物不同生长阶段的需水规律以及当地自然条件、供水能力，为了有效利用天然降水和灌溉水达到最佳增产效果和经济效益目标而采取的技术措施。在 1950 ~ 1970 这 20 年间，我国进入节水灌溉的初级阶段，主要节水技术是采取渠道防渗技术，健全渠系建筑物，平整土地按照作物需水量进行灌溉。随后几十年间渠道衬砌得到大面积的推广，到"九五"期间，建设防渗渠道 23 万 km，渠道防渗控制灌溉面积 423.13 万 hm^2；江苏省到 2000 年底，混凝土防渗渠道建设长度已达 4.8 万 km，控制灌溉面积 100 万 hm^2，占有效灌溉面积的 25.7%。

然而，我国节水灌溉发展中，往往只注重渠系水利用率和灌溉水利用率的提高，很少考虑节水灌溉对农田生态环境产生的负面影响。张正峰等认为水泥铺设的沟渠使整理区域中孤立的斑块栖息地数量成倍增加，而生物生境的破坏和孤立的斑块栖息地数量的增加会在一定程度上阻碍农田物种的扩散，使群体趋向不稳定，导致生物多样性的降低。随着生态破坏所带来的问题日益严重，人们在追求粮食安全的基础上体会到生态安全的重要性。近年来，我国开始关注自然生态渠道的推广，要做到节水与生态的兼顾，低压管道输水灌溉工程技术是今后的主要发展方向。我国自 50 年代开始尝试低压管道输水灌溉技术的开发应用。80 年代后，低压管道输水灌溉技术被列入"七五"重点科技攻关项目，管道管材及配套装置的研制取得了一些成果。2003 年末，全国低压管道输水灌溉面积已达 448 万 hm^2，覆盖全国 25 个省市自治区。在节水灌溉技术中滴灌、微喷灌等技术在国内也有着长足的发展，50 年代末期我国首次引进国外先进的微喷灌技术，但受到经济及科学技术的限制，当时此项技术没有得到进一步发展，随着经济的发展在之后的几十年中，通过对国外技术的学习及引进先进的设备，我国微喷灌发展明显加快，目前微喷灌技术主要用于水果、花卉、蔬菜等产量低，收益高等经济作物。2002 年微灌面积约为 27.9 万 hm^2，占我国总灌溉面积的 0.5%。

2.田间排水技术发展

我国农田排水技术在 20 世纪 50 年代至 70 年代主要围绕改善农田大排水环境而展开，侧重解决排涝问题；从 20 世纪 70 年代至 20 世纪 80 年代末，南方 14 省开展了广泛的涝渍中低产田改造治理，标志着农田排水技术的重点由排涝转向治渍；从 20 世纪 90 年代至今，农田排水技术得到进一步发展，主要表现在以计算机和现代信息技术为先导的高科技手段进入农田排水领域。暗管在排出地下水方面成效显著。20 世纪 50 年代起，我国暗管排水技术才开始发展，较之国外迟 100 年，随后暗管技术的发展在大面积推广中虽然遭受失败，但在 1959 年昆山县城南乡江蒲圩进行暗管排水试验取得成功，20 世纪 70 年代又搞了 333hm² 中间试验田，并在此基础上逐步推广。能有效调控地下水位的排水措施除暗管外，竖井排水亦受到重视。竖井排水指在地下水埋深较浅、水质符合灌溉要求的地区，结合井灌进行排水。在我国北方易涝易碱地区，实行井灌井排被作为综合治理旱、涝、碱的重要措施，已在生产中得到广泛应用。20 世纪 90 年代中期国内开始研究新型排水指标：携渍兼治的排水指标。目前以取得部分研究成果。

（二）国内生态河道发展近况

据历史记载，早在公元前 28 世纪，我国在渠道修整工程中就使用了柳枝、竹子等编织成的篮子装上石块来稳固河岸和渠道。这种最原始最古老的方法，现在越来越受到人们的青睐，国内有不少人在此基础上开始研究生态型护岸技术，提出了多种不同形式的护岸技术。

然而，由于我国缺乏比较系统的河道生态治理模式研究，只重视眼前的利益，一度导致河道治理走入误区。在过去很长一段时间里，我国在河道治理方面只重视防洪抗旱的单一水利功能，多采用混凝土结构的渠道化的河道形式，阻断了水域与外环境的物质与能量的交换，最终导致水体恶化。

近代，我国在河道生态建设领域起步较晚，近几年才开始河道生态工程技术的研究与实践，目前还处于探索和发展阶段。杨文和、许文宗提出了以人为本、回归自然，生态治河的新理念。王超、王沛芳对城市河流治理中的生态河床和生态护岸构建技术进行了阐述，总结了生态河床构建的手段，生态型护岸的种类和结构形式。杨芸研究了生态型河流治理法对河流生态环境的影响。我国河道生态护坡技术发展较晚，但在国外生态护坡有研究基础上也取得长足发展。在根据上海河道具体特点，汪松年等人讨论生态型护坡结构。结合现阶段我国航道工程特点，鄢俊等讨论植草护坡特点及提出边坡种草的关键技术，陈海波在引滦入唐工程中提出网格反滤生物组合护坡技术。随着科学发展观认识的不断深入，我国对河道的生态修复愈加重视，一些地区相继开展了河道生态治理工作。2001 年，随着中国开始西部大开发政策国家投资 107 亿元实施了塔里木河流域综合治理工程，使塔河下游在 363km 的河道断流，尾闾台特玛湖千涸，干流两岸胡杨林大面积枯死的情况下生态有所恢复。太原市生态河道工程历时 3 年，投资 5.2 亿元，成功治理河道 6km，种植树木 10000 多株，极大改善了太原市城区环境。成都市的沙河是排洪、防汛、工业供水、农田灌溉的主要河道，随着城市的发展，沙河河道淤积、水质恶化、生态环境差等问题日益显现。成都市政府于2001年开始对沙河进行综合治理，治理工程重点突出河流的亲水性、生态性、可持续性及人与自然的和谐统一。

（三）国内村庄整治研究进展

新中国成立以后，建设社会主义新农村成为我党的主要建设任务。自20世纪90年代开始，中共中央提出多项政策来支持农村及乡镇发展，先后出台《村镇建房用地管理条例》、《建制镇规划管理办法》《村镇规划标准》《村庄及城镇规划管理条例》等相关文件，这些文件为村庄建设提供了政策依据。

1. 北京郊区农村居民点整理研究

农村居民点土地整理是指利用工程规划设计调整农村土地产权，提高土地利用率，改善农民居住环境。农村居民点整理有利于节约土地，是进行现代农业改革的前提条件。

北京市郊区对农村居民点整理主要采取的方式是通过政府指导、企业参与运作模式，对旧村镇进行拆迁改造，将农民集中安排居住节约出大量的村镇建设用地，通过土地扭转将节约的土地复垦成耕地，或者村镇的其他基础设施用地。这样不仅有效节约土地增加耕地面积，还改善村镇居住环境。

2. 上海市郊区村镇改造方案

上海市郊区改造方案主要方式是"拆村并点"。拆村并点是指将村镇中规模小、用地多、基础设施落后的建筑用地集中拆除并入其他村镇或者另外集中建设中心村，将原有住宅土地改造成耕地。通过拆村并点可以解决农村土地利用浪费，提高农民生活质量，可以精简农村的管理机构，促进农村劳动力向二、三产业流动以推动城市化进程。

国外在农田水利整治规划方面的研究起步较早比较成熟，有规范的理论研究以及法律的制定，在区域的农田水利治理方面也有比较成熟的实证，现代农田规划不仅仅是提高农业综合生产能力，还逐步重视景观生态建设与环境保护。农田水利综合整理的理念正在向优化农业产业布局和优化工程设计转变。村级农田水利整治过程中还应考虑村庄村民居住区的改造，以提高农民居住环境为目的。

我国目前农田水利整治规划主要是对农用地进行规划，目的在于增加耕地面积，提高粮食生产等方面，目前农业水利工程还停留在纯水利工程的基础建设上，对生态村庄的建设活动仍处于探索阶段。对于实现农村区域生态建设与的农田水利整治工作还没有完善的解决方法。

第三节 农田水利规划基础理论概述

传统的水利建设只注重于对水的资源功能的开发，其建设工程如围湖造田、毁林（草）造地、填塞河道（湿地）种养植、河道裁弯取直、水利工程阻断水流自然流动、渠沟道大量混凝土衬砌、水旱分明的高低田全部平整、林网单一化、道路硬化等在解决农田高效节水、提高耕地质量同时忽略了整个生态系统至关重要的生态调节功能，生态系统遭受了极大的破坏，因此带来了诸多弊端。例如，农业面源污染加剧、水面积减少、多水塘系统破坏、水陆交错带减弱、生物多样性丧失、水资源短缺严重、水旱灾害频发等。本节介绍土地供给理论、生态水工学理论、土地集约利用理论、景观生态学理论、可持续发展理论，为之后的农田水利规划设计提供理论支撑。

一、土地供给理论

土地供给是指地球能够提供给人类社会利用的各类生产和生活用地的数量，通常可将土地供给分为自然供给和经济供给。我国土地储备形式分为新增建设用地（增量用地）和存量土地两种形式。其中增量土地供给属于自然供给，主要方式是将农业用地转化为非农业用地。存量土地是指经济供给，主要方式是对城市内部没有开发的土地、老城区、企事业单位低效率利用的闲置土地、污染工厂的搬迁等。我国城镇土地供给主要途径是增量土地供给和存量土地供给。依据我国地少人多的基本国情，使用土地时必须严格遵守土地管理制度，严格控制城市土地的增加。因此，我国目前较长使用的城市土地供给途径为增量土地供给，这种途径一般需要通过出让土地的使用权或者租赁进入市场的土地。存量土地供给主要通过提高城市土地有效利用率来提高城市的土地供给，将城市中不合理的土地利用转化成合理的土地利用方式，对解决城市土地供给需求矛盾有很大的推动作用。

土地的自然供给是地球为人类提供的所有土地资源数量的总和是经济供给的基础，土地经济供给只能在自然供给范围内活动，土地的经济供给是可活动的。土地供给方式不同，造成影响土地供给的因素也不同。土地经济供给是指在土地自然供给的基础上土地由自然供给变成经济供给后，才能为人类所利用。因此，影响土地经济供给的基本因素有自然供给量、土地利用方式、土地利用的集约度、社会经济发展需求变化和工业与科技的发展等。

随着经济增长城市人口的增加，城市土地供给方式与农村土地供给方式存在差异性。我们主要研究在村镇农田土地基础上的水利规划，因此在通过土地供给理论的研究，对本文土地平整研究中耕地面积增加途径提供以下两种方式：

（1）对区域内不合理用地进行整治，村镇耕地增加可通过村庄的拆并规整，将零散的居民点集中增加耕地的有效面积及对区域沟塘进行合理填埋等。

（2）增加土地投资，或更加集约化的利用现有的土地，通过内涵式扩大方式即在不增加村镇非农业用地面积的情况下，合理利用土地，做到地尽其用，节约利用土地，相对地扩大土地供给以满足人类对土地的需求。

二、生态水工学理论

生态水工学（Eco-Hydraulic Engineering）是在水工学基础上吸收、融合生态学理论建立发展的新兴的工程学科。生态水工学是运用工程、生物、管理等综合措施，以流域生态环境为基础，合理利用和保护水资源，在确保可持续发展的同时注重经济效益，最大限度满足人们生活和生产需求。生态水利是建立在较完善的工程体系基础上，以新的科学技术为动力，运用现代生物、水利、环保、农业、林业、材料等等综合技术手段发展水利的方法。生态水工学以工程力学与生态学为基础，以满足人们对水的开发利用为目标同时兼顾水体本身存在于一个健全生态系统之中的需求，运用技术手段协调人们在防洪、供水、发电，航运效益与生态系统建设的关系。

生态水工学的指导思想是达到人与自然和谐共处。在生态水工学建设下的水利工程既能够实现人们对水功能价值的开发利用，又能兼顾建设一个健全的河流湖泊生态系统，实现水的可持续利用。

生态水工学原理对本次农田水利结合生态理论的规划提供理论框架有：

（1）现有的水工学在结合水文学、水力学、结构力学、岩土力学等工程力学为基础融合生态学理论，在满足人对水的开发利用的需求同时，还要兼顾水体本身存在于一个健全生态系统之中的需求。

（2）将河沟塘看作是生态系统组成的一部分，在规划中不仅要考虑其水文循环、水利功能还要考虑在生态系统中生物与水体的特殊依存关系。

（3）在河道、沟塘整治规划中充分利用当地生物物种，同时慎重地引进可以提高水体自净能力的其他物种。

（4）为达到水利工程设施营造一种人与自然亲近的环境的目的，城市景观设计要注意在对江河湖泊进行开发的同时，尽可能保留江河湖泊的自然形态（包括其纵横断面），保留或恢复其多样性，即保留或恢复湿地、河湾、急流和浅滩。

（5）在水利规划中考虑提供相应的技术方法和工程材料，为当地野生的水生与陆生植物、鱼类与鸟类等动物的栖息繁衍提供方便条件。

运用上述介绍的生态水工学理论为本次规划提供理论依据。

三、土地集约利用

土地集约利用是指以布局合理、结构优化和可持续发展为前提，通过增加存量土地的投入，改善土地的经营和管理，使土地利用的综合效益和土地利用的效率不断得到提高。在土地集约利用的相关研究中，国内外不同学者对这一概念给出不同的解释。美国著名土地经济学家 Richard T. Ey 论述土地集约利用时指出土地集约利用是指对现在已利用的土地增加劳力和资本，这一方法称之为土地集约利用。肖梦在其所著的《城市微观宏观经济学》中提到：城市土地立体空间的多维利用，就是利用土地的地面、上空和地下进行各种建设。马克伟对土地集约经营的解释是：土地集约经营是土地粗放经营的对称。是指在科学技术进步的基础上，在单位面积土地上集中投放物化劳动和活劳动，以提高单位土地面积产品产量和负荷能力的经营方式。总结前人的理论研究成果结合现代土地利用情况，得出土地集约利用不能单纯地追求提高土地利用强度，而应当在提高城镇土地经济效益的同时注重提高城镇的环境效益及社会效益，不能此消彼长，顾此失彼。

在可持续理论提出后，土地集约利用理论增加可持续发展概念。可持续发展理论成为土地集约利用理论的指导思想，人们在利用土地满足生产生活需要，创造更多财富价值的同时兼顾环境的改善及生态的平衡。土地集约利用包括了土地改良、土地平整、水利设施等方面。通过土地集约利用措施一方面可以提高土地的使用效率，同时还可减缓城市外延扩展的速度，从而节约宝贵的土地资源尤其是耕地，另一方面还有利于土地的可持续利用，对土地的额开发利用进行合理配置。

土地集约利用理论一般为在同一块土地面积上投入较多的生产资料和劳动，进行精耕细作，用提高单位面积产量的方法来增加产品总量和取得最高经济效益。在同一种用途建设用地中，集约化程度的高低是容易判断的。因此，应尽量结合实际，选择具有高度集约化水平的用地方式。

土地利用的集约程度一般应以一定生产力水平和科学技术水平相适应，随着科学技术化水平的提高，低集约化的土地利用必然向集约化程度高的方向发展。同时也可以说在低集约化土地利用现状时，具有高集约化土地利用水平的巨大潜力。目前我国农村居民点的这种潜力是巨大的，这为村镇内涵发展提供了较为丰富的后备土地资源。

四、景观生态学理论

景观生态理论是20世纪70年代发展起来的一门新兴学科，是区别于生态学、地理学等学科的一门交叉学科。它既包含了现代地理学研究中的整体思想及对自然现象空间相互作用的分析方法，又综合了生态学中的系统分析、系统综合方法。景观生态学主要研究景观中的各个生态系统及他们之间的相互影响及作用，尤为注重研究人类活动对这些系统所产生的不同影响。国内对景观生态学的研究起步较晚，随着20世纪80年代初开始介绍景观生态学的概念，我国在地理学、生态学、农学、林学等方面的学者开始对景观生态学的研究给予了关注。

我国自80年代开始对景观生态学的基础理论进行了大量的研究，其中基础理论研究的文章即约占景观生态学研究文献的40%。在对景观生态学的基础理论研究中，根据邬建国、邱扬、郭晋平等人的研究，将景观生态学的基础理论总结为以下几方面：时空尺度、等级理论、耗散结构与自组织理论、空间异质性与景观格局、缀块—廊道—基底模式、岛屿生物地理学理论、边缘效应与生态交错带、复合种群理论、景观连接度与渗透理论。景观生态学研究结合多种学科，在研究方法上具体的基础理论有多学科的特点，在本文研究中主要采用缀块—廊道—基底模式及空间异质性与景观格局基础理论为农田水利提供理论基础。

1. 景观生态学中"缀块—廊道—基底"模型及理论

我国景观生态的研究倾向于 Forman 和 Godron 的研究方式。根据其研究成果认为：景观生态学是研究在一个相当大的区域内，由许多不同生态系统所组成的整体（即景观）的空间结构、相互作用、协调功能以及动态变化的生态学新分支。景观生态学的研究对象可分为三种：景观功能、景观结构、景观动态。其中景观功能是指景观结构单元之间的相互作用；景观结构是指景观组成单元的类型、多样性及其空间关系；景观动态是指景观在结构和功能方面随时间推移发生的变化。依据 Forman 和 Godron 在观察和比较各种不同景观的基础上，认为景观结构单元可分为 3 种：斑块（patch）、廊道（corridor）和基底（matrix）。在农田生态廊道和景观格局分析中，将农田中不同的土地利用方式看作景观斑块，这些斑块构成了景观的空间格局。按照土地利用方式将农村景观分为：水田、旱田、园地、林地、水面、工矿用地、居民用地、其他建筑物用地、其他农用地以及未利用地等 11 种斑块类型。其中河流、沟塘系统构成廊道，运用景观生态学中基本原理分析其空间特征及景观生态影响，从而确定农田规划的可持续发展模式。

2. 景观格局理论

研究景观的结构（即组成单元的特征及其空间格局）是研究景观功能和动态的基础。景观格局理论可分为基本景观格局和优化景观格局。基本景观格局是指不同区域的研究对象研究侧重点不同，在景观规划时着重廊道的建设和功能的设计保持人工建设、水环境和自然环境的合理布局。优化景观格局是在基本景观格局的基础上综合了景观应用原理和格局指数量化分析方法，能为同等条件下不同方案策略的比较提供量化的参考。

在农田水利规划设计中应用景观生态学和景观规划理论，就是对参与其过程中的各项要素进行合理有效的配置规划，最大限度地实现土地的生态效益。工程实施时，要充分考虑到农田水利整治规划后的土地所带来的负面影响。不仅仅追求"量"的完成，还要追求"质"的提高，不仅要追求经济效益和社会效益，还要追求生态效益和视觉美观。

五、可持续发展理论

"可持续发展理论（Sustainable development）"的概念最新在 1972 年斯德哥尔摩举行的联合国人类环境研讨会上正式讨论。1989 年 5 月联合国环境署理事会通过了《关于可持续发展的声明》，该声明指出：可持续的发展是指满足当前需要而又不削弱子孙后代满足需要能力之发展，而且绝不包含侵害国家主权的含义。

可持续发展研究涉及人口、资源、环境、生产、技术、体制及其观念等方面，是指既满足当代人的发展需要又不危害后代人自身需求能力的发展，在实现经济发展的目标的同时也实现人类赖以生存的自然资源与环境资源的和谐永续发展，使子孙后代能够安居乐业。

可持续发展并不简单地等同于环境保护，而是从更高、更远的视角来解决环境与发展的问题，强调各社会经济因素与环境之间的联系与协调，寻求的是人口、经济、环境各要素之间相互协调的发展。

可持续发展承认自然环境的价值，以自然资源为基础，环境承载能力相协调的发展。可持续发展在提高生活质量的同时，也与社会进步相适应。可持续发展理论涉及领域较多，在生态环境、经济、社会、资源、能源等领域有较多的研究。此处主要介绍可持续发展在农业水利与农业生态方面的研究。

农业水利的可持续发展是我国经济社会可持续发展的重要组成部分，具有极其重要的地位。可持续发展理论对农业具有长远的指导意义，农业水利的可持续发展遵循持续性、共同性、公正性原则。农业水利的可持续之意既是指：①农业水利要有发展。随着人口的增长人类需求也不断地增长，农业只有发展才能不断地创造出财富和有利的价值满足需求。②农业水利发展要有可持续性。农业水利的发展不仅要考虑当代人的需求，还要考虑到后代人的生存发展，水利建设不仅关系着经济和社会的增长，还影响着生态、环境、资源的发展。农业水利在可持续发展过程中要树立以人为本、节约资源保护环境、人与自然和谐的观念。

在生态领域的可持续发展研究中，是以生态平衡、自然保护、资源环境的永续利用等作为基本内容。随着人们意识到人口和经济需求的增长导致地球资源耗竭、生态破坏和河流环境污染等生态问题可持续理论得到进一步发展。村庄农田规划建设中河流、耕地、塘堰等作为景观格局的构成之一，与村庄的可持续发展紧密联系。Sim Vander Ryn 提出任何与生态过程相协调、尽量使其对环境的破坏影响达到最小的设计形式都称为生态设计。在生态设计中要注重尊重物种多样性，减少对资源的剥夺，保持营养和水循环，维持植物生存环境和动物栖息地的质量，以有助于改善人居环境及生态系统的健康为目的。

可持续发展研究中为本文提供的理论支撑有：

（1）提供指导方法和技术系统

可持续发展思想基本指导思想是建立极少产生污染物的工艺或技术系统，尽可能减少能源和其他自然资源的消耗，农田水利规划研究中的"生态性"离不开资源的利用，离不开技术系统的支持。通过生态保护与修复等管理措施和可持续的技术体系，实现农村的生态系统的可持续发展。

（2）提供完善的生态指导思想

规划方法的研究是建立在完善的指导思想之上，保证区域生态性是农田生态规划的核心思想，以可持续性作为设计标准，对农村农田进行生态规划。以"是否有利于整体生态系统的平衡和可持续发展"为评价标准，以"有利于整体生态系统的可持续发展"为工程设计的标准。这些标准为农田生态规划建设提供指导思想。

由以上可知可持续发展指导思想对农田水利生态规划设计理论与方法体系建立具有多方面的指导意义。

第四节 田间灌排渠道设计

农渠是灌区内末级固定渠道，一般沿耕作田块（或田区）的长边布置，农渠所控制的土地面积称灌水地段。田间灌排渠道系指农渠（农沟）、毛渠（毛沟）、输水沟、输水沟畦。除农渠（农沟）以外，均属临时性渠道。本节主要介绍地面明渠方式下，田间灌溉渠道的设计。

合理设计田间灌溉渠道直接影响灌水制度的执行与灌水质量的好坏，对于充分发挥灌溉设施的增产效益关系很大。设计时，除上述有关要求以外，尚应该注意以下几点：

应与道路、林带、田块等设计紧密配合进行，对田、沟、渠、林、路进行综合考虑；

应考虑田块地形，同时要满足机耕要求，必须制定出兼顾地形和机耕两方面要求的设计方案；

临时渠道断面应保证农机具顺利通过，其流量不能引起渠道的冲刷和淤积。

一、平原地区

（一）田间灌排渠道的组合形式

1. 灌排渠道相邻布置

又称"单非式""梳式"，适用于漫坡平原地区。这种布置形式仅保证从一面灌水，排水沟仅承受一面排水。

2. 灌排渠道相间布置

又称"双非式""篦式"，适用于地形起伏交错地区。这种布置形式可以从灌溉渠两面引水灌溉，排水沟可以承受来自其两旁农田的排水。

设计时，应根据当地具体情况（地形、劳力、运输工具等），选择合适的灌排渠道组合形式。

在不同地区，田间灌排渠道所承担任务有所不同，也影响到灌排渠道的设计。在一般易涝易旱地区，田间灌溉渠道通常有灌溉和防涝的双重任务。灌溉渠系可以是独立的两套系统，在有条件地区（非盐碱化地区）也可以相互结合成为一套系统（或部分结合，即农、毛渠道为灌排两用，斗渠以上渠道灌排分开），灌排两用渠道可以节省土地。根据水利科学研究院资料，灌排两用渠系统比单独修筑灌排渠系。可以节省土地约 0.5%，但增加一定水量损失是它的不足之处。

在易涝易旱盐碱化地区，田间渠道灌溉、除涝以外，还有降低地下水位，防治土壤盐碱化的任务。在这些地区，灌溉排水系统应分开修筑。

（二）临时灌溉渠（毛渠）的布置形式

1. 纵向布置（或称平行布置）

由毛渠从农渠引水通过与其相垂直的输水沟，把水输送到灌水沟或畦，这样，毛渠的方向与灌水方向相同。这种布置形式适用于较宽的灌水地段，机械作业方向可与毛渠方向一致。

2. 横向布置（或称垂直布置）

灌水直接由毛渠输给灌水沟或畦，毛渠方向与灌水方向相垂直，也就是同机械作业方向相垂直。因此，临时毛渠应具有允许拖拉机越过的断面，其流量一般不应超过 20 ~ 40 L/s。这种布置形式一般适用于较窄的灌水地段。

根据流水地段的微地形，以上两种布置形式，又各有两种布置方法，即沿最大坡降和沿最小坡降布置。设计时应根据具体情况选择运用。

（三）临时毛渠的规格尺寸

1. 毛渠间距

采用横向布置并为单向控制时，临时毛渠的间距等于灌水沟或畦的长度，一般为50 ~ 120m。双向控制时，间距为其两倍，采用纵向布置并为单向控制时，毛渠间距等于输水沟长度，一般在 75 ~ 100m 以内，双向控制时，为其两倍。综上所述，无论何种情况，毛渠间距最好不宜超过200m。否则，毛渠间距的增加，必然加大其流量和断面，不便于机械通行。

2. 毛渠长度

采用纵向布置时，毛渠方向与机械作业方向一致，沿着耕作田块（灌水地段）的长边，应符合机械作业有效开行长度（800 ~ 1000m），但随毛渠长度增加，必然增大其流量，加大断面，增加输水距离和输水损失，毛渠愈长，流速加大，还可能引起冲刷。采用横向布置时，毛渠长度即为耕作田块（灌水地段）的宽度200 ~ 400m。因此，毛渠的长度不得大于800 ~ 1000m；也不得小于200 ~ 400m。

在机械作业的条件下，为了迅速地进行开挖和平整，毛渠断面可做成标准式的。一般来讲，机具顺利通过要求边坡为 1：1.5，渠深不超过0.4m。采用半填半挖式渠道。目前，江苏省苏南农村采用地下灌排渠道为机械耕作创造了无比优越的条件。

（四）农渠的规格尺寸

1. 农渠间距

农渠间距与临时毛渠的长度有着密切的关系。在横向布置时，农渠间距即为临时毛渠的长度，从灌水角度来讲，根据各种地面灌水技术的计算，临时毛渠长度（即农渠的间距）

为 200 ~ 400m 是适宜的。从机械作业要求来看，农渠间距（在耕作田块与灌水地段二为一时，即为耕作田块宽度）应有利于提高机械作业效率，一般来讲应使农渠间距为机组作业幅度（一般按播种机计算）的倍数。在横向作业比重不大的情况下，农渠间距在 200m 以内是能满足机械作业要求的。

2. 农渠长度

综合灌水和机械作业的要求，农渠长度为 800 ~ 1000m。在水稻地区农渠长宽度均可适当缩短。

水稻地区田间渠道设计应避免串流串排的现象，以便保证控制稻田的灌溉水层深度和避免肥料流失。

二、丘陵地区

山区丘陵区耕地，根据地形条件及所处部位的不同，可归纳成三类：岗田、土田和冲田。

1. 岗田

岗田是位于岗岭上的田块，位置最高。岗田顶平坦部分的田间调节网的设计与平原地区无原则区别，仅格田尺寸要按岗地要求而定，一般较平原地区为小。

2. 土田

土田系指岗冲之间坡耕地，耕地面积狭长，坡度较陡，通常修筑梯田。梯田的特点是：每个格田的坡度很小，上下两个格田的高差则很大。

3. 冲田（垄田）

冲田（垄田）是三面环山形，如簸箕的平坦田地从冲头至冲口逐渐开阔。沿山脚布置农渠，中间低洼处均设灌排两用农渠，随着冲宽增大，增加毛渠供水。

三、不同灌溉方式下田间渠道设计的特点

（一）地下灌溉

我国许多地区，为了节约土地、扩大灌溉效益，不断提高水土资源的利用率，创造性地将地上明渠改为地下暗渠（地下渠道），建成了大型输水渠道为明渠，田间渠道为暗渠混合式灌溉系统。采用地下渠道形式可节省压废面积达 2%。目前地下渠道在上海、江苏、河南、山东等地得到了一些应用。

地下渠道是将压力水从渠首送到渠末，通过埋设在地下一定深度的输水渠道进行送水。采用得较多的是灰土夯筑管道混凝土管、瓦管，也有用块石或砖砌成的。地下渠系是由渠首、输水渠道、放水建筑物和泄水建筑物等部分组成。渠首是用水泵将水提至位置较高的进水池，再从进水池向地下渠道输水；如果水源有自然水头亦可利用进行自压输水入渠。

地下渠系的灌溉面积不宜过大，根据江苏、上海的经验，对于水稻区，一般以 1500 亩

左右为宜。

地下渠道是一项永久性的工程，修成以后较难更改，一般应在当土地规划基本定型的基础上进行设计布置。

地下渠道的平面布置，一般有两种形式。

1. 非字形布置（双向布置）。

适用于平坦地区，干管可以布置在灌区中间，在干渠上每隔 60～80m 左右建一个分水池，在分水池两边布置支渠，在支渠上每隔 60m 左右建一个分水和出水联合建筑物。

2. 梳齿形布置（单向布置）。

适用于有一定坡度的地段，干渠可以沿高地一边布置，在干渠上每隔 60～80m 设一个分水池，再由此池向一侧布置支渠。在支渠上每隔 30m 左右建一个分水与出水联合建筑物，末端建一个单独的出水建筑物。

（二）喷水灌溉

喷灌是利用动力把水喷到空中，然后像降雨一样落到田间进行灌溉的一种先进的灌溉技术。这一方法最适于水源缺乏，土壤保水性差的地区，以及不宜于地面灌溉的丘陵低洼、梯田和地势不平的干旱地带。

喷灌与传统地面灌溉相比，具有节省耕地、节约用水、增加产量和防止土壤冲刷等优点。

与田块设计关系密切的是管道和喷头布置。

1. 管道（或汇道）的布置

对于固定式喷灌系统，需要布置干、支管；对于半固定式喷灌系统，需要布置干管。

（1）干管基本垂直等高线布置，在地形变化不大的地区，支管与干管垂直，即平行等高线布置。

（2）在平坦灌区，支管尽量与作物种植和耕作方向一致，这样对于固定式系统减少支管对机耕的影响；对于半固定式关系，则便于装拆支管和减少移动支管对农作物的损伤。

（3）在丘陵山区，干管或农渠应在地面最大坡度方向或沿分水岭布置，以便向两侧布置支管或毛渠，从而缩短干管或农渠的长度。

（4）如水源为水井，井位以在田块中心为好，使干管横贯田块中间，以保证支管最短；水源如为明渠，最好使渠道沿田块长边或通过田中间与长边平等布置。渠道间距要与喷灌机所控制的幅度相适应。

（5）在经常有风地区，应使支管与主风方向垂直，以便有风时减少风向对横向射程（垂直风向）的影响。

（6）泵站应设在整个喷灌面积的中心位置，以减少输水的水头损失。

（7）喷灌田块要求外形规整（正方形或长方形），田块长度除考虑机耕作业的要求外，要能满足布置喷灌管道的要求。

在管道上应设置适当的控制设备，以便于进行轮灌，一般是在各条支管上装上闸阀。

表4-4-1 喷头布置形式表

图号	喷洒方式	喷头布置形式	喷头间距（L）	支管间距（b）	实际受益面积（S）
1	圆形	正方形	1.412R	1.412R	$L \times b = 2R^2$
2	圆形	正三角形	1.732R	1.5R	$2.6R^2$
3	圆形	矩形	R	1.456R	$1.458R^2$
4	圆形	矩形	R	1.63R	$1.63R^2$
5	扇形	矩形	R	1.732R	$1.732R^2$
6	扇形	三角形	R	1.865R	$1.865R^2$

2.喷头的布置

喷头的布置与它的喷洒方式有关，应以保证喷洒不留空白为宜。单喷头在正常工作压力下，一般都是在射程较远的边缘部分湿润不足，为了全部喷灌地块受水均匀，应使相邻喷头喷洒范围内的边缘部分适当重复，即采用不同的喷头组合形式使全部喷洒面积达到所要求的均匀度。各种喷灌系统大多采用定点喷灌，因此，存在着各喷头之间如何组合的问题。在设计射程相同的情况下，喷头组合形式不同，则支管或竖管（喷点）的间距也就不同。喷头组合原则是保证喷洒不留空白，并有较高的均匀度。

喷头的喷洒方式有圆形和扇形两种，圆形喷洒能充分利用喷头的射程，允许喷头有较大的间距，喷灌强度低，一般用于固定，半固定系统。

第五节 田间道路的规划布局

田间道路系统规划是根据道路特点与田间作业需要对各级道路布置形式进行的规划。搞好道路规划，有助于合理组织田间劳作，提高劳动生产率。然而，道路的修建，道路网的形成也改变了其周围的景观生态结构，道路的建设、道路的运输活动也会给周围造成一定的生态破坏和环境污染。因而在对田间道路系统规划时还应结合景观生态学、生态水工学等理论对道路进行生态可持续规划。根据田间道路服务面积与功能不同，可以将其划分为干道、支道、田间道和生产路四种。

一、道路的生态影响

道路在景观生态学中称之为廊道，作为景观的一个重要组成部分，它势必对周围地区的气候、土壤、动植物以及人们的社会文化、心理与生活方式产生一定程度的影响。

1. 道路的小气候环境影响

道路的小气候主要由下垫面性质及大气成分决定。下垫面性质不同对太阳的吸收和辐射作用不同，道路中水泥、沥青热容量小反射率大蒸发耗能极小势必造成下垫面温度高。道路下垫面与周围、温度、湿度、热量、风机土壤条件组成小气候环境，下垫面吸热量小、反射率大极易造成周围出现干热气候。道路两旁栽植树木可以起到遮阴、降温和增加空气湿度等作用，据测量数据显示，道路种植树木可有效降低周围温度达3℃以上，空气湿度也增加10%～20%。树木还可以吸收二氧化碳、释放氧气改变空气成分，另外田间道路两边种植树木还可以降低风速防止土壤风蚀，减少污染物和害虫的传播，对周围农田生态系统有较好的保护作用。

2. 道路城镇化效应

道路是地区间的关系纽带，道路运输刺激商品的交换发展，对于乡村来说道路的意义更为重要。道路刺激经济发展加快城镇化建设，在道路运输商品的过程中，也传递文化、信息、科技，这些不仅带动了地方的经济发展也促使了人们文化观念的改变。城镇化的直接后果是城市景观不断代替乡村景观，造成乡村景观发生巨变。

3. 道路对生态环境破坏

道路对生态环境破坏主要在道路的建设及道路的运输。道路建设过程中开山取石、占用土地、砍伐树木对土壤、植被、地形地貌不可避免地造成生态破坏。另外道口建成带动周边房屋建设占用田地给周围地区带来较大的干扰。道路运输过程中产生大量的污染物。道路中产生的污染是线性污染，随着运输工具的行驶污染物传播范围广、危害面积大、影响面广。汽车产生的尾气造成空气成分改变，影响太阳辐射，对周边动植物及人类有很大的危害。交通运输的噪音也是一大危害，道路噪音主要由喇叭、马达、振动机轮胎摩擦造成。据测量道路产生的噪音以高达70 dB以上，影响着人们的正常生活。

道路的生态建设是在充分考虑地形地貌、地质条件、水文条件、气候条件已经社会经济条件等基础上，根据生态景观学原理规划设计。道路的曲度、宽度、密度及空间结构要根据实际需要进行合理规划，要因地制宜，不应造成大的生态破坏。

二、田间道路及生产路规划内容

田间道路规划中干道、支道是农田生态系统内外各生产单位相互联络的道路，可行机动车，交通流量较大，应该采用混凝土路面或泥结碎石路面。根据有利于灌排、机耕、运输和田间管理，少占耕地，交叉建筑物少，沟渠边坡稳定等原则确定其最大纵坡宜取6%～8%，最小纵坡在多雨区取 0.4% ~ 0.5%，一般取 0.3% ~ 0.4%。田间道路根据规划区原有道路状况、耕作田块、沟渠布局及农村居民点分布状况进行设置，以方便农民出行及下地耕作。

田间道是由居民点通往田间作业的主要道路。除用于运输外，还应能通行农业机械，以便田间作业需要，一般设置路宽为 3m ~ 4m，在具体设计时交叉道路尽量设计成正交；在有渠系的地区进行结合渠系布置。另外，田间道和生产路是系统内生产经营或居民区到地块的运输、经营的道路，数量大，对农田生态环境影响也较大。因此生态型田间道的设计模式应以土料铺面为主，铺以石料。

生产路的规划应根据生产与田间管理工作的实际需要确定。生产路一般设在田块的长边，其主要作用是为下地生产与田间管理工作服务。在路面有条件的地区考虑生态物种繁衍方面生产路的设计可以选择土料铺面，以有利于花草生存及野生动物栖息，促进物种的多样性。在土质疏松道路不平整地区以满足正常行走为主要目标可以选择泥结碎石路面。道路设计时还应保证居民与田间、田块之间联系方便，往返距离短，下地生产方便；尽量减少占地面积，尽量多的负担田块数量和减少跨越工程，减少投资。

道路两侧种植花草树木，可以营造野生动植物的栖息之所，也可以使斑块内生物更好的流通，有利于生物扩散，促进生物多样性。具体道路规划可见表4-5-1。

表4-5-1　田间道路及生产路规划

道路分级	行车情况	路面宽度（m）	高出地面（m）	道路地基	备注
干道	汽车	6 ~ 8	0.7 ~ 1.0	混凝土或泥结碎石	村与村
支道	汽车、拖拉机	3 ~ 5	0.5 ~ 0.7	混凝土或泥结碎石	村与田
田间道路	拖拉机	3 ~ 4	0.3 ~ 0.5	土料	田间机耕路
生产道路	非机动车	1 ~ 2	0.3	土料	田间人行

第六节　护田林带设计

护田林带设计是农地整理设计的一项重要内容，它应同田块、灌排渠道和道路等项设计同时进行，采取植树与兴修农田水利、平整土地、修筑田间道路相结合，做到沟成、渠成、路成、植树成。

营造护田林带能够降低风速，减少水分蒸发，改善农田小气候，为农作物的生长发育创造有利的条件，从而起到护田增产的作用。根据辽宁省新章古台防林试验站提供的资料，在林带 20H（H 为带高）范围内，与空旷地相比，随林带结构的不同，风速平均降低 24.7% ~ 56.5%，平均气温高 1.2℃（9%），相对空气湿度增加 1.0 ~ 4.0%。平均地表温度提高 3.3℃（12.5%），蒸发量降低 14.7mm（13.9%），作物总产量比无林保护的耕地增产 21.0 ~ 51.3%，高达一倍半。此外，林带对防止棉花蕾铃脱落和增产具有一定的作用。据江苏沿海防风试验站资料，在 1956 年 8 月一次十级大台风，无林区棉铃脱落 16.5 ~ 75.8%（包括自然脱落），有林区脱落 9.3% ~ 32.6%，有林区损失减少 40 ~ 50%。林后 10H 距离内棉花单产比无林区增产 40.29%。

一、林带结构的选定

林带结构是造林类型、宽度、密度、层次和断面形状的综合体。一般采用林带透风系数，作为鉴别林带结构的指标。林带透风系数指林带背风面林缘 1 米处的带高范围内平均风速与旷野的相应高度范围内平均风速之比。林带透风系数 0.35 以下为紧密结构，0.35 ~ 0.60 为稀疏结构，0.60 以上为通风结构。

不同结构林带具有不同的防风效果。紧密结构林带其纵断面上下枝叶稠密，透风孔隙很少，好像一堵墙，大部分气流以林带顶部越过，最小弱风区出现在背风面 1 ~ 3H 处，风速减弱 59.6 ~ 68.1%，相对有效防风距离为 10H。在 30H 范围内，风速平均减低 80.6%。

稀疏结构林带，其纵断面具有较均匀分布的透风孔隙，好像一个筛子。通常由较少行数的乔木，两侧各配一行灌木组成。大约有 50% 的风从林带内通过，在背风面林缘附近形成小漩涡。最小弱风区出现在背风面 3 ~ 5H 处。风速减弱 53 ~ 56%，相对有效防风距离为 25H（按减低旷野风速 20% 计算），在距林带 47H 处风速恢复 100%。在 30H 范围内，风速平均减低 56.5%。

通风结构林带没有下木，风能较顺利地通过，下层树干间的大孔隙形成许多"通风道"背风面林缘附近风速仍然较大，从下层穿过的风受到压挤而加速。因此，带内的风速比旷野还要大，到了背风林缘，解除了压挤状态，开始扩散，风速也随之减弱，但在林缘附近仍与旷野风速相近，最小弱风区出现在背风 3 ~ 5H 处，随着远离林带，风速逐渐增加。相对有效防风距离为 30H 范围内，内速平均减低 24.7%。

从上述三种结构林带的防风性能来看，紧密结构林带的防风距离最小，所以农田防护林不宜采用这种结构。在风害地区和风沙危害地区，一般均采用通风结构林带和稀疏结构林带。

二、林带的方向

大量实践证明，当林带走向与风向垂直时，防护距离最远。因此，根据因害设防的原则，护田林带应该垂直于主要害风方向。害风一般是指对于农业生产能造成危害的 5 级以上的大风，风速等于或大于 8 米/秒。因此，要确定林带的方向，必须首先找出当地的主害风方向。

为了确定当地主要害风方向，必须对其大风季节多年的风向频率资料进行分析研究，找出其频率最高的害风方向，以决定林带的设置方向。如江苏苏北春季麦类灌浆乳熟期多为西南向干旱风为害，而在夏秋间棉花开花结铃时又有东北向台风侵袭。

一般以春秋两季风向频率最高的害风叫作主害风，频率次于主害风的叫次害风。垂直于主害风的林带称为主林带。主林带沿着轮作田区或田块的长边配置，与主林带相垂直的林带称为副林带，一般沿着田块的短边配置，但是设计时往往因受具体条件限制，为了尽量做到少占或不占，少切或不切耕地，充分利用固定的地形、地物，可与主害风方向有一定的偏离。有关的实验观测证明，当林带与主害风方向的垂直线的偏角小于30度时，林带的防护效果并无显著的降低。因此，主林带方向与主要害风的垂直线的偏角可达30度，最多不应超过45度林带间距过大过小都不好，如果过大，带间的农田就不能受到全面的保护；过小，则占地、胁地太多。因此，林带间的距离最好等于它的有效防护距离。护田林带的有效防护距离即农田的有效受益范围，是决定林带间距和林带网格面积的主要因子。

有效防护距离，应根据当地的最大风速和需要把它降低到什么程度才不致造成灾害，以及种植树种的成林高度为依据为确定。

据有关观测资料表明，林带有郊防风距离为树高20～25倍（20～25H，H为树高），最多不超过30倍（30H）。江苏苏北沿海造林常用乔木树种有洋槐、桑树、臭椿、中槐等；灌木树种有紫穗槐等。乔木树种成林树高平均为10米。因此，一般来说主林带的间距在300～500m，副林带间距，考虑到机械作业效率，可达800～1000m。例如苏北沿海多采用主林带间距为200～300m，副林带间距为800～1000m。构成面积为240～250亩的网格。

三、林带的宽度

林带宽度对于防护效果有着重要的影响，同时宽度的增减对占地多少，又有着直接的关系。因此，林带的适宜宽度的确定，必须建立在防风效率与占地比率统一的基点上。

林带的宽度是影响林带透风性的主要因子，林带越宽，密度越大，其透风性越小，否则相反。而林带透风性与林带防护效果关系很大，不同的带宽具有不同的防护效果。过窄的林带显然效果差，但过宽的林带也不好，过宽时，透风结构的林带也将随之转化为稀疏的以至紧密的防风效应，从而影响有效防护距离和防风效率。林带防风效果并不是随林带宽度的增加而无限制的增大，当带宽超过一定的限度，防风效益就会停止增加。林带的防护效果最终以综合防风效能值来表示，它是有效防护距离和平均防风效率之积的算术值。综合防风值高，说明宽度适宜，防护作用大，反之，防护作用则低。从表4-6-1可看出，综合防风效能值以5行林带为高。

表4-6-2不同带宽的综合防风效能值

带宽（行）	有效防护距离（倍）	平均防风效率（%）	综合防风效能值
2	20	12.9	258.0
3	25	13.8	348.0

带宽（行）	有效防护距离（倍）	平均防风效率（%）	综合防风效能值
5	25	25.3	632.5
9	25	24.7	617.5
18	15	27.3	409.5

林带占地比率是随着宽度增加而增加，网格面积相同，林带越宽，占地比率就越大。据调查，一般林带占地比率为 4 ~ 6%，一般来说农田防护林以采用 5 至 9 行树木组成的窄林带为宜。

林带宽度可按下式计算：

林带宽度=（植树行数−1）×行距+2倍由田边到林缘的距离

行距一般为 1.5，由田边到林缘的距离一般为 1 ~ 2m。根据上式，8 ~ 9 行的主林带的宽度为 12 ~ 17m，5 ~ 7 行的副林带的宽度为 8 ~ 10m。江苏省沿海一些农场林带宽度多采用主林带为 15 ~ 20m，副林带 10 ~ 12m。

第七节 农田水利与乡村景观融合设计

一、乡村景观内涵

根据乡村地区人类与自然环境的相互作用关系，确定乡村景观的核心内容包括以农业为主体的生产性景观、以聚居环境为核心的乡村景观聚落景观和以自然生态为目标的乡村生态景观。由此可见，乡村景观的基本内涵包含了这三个层面的内涵。

1. 生产层面

乡村景观的生产层面，即经济层面。以农业为主体的生产性景观是乡村景观的重要组成部分。农业景观不仅是乡村景观的主体，而且是乡村居民的主要经济来源，这关系到国家的经济发展和社会稳定。

2. 生活层面

乡村景观的生活层面，即社会层面。涵盖了物质形态和精神文化两个方面。物质形态主要是针对乡村景观的视觉感受而言，用以改善乡村聚落景观总体风貌，保持乡村景观的完整性，提高乡村的生活环境品质，创造良好的乡村居住环境。然而精神文化主要是针对乡村内居民的行为、活动以及与之相关的历史文化而言，主要是通过乡村的景观规划来丰富乡村居民的生活内容，展现与他们精神生活世界息息相关的乡土文化、风土民情、宗教信仰等。

3. 生态层面

乡村景观的生态层面，即环境层面。乡村景观在开发与利用乡村景观资源的同时，还必须做到保持乡村景观的稳定性和维持乡村生态环境的平衡性，为社会呈现出一个可持续发展的整体乡村生态系统。

二、农田水利与乡村景观联系

（一）农田水利工程创造乡村景观

人类是景观的重要组成部分，乡村景观是人类与自然环境连续不断相互作用的产物，涵盖了与之有关的生产、生活和生态三个层面，其中，农田水利是乡村景观表达的主线。正如古人所说的"得水而兴、弃水而废"，农田水利是农业的命脉，农业形成了乡村景观的主体，农田水利创造独具地域特色的乡村景观。

早在我国古代就有将农田水利工程景观化的案例，苏堤的修建就是景观水利、人文水利的典型，西湖上横卧的苏堤既解决了交通问题，又解决了清淤的去处，同时营造了独特的靓丽的风景线，对西湖空间进行分割，内外湖由此而生。秦蜀守李冰主持（前256年～前251年）修建了长江流域举世闻名的综合性水利枢纽工程——都江堰（今四川灌县），如今仍然发挥着重要作用，并成为著名的历史文化景观。

农田水利在发展农业的同时，作为乡村景观要素的一个重要组成部分，与乡村景观有机地结合在一起，增加了乡村景观多样性和生物多样性，丰富了乡村景观形态。

（二）乡村景观传递水文化

文化与景观在一个反馈环中相互作用，文化改变景观、创造景观；景观反映文化，影响文化。景观、文化、人构成了一个紧密联系的整体，人作为联系景观与文化的红线，在生产、生活的实践中，在时间的隧道中创造着文化，并将文化表现为一定的景观，同时景观也因为人的参与而具有了一定的文化内涵。工程是文化的载体，每一处农田水利工程都记载着人民治水兴农的历史踪影。

郑国渠是秦王嬴政元年（公元前246年）在关中动工兴建的大型引泾灌溉工程，郑国渠历经各个朝代建设，先后有汉代白公渠、唐代郑白渠、宋代丰利渠、元代王御史渠、明代广惠渠、通济渠、清代龙洞渠及我国著名水利先驱李仪祉先生1932年主持修建的泾惠渠。渠首10km^{2}的三角形地带里密布着从战国至今2200多年的古渠口遗址40多处，映射了不同历史时期引水、蓄水灌溉工程技术的演变，水文化内涵极为丰富，被誉为"中国引水灌溉历史博物馆"。

可以说古代引泾灌溉的历史，就是我国封建社会以农为本，兴办水利发展生产的一部水利史诗，它记录了我国人民引泾灌溉、征服自然的伟大历程，是一幅波澜壮阔的灌溉工程历史画卷，向人们传递着厚重的历史文化。

三、农田水利与乡村景观融合形态的体系构建

形态在一定的条件下表现为结构，因此从形态构成的角度可以说明结果是形态的表现形式，而其中包含着点、线、面三个基本构成要素。从以上所述得出，农田水利景观是景观形态在一定条件下的表现形式。有研究人员认为，景观结构主要是指各景观组成的单元类型、多样性以及各景观之间的空间联系，而广泛比较了各种景观结构形态之后，又得出构成景观的单元有三种，即斑块、廊道和基质。因此以景观生态学的景观结构为基础，将景观单元与结构形态两者相结合，即本节的农田水利工程与乡村景观融合。

（一）"点"——水工建筑景观

点，即斑块，一般指的是与周围环境在外貌或性质上的不同空间范围，并内部具有一定的均质性的空间单元。斑块既可以是植物群落、湖泊、草原也可以是居民区等，因此，不同类型的斑块，在大小、形状、边界和内部均质程度都会有很大的差异。斑块的概念是相对的，识别斑块的原则是与周围的环境有所区别，且内部具有相对均质性应该强调的是，这种所谓的内部均质性，是相对于其所处周围环境而言的，主要表现为农田水工建筑组合体与周边背景区域的功能关系。

（二）"线"——河流、渠道景观

线，即廊道，指景观中与之相邻两边自然环境的线性或带状结构。本节所叙述的包括河流、田间渠道、道路、农田间的防风林带等，例如新疆维吾尔自治区境内的慕士塔格山下宽广的冲积平原与河道某流域的蜿蜒线性河流。

（三）"面"——农田景观

面，即基质，亦称为景观的背景、基底，在景观营造过程中，面的分布最为广泛，并且具有联系各个要素的作用，具有一定的优势地位。面决定景观，也就是说基质决定着景观的性质，对景观的动态起着主导作用。森林基质、草原基质、农田基质等为比较常见的基质，如四川成都平原东部农田景观。

四、农田水利工程与乡村景观融合具体方式

农田水利工程大多位于山川丘陵的乡野地区，工程融于自然，景色秀美，为发展乡村水利旅游提供了好的规划思路与开发资源，主要以农田水利工程设施与其共生文化共同组成。乡村景观缺少的就是如何选择好的交汇点将农村的工程设施景观与文化景观结合起来，然而中国传统的农田水利正是这两种景观的完美交汇点。

（一）工程景观融合

1.融合农田水利功能对景观进行划分

农田水利属于乡村景观中的生产性景观，根据农田水利工程的不同功能与属性来确定

农田水利景观的景观单元，分为取水枢纽景观、灌溉景观、雨水集蓄景观、井灌井排景观、田间排水景观、排水沟道景观、水工建筑景观、不同地域景观八个景观单元，通过划分出的景观单元能够系统地、逐步地向人们展示农田水利工程的工程景观。如取水枢纽景观单元中包括拦水坝、堤、泄洪建筑物等，灌溉景观单元中的渠道、分水闸、节水闸、喷灌微灌等。

2.融合农田水利与水的形态对空间进行划分

水主要分为动态与静态的水，水的情态是指动态或静态的水景与周围静止相结合而表达出的动、静、虚、实关系。

农田水利工程设计的直接对象就是水体，水利工程设定了水的边界条件，规范了水的流动，并改变了水的存在，在兴利除害的同时，还应对自然作生态补偿，用不同的方式处理使其产生更美的水景空间。

（1）静空间

静空间的营造可通过拦河筑堤坝蓄江、河、湖泊、溪流等形成的水体是大面积静水。静态的水，它宁静、祥和、明朗，表面平静，能反射出周围景物的映像，虚实结合增加整个空间的层次感，提供给游人无限的想象空间。水体岸边的植物、水工建筑、山体等在水中形成的倒影，丰富了静水水面，有意识的设计、合理的组织水体岸边各景观元素，可以使其形成各具特色的静空间景观。

（2）动空间

动空间的营造可通过溢洪道、泄洪洞汛期泄洪，喷灌等水利工程会形成动水。与静水相比，更具有活力，而令人兴奋、激动和欢快。似小溪中的潺潺流水、喷泉散溅的水花、瀑布的轰鸣等，都会不同程度地影响人的情感。

动水分为流水、落水、喷水景观等几种类型：

流水景观。农田水利工程中的下游河道生态用水、灌溉设施的渠道、水闸，田间排水设施的明沟等都会形成或平缓，或激荡的流水景观。在景观规划和设计中合理布局，精心设计，均可形成动人的流水景观。

落水景观。落水景观主要有瀑布和跌水两大类，瀑布是河床陡坎造成的，水从陡坎处滚落下跌形成瀑布恢宏的景观；跌水景观是指有台阶落差结构的落水景观。如大型水库的溢洪道一般高度高，宽度大，其泄水时的景象非常壮观，为库区提供变化多样的动态水景。

喷水景观。喷水此处主要是指喷灌与微灌节水设施所形成的喷水景观。喷灌与微灌是农业节水灌溉的主要技术措施，在满足节水灌溉需求的同时也形成了乡村特有的喷水景观，更胜于城市环境中传统的喷泉喷水形式。

（二）文化景观融合

在农田水利景观资源的开发中，需挖掘的文化包括农田水利自身的工程文化、水利共生的水文化、资源所属的地域文化，三者共同组成农田水利景观资源非物质景观。

1. 融合农田水利工程文化

农田水利工程从最初的规划、设计到后期的施工、运行管理，每个环节都需要科学与技术的综合运用，他涉及机械工程、电气工程、建筑工程、环境工程、管理工程等多学科的知识。农田水利工程的共有特性是先进技术与措施，这正是乡村旅游的关键看点所在。如运用图示、文字的形式展示工程当中的工艺流程、工作原理等内容，使旅游者更好地了解农田水利、认识农田水利，在学习水利知识的同时还能够增强旅游者的水患意识，促进人水和谐全面发展。

2. 融合农田水利水文化

我国古代的哲人老子说："上善若水，水利万物而不争"。水是农业的命脉，我国是古老的农耕国度，靠天吃饭一直是主旋律，但天有不测风云，"雨养农业"着实靠不住。于是，古人便"因天时，就地利"，修水库、开渠道，引水浇灌干渴的土地，从而开辟出物阜民丰的新天地。2000多年前，李冰修建都江堰，引岷江水进入成都平原，灌溉出"水旱从人""沃野千里"的"天府之国"，至今川西人民仍大受其益；20世纪60年代，河南林县人民建成红旗渠，引来漳河水，从此在红旗渠一脉生命之水、幸福之水的滋润下，苦难深重的林县人民摆脱了千百年旱渴的折磨，走上了丰衣足食的富裕之路。可通过将挖掘出的水文化作为中心，以文字篆刻等手段来体现，将文化与景观结合，为公众展示我国历史悠久的水文化。

3. 融合农田水利地域文化

农田水利工程遍布大江南北，因其所处的地域不同，所以各具不同的地域文化，展现出浓郁的地方特色。乡村景观因地域差异而具特色，各有各的自然资源和历史文脉，正所谓江南水乡、白山黑水、巴山蜀水自有其形，各有千秋。

第五章 水利水电工程规划与设计

第一节 概述

一、水利水电工程规划含义

水利水电工程规划的目的是全面考虑、合理安排地面和地下水资源的控制、开发和使用方式，最大限度地做到安全、经济、高效。水利工程规划要解决的问题大体有以下几个方面：根据需要和可能确定各种治理和开发目标，按照当地的自然、经济和社会条件选择合理的工程规模，制定安全、经济、运用管理方便的工程布置方案。

工程地质资料是水利工程规划的重要内容。水库是治理河流和开发水资源中普遍应用的工程形式。在深山峡谷或丘陵地带，可利用天然地形构成的盆地储存多余的或暂时不用的水，供需要时引用。水库的作用主要是调节径流分配，提高水位，集中水面落差，以便为防洪、发电、灌溉、供水、养殖和改善下游通航创造条件。在规划阶段，须沿河道选择适当的位置或盆地的喉部，修建挡水的拦河大坝以及向下游宣泄河水的水工建筑物。

二、水利水电工程施工规划设计作用

（1）优化施工规划设计方案，可以有效控制工程造价当建设单位工程造价，设计该项目投资项目成本控制与施工有显著影响，尤其是直接关系到规模级项目，建设标准，技术方案，设备选型等决策阶段和决心投资该项目的水平成本，设计是基础，确定项目成本，直接影响决策，以确定和控制施工阶段的各个阶段后，该项目的成本是科学的，合理的问题。

（2）优化施工规划设计方案，可以起到工程项目的限额设计作用。项目成本控制，加强定额管理，提高投资效益，旨在加强配额管理实施的限制，有效控制工程造价的设计阶段的执行情况，合理确定工程造价不仅要在批准的费用限额的范围内投资项目，更重要的是，合理使用人力，物力和财力资源，实现最大的投资回报。限额设计是控制工程造价的有效手段，能够提高投资效益，应大力推广。

三、水利工程规划设计基本原则

1. 确保水利工程规划经济性和安全性

水利工程是一项较为复杂与庞大的工程，不仅包括防止洪涝灾害、便于农田灌溉、支持公民的饮用水等要素，包括保障电力供应、物资运输，因此对于水利工程的规划设计应该从总体层面入手。在科学的指引下，水利工程规划除了要发挥出其做大的效应，也需要将水利科学及工程科学的安全性要求融入规划当中，从而保障所修建的水利工程项目具有足够的安全性保障，在抗击洪涝灾害、干旱、风沙等方面都具有较为可靠的效果。

2. 保护河流水利工程空间异质原则

河流作为外在的环境，实际上其存在也必须与内在的生物群体的存在相融合，具有系统性的体现，只有维护好这一系统，水利工程项目的建设才能够达到其有效性。在进行水利工程规划的时候，有必要对空间异质加以关注。尽管多数水利工程建设并非聚焦于生态目标，而是为了促进经济社会的发展，在建设当中同样要注意对于生态环境的保护，从而确保所构建的水利工程符合可持续发展的道路。这种对于异质空间保护的思考，有必要对河流的特征及地理面貌等状况进行详细的调查，确保所指定的具体水利工程规划能够满足当地的需要。

3. 注重自然力量自我调节原则

在具体的水利工程建设中，必须将自然的力量结合到具体的工程规划当中，从而在最大限度地维护原有地理、生态面貌的基础上，进行水利工程建设。水利工程作为一项人为的工程项目，其对于当地的地理面貌进行的改善也必然会通过大自然的力量进行维护，这就要求所建设的水利工程必须将自身的一系列特质与自然进化要求相融合，从而在长期的自然演化过程中，将自身也逐步融合成为大自然的一部分。

四、水利水电工程规划的内容和任务

在河流上兴建水库枢纽工程进行径流调节，是改造自然水资源的重要措施。要实现这一措施，必须对河流的水文情况，用水部门的要求，径流调节的方案和效果，以及技术经济论证等问题进行分析和计算，以便提出在各种方案下经济合理的水利水电设备大小、位置及其工作情况的设计，这就是水利水电工程规划的主要内容。而在广大的流域范围内或大的行政区划内，配合国民经济的发展需要，根据综合利用水资源和整体效益最佳的原则，研究各地段水资源情况和特定的防害兴利要求，拟定出开发治理河流的若干方案，包括各项水利工程（特别是水库群）的整体布置，它们的规模、尺寸、功能和效益的分析计算，最后从经济、社会和环境三方面效益影响的综合比较和权衡，来选出最佳或满意的开发利用方案，这就是水资源规划的主要内容。水利水电工程规划和水资源规划的上述内容是为水利工程的兴建，对其在政治、经济、技术上进行可行性综合论证，或进行几个方案间的优劣比较，所不可缺少的。水资源的开发利用愈发展，对径流调节和综合利用的要求愈高，则规划这一环节的作用也就愈显著。

水利水电工程规划和水资源规划是各项水利水电工程建设在规划时的一个重要环节。水利水电工程规划的结果：一方面是水工建筑物设计的依据，对决定坝高、溢洪道和渠道尺寸、水电站装机容量，以及这些建筑物和设备的运行规则，起着重要的作用；另一方面又为工程的经济效益评价和环境影响分析等的综合论证，提供以定量为主的基本数据（如规模和效益大小，保证程度，工程影响和后果等）。具体地讲，就水利水电工程规划和水资源规划而言，其基本任务一般包括以下四个方面：

（1）根据国民经济当前或一定发展阶段（常以设计水平年表示）对本流域或本河段开发任务的要求，经过各种计算和包括经济、社会、政治、环境等多方面的综合分析、比较，配合其他专业部门，拟定适当的开发方式，确定骨干工程的规模和主要参数。这些参数随开发任务不同而有所不同，常见的有坝高、各种特征水位及库容、溢洪道的形式和尺寸、引水渠道断面大小、水电站装机容量和发电量等。

（2）确定或阐明能由水利措施获得水利效益。例如，供给各用水部门的水量和能量的多少及其质量（保证程度），包括水电站的保证出力和年发电量、灌溉供水量、保证的航深，以及防洪治涝的解决程度或能达到的防治标准等。

（3）编制水利枢纽的控制运用规则和水库调度图表，以保证在选定的建筑物参数的基础上，在实际运行时能获得最大可能的水利经济效益。有时还须提供水库未来多年工作情况的一些统计数字和图表。例如，多年中各年供给用户的水量和各年的弃水量，水库上下游水位的变动过程等。这些通常是根据历史水文资料作为模拟未来的系列而计算得出的。

（4）水库建造所引起的对环境影响和后果的估算、预测。水库的建造，除能达到预期的经济目的外，同时也引起开发河段及附近地区自然情况和生态环境的变化。例如①引起库区的淹没和库区周边的浸没。②引起库内泥沙淤积、风浪剧增和坝下游的河床冲刷。③由于水电站的调节，引起下游水流波动，影响航运及取水建筑物的正常工作；在回水变动区，可能引起库尾浅滩形态的变化；洪水时库区的汇流情况亦改变。④建造水库使蒸发渗漏增加，使水质状况、水温情势发生变化，并可能影响库区内外的生态平衡和局部气候。这些派生的现象，对环境和社会的影响亦应作适当的考虑和阐述。

水利水电工程规划既然是实现水利措施的有机组成部分，因此在整个规划设计阶段都是必须进行的，只不过在不同阶段，计算的重点和详略程度有所不同。

以最主要的河流开发为例，在最初的流域规划阶段，中心问题在于明确流域开发的方向，拟定初步的全面开发方案，通过对水文情势和用水要求的分析，用水量平衡及调节计算，求出各种可能方案下水量和落差的分配利用方式及其对效益的影响，以便最后在经济比较及综合分析的基础上确定最佳的开发方案和相应的水利效益，并研究选定第一期工程的地址。

在初步设计阶段，水利水电工程规划的任务主要是为了确定某一水利枢纽的位置及其规模（如水库的正常蓄水位、死水位、装机容量等主要参数的分析与选择），进一步论证这一具体的工程目标在投资建设上的可能性与合理性，求出工程的经济效益与设备效用的基本情况，估计工程建成后的不利影响和防治、处理的办法。

在最后的技术设计和施工详图阶段，需要最后复核或核定水利设备的主要参数，进一步分析和编制设备各部分在施工、运用，甚至在远期发展中的工作情况，计算确定工程的经济效益。此外，还常需拟定初期运行调度计划及运行规程。

上述各阶段水利水电规划的任务和内容，体现了对开发水利资源的复杂问题，如何由全面的综合分析，到各个具体部分的设计确定。这种逐步收敛的方法，使每一阶段勘测、规划、设计工作，前后紧密联系，并各有明确的目的，是一套从战略到战术，从原则到具体的严密的科学方法。这一生产程序对大中流域的水利开发来说，是必不可少的步骤。

在近十几年来，鉴于大中型水利工程投资建设在决策上的重要地位和复杂性，故已经规定于规划之后、初设之前，专设可行性研究阶段。

五、水利水电工程水工设计方案重要因素分析

1. 设计方案对比的重要性

一个方案的确定包括方案的拟定、方案的设计、方案的比较和方案的选择四个步骤。方案的拟定是根据工程开发的任务、规模，结合地形地质条件、建筑物布置、施工条件、环境影响等因素，经过分析，拟定两个或多个参与对比的方案。方案的设计是对各参选方案进行一定深度的设计，分析各方案的建设条件及工程对社会和环境的影响，估算各方案的投资、工期等，为方案的比较提供依据。方案的比较是结合比选因素，对各方案进行全面的比较，得出各方案的优劣。方案的选择是在方案比较后，经综合分析，推荐最优方案。

2. 设计方案对比原则

方案对比的首要原则是方案的设计和比较应实事求是，对各方案的利弊应进行科学和客观地分析。拟订方案时，不能凭设计或建设单位的意愿而故意舍弃可能较优的方案。方案设计时，对各方案应一视同仁，不能故意压减或做大某一方案投资方案比较时，不能由于偏好哪个方案，而重点分析和夸大其有利因素，而故意突显该方案的优点。

方案设计完成后，应结合对比因素对各方案进行全面综合的比较。比较前应列出影响方案比选的各种可能因素。比较时应针对各对比因素按顺序进行详细的分析和对比。进行工程量和投资比较时应计入影响投资比较的所有项目。方案对比应抓住关键因素，对比前应分析哪些因素为关键因素和控制因素，哪些是次要因素，如果各方案各有优劣且难以抉择时，对关键因素应进行重点分析和对比方案比较的结果应明晰，针对各对比点应明确的结论，在报告编制中应将比较结果列表。

3. 方案设计

对水工设计来说，建筑物的形式、布置和工程处理措施等应根据设计条件的变化而有所不同。首先是场址不同时，由于地形地质条件等不一样，建筑物的形式、布置等有所差别。

坝址比选中，各参选方案的坝型、枢纽布置等会由于场址不同而可能不一样，而不仅仅是工程量和投资等的差别。长距离输水渠道中，渠道的形式、断面尺寸等随着渠段所处位置和地形地质条件的变化而变化。

4. 工程投资

工程投资决策阶段要对工程建设的必要性和可行性进行技术、经济评价论证，对不同的开发方案（如海堤走向、工程规模、平面布置等）进行分析比较，选择出最优开发方案。海上工程要充分考虑海上作业风大、浪高、潮急等恶劣的自然条件，以及台风大潮带来的风险等多变因素，科学地编制投资估算。这是工程造价全过程的管理龙头，应适当留有余地，不留缺口。

第二节　水利水电工程规划的各影响因素分析

水利水电工程项目投资大、工程量大、工期长、影响因素多、技术复杂，为保证工程方案决策的正确性，必须对工程项目的影响因素进行分析，亦即在工程方案进行多目标决策之前从政治、社会、经济、技术、生态环境和风险等方面出发，运用系统分析的思想和方法，对工程方案进行较全面和客观的描述和评价。

一、技术影响因素分析

在水利水电工程规划设计阶段，通常的考虑的技术因素有装机容量、保证出力、多年平均发电量和年利用小时数等这些能够反映电站技术特征的因素。

装机容量选择是水利水电工程规划设计的重要组成部分，它关系到水电站的规模和效益、投资方的投资回报和水资源的合理开发利用。装机容量选得过大，电力市场短时期无法消纳，投资回收期增长，投资回报率降低;装机容量选得过小，水力资源得不到合理利用，水电站的经济效益不能得到充分发挥。因此，装机容量选择是一个复杂的动能经济设计问题。装机容量的大小取决于河流的自然特性即河流径流大小及其分配特性与水库的调节性能、水电站有效利用水头、生态环境影响、征地移民、电站的供电范围、电力系统负荷发展规模及其各项负荷特性指标、地区能源资源、电源组成及其水电比重等因素。对于流域水电站装机容量选择，还要充分考虑其上、下游梯级的运行原则、已建和在建水库梯级对设计电站的水力补偿作用、区域电网联网等因素，水能的综合利用、跨区域送电对装机容量的影响等因素的影响。

正常蓄水位是水利水电工程的一个主要特征值，它主要从发电的投资和效益方面进行计算，并结合防洪、灌溉、航运等效益进行综合分析。正常蓄水位的大小直接影响到工程的规模，而且也影响建筑物尺寸和其他特征值的大小。正常蓄水位定得高，水库库容就大，水能利用程度高，虽然水库的调节性能和各方面效益都会比较好，但是相应的工程的投资和淹没损失较大，需要安置移民多。正常蓄水位定得很低时，则可能所需的防洪库容不够，水能利用程度低，其他防洪、发电、航运等效益都会相应降低。可见选择正常蓄水位的问题是一个多影响因素的问题，需要慎重地比选研究。

装机利用小时数是水电站多年平均发电量与装机容量的比值。它既表示了水电站机组的利用程度，又表示了水能利用的程度，是水电站的一项动能指标。一座水电站的装机利用小时数过高或过低都是不合理的。装机利用小时数过高表明虽然水电站机组利用程度比较高，但水能利用的程度过低。装机利用小时数过低，表明虽然水电站水能利用比较充分，但机组利用程度过低。

另外，水利水电工程对地质条件的要求很高，工程的规模及后续的施工难度大都与其有直接小关系，一般认为水库的坝高和库容与地质构造和岩性、渗漏条件、应力状态及区域地质活动背景等因素有关，因此在决策时应对库区地质情况进行严谨的分析。

二、经济效益影响分析

方案的经济效益比较是建设项目方案决策的重要手段，目前水利水电工程项目的经济评价常采用的是费用——效益分析方法。因此影响水利水电工程方案决策的经济因素主要可从投资及效益两部分进行分析。

1. 投资应考虑因素

水利水电工程进行经济评价时的经济指标包括工程总投资（或工程各部门投资）和年运行费。水电站的投资大致分为两部分：一部分与装机容量无直接关系，如坝、溢洪道建筑物及水库淹没措施投资；另一部分与装机容量有直接关系，如机组、输水道、输变电设备及厂房投资。投资指标包含的评价指标，一般选取总投资、年运行费、单位千瓦投资、单位电能投资、投资回收年限或内部收益率。在投资回收年限和内部收益率选取时采用"或"运算，即选取其中任一指标就可以参与投资指标的评价。另外水电投资项目财务盈利能力主要是通过财务内部收益率、财务净现值、投资回收期等评价指标来反映的，应根据项目的特点及实际需要，将这些指标归入决策考虑范围之内。

2. 效益应考虑的因素

水电投资项目的效益包括直接效益和间接效益。直接效益是指有项目产出物产生并在项目范围内计算的经济效益。水利水电工程投资项目的直接效益一般指项目的发电效益，对发电工程，年平均发电量与年平均发电效益这两个指标，年发电效益等于年发电量乘以电价，它们之间的差异为一常系数电价，这两个指标具有包容性。因而在指标体系中只需选择其中之一。间接效益是指项目为社会做出的贡献，而项目本身并不直接受益。一般指除发电效益外，为当地的防洪、灌溉、航运、旅游、水产养殖等带来的效益，此外项目的厂外运输系统为附近工农业生产和人民生活带来的效益，项目对促进所处相对落后地区的社会、经济、文化、观念的发展带来的综合效益等，这些效益有些是有形的，有些是无形的，有些可以用货币计量，有些是难以或不能用货币计量的，在方案的评价中应对这些不能用数量计量的因素进行量化评价。

三、社会影响因素分析

水利水电工程建设项目是国民经济的基础设施和基础产业，涉及影响范围广，很容易产生复杂的社会问题。水利水电工程具有很强的政策性，它有水土资源优化与分配、区域经济和社会协调与平衡作用，因此在进行工程方案评价时，必须认真贯彻有关国家和地方以及流域机构的各项法规政策，考虑工程对整个社会发展的各项影响因素。只有这样，水利水电工程的成果才能更好地服务于社会，才能确保促进实现社会的可持续发展。

水利水电工程建设项目的社会影响，主要是分析工程方案的实施对社会经济、社会环境、资源利用等国家和地方各项社会发展目标所产生的影响的利与弊，以及项目与社会的相互适应性、项目的受支持程度、项目的可持续性等方面。它是依据社会学的理论和方法，坚持以人为本、公众参与、公平公正的原则，研究水利水电建设项目的社会可行性，并为方案的选择与决策提供科学的依据。综合水利水电工程对社会的影响可归纳为以下几个方面：

（1）水利水电工程社会影响因素内容广泛，首要考虑的就是由于兴修水库对产生的淹没和移民问题。居民的房屋土地等主要的生产、生活资料等生存条件被淹没，并且必须动员人口迁移。如果安置不妥，既影响工程进度，也会给社会带来一些不安定的因素。迁移和安置的难度的大小跟淹没的房屋耕地、迁移人口和淹没投资指标等紧紧相连，因此，此类评价指标必须作为评价工程方案的主要社会因素考虑。

（2）水利水电工程兴建的出发点是为满足社会用电需求，兼顾防洪、灌溉、航运、养殖、供水、旅游等，除此之外，水利水电工程兴建的同时，还可以带动当地社会经济的发展。内容包括对国家和工程所在地区农业发展的影响、对能源与电力工业的影响，以及对林、牧、副、渔业发展的影响和对旅游事业发展的影响等，对提高当地人口素质、增加劳动力就业机会、对保证社会安全稳定的以及对国家和地区精神文明、科技、文教卫生工作的影响及对加快贫困人口脱贫等也会产生影响。例如水电工程的兴建所需要的建筑材料、建筑机械、电站设备的运输和大量施工人员的进入以及水库淹没移民搬迁，这些都需要修建公路或者码头等交通设施以及有关公共设施，为施工生产、生活物资的供应提供便利，也促进了当地商品经济和第三产业的发展。

（3）水利水电工程对促进文化、教育、卫生事业发展也会产生积极的影响。由于项目的建设与投入运行，将给项目区的文教、卫生、社会福利的多方面带来积极的影响，可以提高项目区的生活文化娱乐、医疗卫生事业的基础设施的建设水平，使项目区内各项福利设施与条件有所改善。例如，在移民安置过程中，移民的生产生活条件得到了较大改善，移民从广播、电视、网络等各种信息渠道了解国家党的政策，增加科学知识，文化生活得到丰富，促进了移民的精神文明建设。

（4）建设项目的政府支持率及公众参与方面也对项目方案的决策起很大作用。项目的参与包括：对项目方案决策的参与以及在项目实施过程中的参与等。因为修建水利水电工程，当地大部分群众的态度意见，特别是当地有关政府主管部门的态度很重要。这里的当地人是指项目影响范围内的所有人群。因此为了反映当地人民对枢纽工程方案实施的态度，在方案的决策中考虑这一指标。

（5）水利水电项目和社会的相互适应性是指项目与项目影响区域协调性、适应性，就是通过分析项目与项目影响区域的经济、社会、环境等国家和地方发展目标的协调度来反映项目与社会的相互适应性，以确保水利水电项目能促进社会的进步与可持续发展。通常一个项目的建设和实施不仅影响工程所在地区，它所影响到的区域范围往往更大，因为水库的建设不仅要改变其所在地自然、社会、经济等环境，还会改变工程上下游流域的自然、社会等环境的变动，所以研究项目与区域社会经济和环境的协调是非常必要的。

综上所述，在评价方案的社会影响因素时，应主要考虑移民人数、淹没耕地，工程各综合利用部门间的矛盾程度，与工程有关的各地区间的社会经济矛盾程度、地方人们态度、地方政府态度、对地方经济的带动、对地方文化的带动等因素。其代表性较好，而且指标体系比较简捷。

四、对生态环境影响分析

近一个世纪以来，由于水利水电工程建设的加快，所引起的生态环境问题也越来越受到人们的重视。为了更好地利用水资源，人们在水利水电开发过程中对生态平衡与环境保护问题的关注日益加强。水利水电工程对生态环境的影响是巨大而深远的。不同的水利水电工程项目由于所处的地理位置不同，或同一水利水电工程的不同区域，其环境影响的特点各异。水利水电工程属非污染生态项目，其影响的对象主要为区域生态环境。影响区域主要有库区、水库上下游区。库区的环境影响主要是源于移民安置、水库水文情势的变化；坝上下游区的环境影响主要源于大坝蓄水引起的河流水文情势变化。水利水电工程的环境影响大多从规划、建设和运行三阶段来分析，生态环境的影响主要有：

（1）水利水电工程修建后，水库蓄水产生的淹没损失及移民的安置等问题。由于生活条件的改变，如果工作做不到位，很容易产生安置不当引起的社会的不安定。另外由于大部分淹没区为耕地，在我国人多、耕地少的条件下，应尽量减少耕地的淹没损失。

（2）水利水电工程修建后，由于筑坝挡水，会改变工程所在区域的水文状况，下游河道水位降低或河道下切，河流情势的变化对坝下与河口水体生态环境也会产生潜在影响。

（3）水库蓄水后，由于岸坡浸水，岩体的抗剪强度降低，在水库水位降落时，有可能因丧失稳定而坍滑，严重时有可能诱发地震。

（4）水库蓄水后，会引起库周地下水位抬高，导致土地盐碱化等。

（5）水库蓄水后，水体的表面面积增大了，蒸发量也变大，水资源的损失是非常严重的。

（6）水库筑坝蓄水后，对水生物特别是鱼类有重大影响。

（7）水库蓄水后，形成湖泊，水体稀释扩散能力降低，淹没的植物和土壤中的有机物质进入水中的营养物质会逐渐增多，因此库尾与一些库湾易发生富营养化。

（8）一些水库蓄水后，水温结构发生变化，可能出现分层，对下游农作物产生危害。

（9）筑坝截水后，会改变泥沙运行规律，导致局部河段淤积或河口泥沙减少而加剧侵蚀。例如水库回水末端易产生泥沙淤积、流入水库的支流河口也可能形成拦门沙而影响泄流、下游河道有可能造成冲刷等。

（10）水库蓄水后，水面增加，蒸发量增加，下垫面改变，对库周的局部小气候可能产生影响。

（11）对库区人群健康会产生影响。往往移民动迁也会导致一些流行疾病，如一些介水传染病如肠炎、痢疾和肝炎等较为常见。

五、风险因素分析

由于水利水电工程项目是一次性投资且投资额度，水利水电投资项目的投资动辄百万、千万、上亿元人民币，像三峡、小浪底等大型水利水电工程投资往往上百亿、上千亿，建设规模大，周期长，技术风险和经济风险大，涉及的面宽，从项目决策、施工到投入使用，少则几年，多则十几年，在这段时间内充满了各种各样的不确定性。工程受自然条件影响很大，主要是受气候、地形、地质等自然条件影响大，而在这些自然条件中，存在着许多不确定因素，这些不确定因素会给水利水电工程建设带来巨人的风险。并且在项目的实施过程中，由于项目所在地的政治、建设环境和条件的变化、不可抗力等因素都可能会给项目建设造成一定的风险。

因此近年来我国政府完善了工程项目投融资体制，明确了投资主体，明晰了投资活动的利益关系，初步建立了投资风险约束机制。在国外，风险管理是工程项目管理中重要的一部分。在我国随着水利水电项目的工程建设模式与国际接轨，水利水电工程建设体制的也有了进一步深化，风险管理也就越来越受到水利水电工程界的重视。所以建立水利水电投资项目风险评价指标体系，在工程规划方案中考虑风险指标规避风险、减少损失是规划设计阶段不可缺少的部分。

水利水电工程的风险来自于与项目有关的各个方面，在工程建设项目立项准备、实施、运行管理的每一个阶段及其各阶段的横向因子，都存着各种风险。凡是有可能对项目的实际收益产生影响的因素都是项目的风险因素。水利水电项目风险因素分析通常是人们对项目的进行系统认识的基础上，多角度、多方面的对工程项目系统风险进行分析。风险因素分析可以采用由总体到细节，由宏观到微观的方法层层分解。从这个角度出发来进行的风险因素的分析如下：

1. 政治风险

政治风险是一种完全主观的不确定事件，包括宏观和微观两个方面。宏观政治风险是指在一个国家内对所有经营都存在的风险。一旦发生这类风险，方方面面都可能受到影响，如全局性政治事件。而微观风险则仅是局部受影响，一部分人受益而另一部分人受害，或仅有一部分行业受害而其他行业不受影响的风险。政治风险通常的表现为政局的不稳定性，战争状态、动乱、政变的可能性，国家的对外关系，政府信用和政府廉洁程度，政策及政策的稳定性，经济的开放程度或排外性，国有化的可能性、国内的民族矛盾、保护主义倾向等。

2. 经济风险

经济风险是指承包市场所处的经济形势和项目发包国的经济实力，及解决经济问题的能力等方面潜在的不确定因素构成的经济领域的可能后果。经济风险主要构成因素为：国家经济政策的变化、产业结构的调整、银根紧缩、项目产品的市场变化、项目的工程承包市场、材料供应市场、劳动力市场的变动、工资的提高、物价上涨、通货膨胀速度加快、原材料进口风险、金融风险、外汇汇率的变化等。

3. 法律风险

如法律不健全，有法不依、执法不严，相关法律的内容的变化，法律对项目的干预；可能对相关法律未能全面、正确理解，项目中可能有触犯法律的行为等。

4. 自然风险

如地震、风暴、特殊的未预测到的地质条件，反常的恶劣的雨、雪天气、冰冻天气，恶劣的现场条件，周边存在对项目的干扰源，水电投资项目的建设可能造成对自然环境的破坏，不良的运输条件可能造成供应的中断。

5. 社会风险

包括宗教信仰的影响和冲击、社会治安的稳定性、社会的禁忌、劳动者的文化素质、社会风气等。

目前风险分析的方法很多，如 Monte Carlo 模拟法、敏感性分析法、故障树分析法、调查和专家打分法、模糊分析方法等。

第三节 水利水电泵站工程建设的规划设计

一、水利水电泵站工程建设的合理布置

水利水电泵站工程建设首先要把主要建筑物布置在适当位置，然后根据辅助建筑物的作用进行合理布置。

1. 灌溉泵站总体布置

如果水源与灌区控制高程相距远，同时二者之间的地形平缓，一般考虑采用有引渠的

布置形式。这种形式一方面能够让泵房尽可能地靠近出水池，从而缩短出水管道的长度；另一方面能够让泵房远离水源，进而尽可能地降低水源水位变化对泵房的影响。在引渠前，通常要设置进水闸，以便于控制水位和流量，保证泵房的安全；并在非用水季节关闭，避免泥沙入渠。

2. 排水泵站总体布置

在实际的工程建设中，可以发现由于外河水位高，许多排水区在汛期而不能自排，但是在洪水过后却能够自流排出。这就决定了，排水泵站一般由两套系统组织，即自流排水和泵站抽排两套排水系统。基于自排建筑物与抽排建筑物的相对关系，可分为分建式和合建式布置形式。在泵站扬程较高，或内外水位变幅较大的情况下，这种形式比较实用。

二、水利水电泵站工程建设规划设计的分析

水利水电泵站工程建设的规划设计：（1）水利水电泵站工程建设的规划。水利水电泵站工程建设的整体规划非常重要，并且非常复杂，所以其规划管理也相当烦琐，如工程的施工条件（交通条件、场地条件等）、施工的导流（导流方式、导流的标准等）、主体工程施工的管理、工程施工进度计划（工程筹建、准备、完工等）、资金的管理等等。只有做好整体的规划，才能保证水利工程顺利进行。（2）水利水电泵站工程建设的设计。水利水电泵站工程建设首先需要加强勘测设计过，其依据的基本资料应完整、准确、可靠，设计论证应充分，计算成果应可靠。要认真记录设计程序，精益求精。应严格按照相关法律、法规及建设单位的要求进行设计并贯彻质量为本的方针。勘测设计质量必须满足水泵站工程质量与安全的需要并符合《工程建设标准强制性条文》及设计规范的要求。

三、水利水电泵站工程建设施工管理的分析

1. 水利水电泵站工程建设机电设备安装的施工管理

（1）安装前管理。在施工前期相关施工单位及具体施工人员应对机电设备的安装方案、土建设计方案进行全面了解，并且制定出合理的施工方案，明确施工质量检查程序及施工过程的控制措施，同时确定机泵及电气设备的施工工艺和技术要求，根据工程的实际要求和特点确定施工工序。（2）严格安装施工过程中的管理。在施工过程中按照泵站设计要求，在泵房车间顶部设置起吊设备，保障泵站的日常检修。主水泵的安装过程中应严格检查主水泵的基础中心线、安装基准线的偏差与水平偏差是否符合施工规范要求，并且在主水泵稳位前及时清理地脚螺栓孔。泵房车间闸阀及进出水管道的安装应注意连接的正确性，不能强行连接，连接施工应按照施工规范进行，连接完成后对管道进行必要的防腐处理，确保闸阀的灵活程度。

2. 水利水电泵站工程建设施工机械设备的管理

主要表现为：（1）加强现场机械设备的维护。第一、机械内部环境的维护。水利工程水

泵建设项目部应当做好新机械的购买记录和相关进场准备工作，同时制定相关机械的日常维护保养制度，并积极开展机械的安全检查工作。对于作业的机械应当进行例行保养和阶段性维护，同时做好保养和维护中出现的故障记录工作，并记录优秀机械的名称和编号。第二、机械外部环境的维护。合理选择油品，其是机械外部环境维护的重要环节，燃油和润滑油应当保证质量。机械操作人员每次在进行机械操作前，应当仔细检查机械的安全装置，严禁使用故障机械进行施工作业，避免出现安全事故，同时严格检查机械配件的存储量和质量，尽量避免机械缺乏配件或配件质量差而影响机械的正常运行。（2）严格机械作业人员的管理。由于水利水电泵站工程建设项目的特殊性，进行水利水电泵站工程建设的现场作业机械设备不仅种类多，而且现场作业机械设备的结构也相对复杂，现场机械操作人员一旦出现操作失误，会对机械的正常使用造成影响，进而影响水利水电泵站工程建设的施工进度，情况严重时还可能导致现场作业人员的人身安全受到威胁。因此，施工企业应当定期对水利水电泵站工程建设施工现场机械作业人员进行专业的机械作业培训，并定期对其进行机械操作水平的相关考核。

3.应用信息化管理

水利水电泵站工程建设施工信息化管理表现为：（1）建立科学的信息化管理平台。在对水利水电泵站工程建设施工进行信息化管理时，应当综合考虑和平衡各方的利益和需求。水利水电泵站工程项目在建设过程中，涉及多个管理层面，如财务管理、预算管理、合同管理、施工管理以及机械材料管理等。应该建立一个包括泵站建设施工管理实践、知识管理、情报管理、远程监控以及工程协调管理等多个功能模块的现代化水利水电泵站工程建设施工信息管理平台，该平台能够应用于不同的实践主体以及自动管理相关数据，实现对水利水电泵站工程建设施工相关信息资源的综合管理。（2）水利水电泵站工程建设工程进度和成本的信息化管理。水利水电泵站工程建设施工信息化管理中，应当添加水利水电泵站工程建设施工进度管理和成本管理的相关功能模块，使水利水电泵站工程建设管理者能够实时了解工程建设各个阶段的实际成本以及水利水电泵站工程建设的实时工程进度，以便管理者进行实际成本与预算成本的分析工作。

第四节 水利水电工程景观设计

我国现代水利工程众多。新中国成立多年来，水利事业得到空前发展，全国各地先后修建了大大小小的水利水电工程约 8.5 万多个。这些水利水电工程不仅在防洪、灌溉、发电、航运、供水等方面发挥着巨大的综合效益，也逐步形成了自然景观与人文景观相结合的，具有较高开发价值的旅游景点或景区。

水利风景区是指以水域（水体）或水利工程为依托，具有一定规模和质量的风景资源与环境条件，可以开展观光、娱乐、休闲、度假或科学、文化、教育活动的区域。以水利工程为主体，集自然景观和人文景观于一体的水利旅游随着世界旅游的发展已渐渐显示出她蓬勃的生命力。国家政策的支持、丰富的水利旅游资源、人们日益增加的收入和休闲时间以及人们休闲观念的转变是我国发展水利旅游的四大先决条件。

一、概述

（一）水利水电工程的特点

水利水电工程包括水利和水电两部分，其中水利工程包括蓄水、防洪、灌溉、城市供水、航运、旅游等，水电工程简单地说就是利用水能发电的工程。

水力发电是利用水能推动水轮发电机旋转，发出电力。水能来源于落差和流景。河流从高处往低处流，是因为上下游两个断面之间存在着落差。一般情况下，水流的落差比较分散，只在瀑布或有跌水的地方，落差才比较集中。

水力发电利用落差的办法大致有两种：对于比较平缓的河流，因落差小，就必须拦河筑坝，抬高水位，在坝前形成可利用的"水头"。对于比较陡峻，或可裁弯取直的河段，则可在河中筑一低坝或水闸，把水引到岸边人工开凿的比较平缓的引水道中，利用引水道末端（前池或调压井）与下游河道水面之间的落差，形成发电所需的水头。

到水电站参观，矗立在眼前的是巍峨的拦河大坝、宽广的水面、宏大的溢洪道，还有地下长廊般的引水隧洞或玉带似的引水明渠，以及现代化的水电站厂房等等。特别是独立在水库之中的进水闸门启闭机塔楼，更加引人注目。

一般来说，凡是为了达到发电及与之相配合的防洪、灌溉、供水、航运等目的，对河流或湖泊进行综合开发利用而修建的建筑物，统称为水工建筑物。

水电站的水工建筑物，一般包括拦河大坝（含溢洪道等）、引水道和厂房三大部分。习惯上称为水电站的"三大件建设"，一座水电站，不管是采用什么开发方式，都要修建这"三大件"，缺一不可。

水电站因规模大小不同，其水工建筑物的差别也很大：大型水工建筑物以其庞大、复杂而确立了它在水电站设计中的重要地位。中小型水电站虽然规模较小，但各种功能的水工建筑物都一应俱全。

1. 拦河坝（含溢洪道等）

用以拦断江河、拥高水位形成水库，为水电站提供流量和发电水头（落差）；溢洪道则用于泄放水库多余的洪水，排除冰凌和泥沙等。这两类建筑物主要有：拦河闸坝、开敞式溢洪道、位于闸坝上的溢流堰、泄水孔以及泄洪隧洞和排沙洞等等引水道，即输水建筑物。主要有用于引水发电的明渠、隧洞、压力钢管道等；用于灌溉、供水或航运的明渠、引水隧洞、引水管道、船闸（或升船机）等等，也属引水道之列。

2. 厂房

即为安装水轮发电机组及其附属设备、电器设备而修建的主厂房、副厂房、开关站和升压站等建筑物。设计水电站也就是要根据当地的地形、地质、水文等自然条件，因地制宜地分别对水库、大坝、引水道和厂房进行周密的构思，配合必要的勘测设计和科学实验，进行不同方案的技术经济比较，以求得技术上先进、经济上合理的最佳方案。

水电站由于地形地质和水文条件的不同，千差万别。要设计、安排好各项水工建筑物和机、电、金属结构等设备，确实是一个复杂的系统工程。因而，每座水电站枢纽结构布局各不相同，各具特色。水电站按集中落差方式的不同，可分为堤坝式、引水式和混合式三种。

3. 堤坝式水电站

堤坝式水电站是在河道上修建拦河坝，把分散在河道上的落差集中到坝前，抬高河水位，形成水库，调节径流。这种形式的水电站，一般在流量大、坡降小的河道上采用。

堤坝式水电站按水电站厂房所处的位置不同，又分为坝后式、河床式和岸边式。

（1）坝后式水电站。这种水电站的特点是厂房放在大坝下游，与大坝平行布置，大坝和厂房分开建设，厂房不承受上游水库的水压力。例如，浙江的新安江、甘肃的刘家峡和湖北的丹江等水电站就是这种形式。

（2）河床式水电站。这种水电站多建在落差小、流量大的平原河流上。特点是水电站厂房和大坝一字排开，都起到拦河挡水的作用。例如，浙江的富春江、广西的西津和大化、长江上的葛洲坝等水电站就是这种形式。

（3）岸边式水电站。当河谷狭窄而布置不下厂房时，也可把厂房放在大坝下游一侧或两侧的岸边或岸边的山洞里。例如，四川的二滩、南盘江上的大生桥一级和吉林的白山水电站等。

4. 引水式水电站

这种水电站的拦河坝（闸）较低，主要靠修建较长的引水隧洞（或明渠）来集中水头发电。根据引水道集中水头的方式，又可分为沿河引水开发与跨流域引水开发两种形式。

（1）沿河引水开发。山区河流一般纵坡陡峻，水流湍急，有的地方还有瀑布或天然跌水。有的河段虽然坡度不大，但因为河道绕山头转一个大河湾，利用这段大湾道，采取"裁弯取直"，可获得较大的水头。

在上述河势条件下，便可以沿河或裁河湾修引水道，将水流平缓地引到下游适光地点，设前池（或调压井），利用前池与下游河道所形成的落差发电。例如，云南的石龙坝、四川的渔子溪和新疆的铁门关等水电站便是如此。

（2）跨流域引水开发。这种水电站是利用两条相邻近河道之间的水位差，将位于高处的河水通过明渠或隧洞平缓地穿过分水岭，在另一条河边的适当位置建前池，利用前池与低处河流之间形成的落差发电。这种形式的水电站在云南较多。例如，以礼河梯级、老虎山梯级和依萨河梯级水电站等。

5. 混合式水电站

就是将前述堤坝式和引水式两种开发方式结合起来。顾名思义，混合式水电站的水头是由两部分组成的，即一部分靠修筑大坝壅高河水位；另一部分则是靠修建较长的引水道取得。它既有较高的大坝，又有较长的引水道，具有堤坝式和引水式两种电站的特点。例如，云南黄泥河上的鲁布革和浙江乌溪江上的湖南镇水电站等。

（二）水利水电工程景观设计的背景

中国水资源总量在世界上仅次于巴西、苏联、加拿大、美国和印度而居第6位，而水电资源可开发量位居世界第一。我国正处于经济快速增长期，研究表明：在未来20年中，为解决水资源短缺问题，实现合理配置，满足防洪、电力供应等方面的要求，仍然需要修建大型水利水电工程。水利工程设计，以往多重视工程安全、质量、进度、投资的控制，较忽略人文、艺术及自然环境景观之间的和谐关系，以致所建成的工程大多显得没有特色。现代水利工程要求体现文化品位，要求将水利功能和生态功能、美化功能、和谐功能、可持续发展功能联系起来，实现水利的安全、资源、环境和景观四位一体。

建筑景观规划设计属建筑学、规划学和景园学范畴，但建筑师和景园规划师往往因缺乏水利专业知识和对水利水电工程的了解，无法胜任水利水电工程景观方面的设计；而水利专业的工程师却因缺少对环境规划理论和建筑学艺术方面的专业训练，做环境景观化的水利工程设计力不从心。另外，我国目前大多水利水电工程从项目的立项、可行性研究到初步设计、施工图设计等各阶段都没有景观设计的专项要求，只是在初步设计报告中有"生产生活区环境美化"篇章。而该篇章并不涉及水利水电工程的整体景观设计。

水利部部长乔世珊在现代水利周刊上说，水利风景区建设与发展的近期目标是：到2010年，在独具特点的国家重点水利工程及其他山水风景资源丰富、特点突出的地区，有重点地兴建一批亲水性强、效益显著的水利风景区。一方面，保护水功能正常发挥；另一方面，为人们休闲、度假、观光、旅游和科普、文化、教育等提供较为理想的场所，其中国家级水利风景区达到500家左右。远期目标是：到2020年，建设覆盖全国主要河流、湖泊和大中型水利工程及其服务区域的水利风景区，形成布局合理、类型齐全、管理科学的水利风景区网络，全面改善城乡人居环境，基本形成水清、岸绿、景美，人与自然和谐发展的局面。其中，国家级水利风景区达到1000家左右。水利部水利风景区评审委员会主任何文恒说："新建水利工程应将水土流失防治、生态建设和保护以及工程所在区域自然、人文景观的保护纳入工程建设规划。工程设施本身的建设要在规范允许的范围内，辅之以合理的人文景观设计，充分考虑其建筑风格的观赏性，以及与周围自然景观的和谐与协调，为水利风景区的建设创造有利条件，最大限度地发挥工程的经济和社会效益，真正达到生态景观工程的效果。"

然而，我们目前开发建设的水利风景区有许多不尽如人意的地方。

旅游资源开发率低，造成资源浪费。随着社会的发展，水利工程的功能也发生很大变化，已由传统的灌溉、航运、防洪型向生态、环保、旅游型扩展。我国的水利水电工程大部分在高山深河地区，植被丰富、自然风景优美。水利工程的建设，形成的山水风光是一种得天独厚的自然、水域、人文景观，正迎合了人们回归自然、休闲度假的旅游心态。我国已有的8.5万多座水库中，具备旅游开发价值的占80%以上，但已开发的尚不足40%。

主要景观雷同，旅游产品单一，不易给游客带来新鲜感。各个水工程的堤、筑、库、渠，只有体量、形式上的差异，没有本质的区别。游客去一个水利景点，就可"窥一斑而知全豹"，所以外地游客不可能长途跋涉专门来看某一没有特色的水利旅游景点。因此水利旅游区要在水利景观设计上狠下功夫，用各具特色的景观来吸引游客。

有历史意义的人文景观较少。我国的水利工程，大多是新中国成立后50年来建设的，因此具有历史意义的水工程相对较少。所以在水利旅游项目的开发中，努力挖掘水文化，设计有内涵有品位的水文化景观，提高水利旅游区的文化含量。

随着水利部《水利风景区评价标准》）（SL300-2004）和《水利风景区管理办法》（水综合[20041143号）相继出台，我国水利风景区的建设已全面进入规范化的轨道。规范的建设要求规范的景观规划设计，而我国目前在这方面还不规范，需要积极研究，逐步完善。

（三）水利水电工程景观设计的目的和现实意义

1. 景观设计的目的

保护水生态环境，促进人与自然和谐相处、构建和谐社会。近年来旅游市场生意兴隆，社会上不少部门和单位十分垂涎水利风景区这块蛋糕，肆意侵占、盲目开发甚至疯狂掠夺，致使水生态环境遭受破坏、水源被污染，影响工程安全运行，甚至造成重大的事故。因此，如何合理地保护水利风景区，做到适度开放、科学开发，使之保持人与自然和谐相处的良好态势、实现可持续发展，是我们进行水利景观设计的首要问题。

丰富旅游项目，增加景观情趣。旅游图的是新鲜、刺激、差异。不同的景区，相同的景观元素，让人兴趣大减。所以对于以水库为主体开发的风景区或旅游景点，要各具特色，多姿多彩。积极设计，赋予每个景区适宜但又不同的景观元素，增加景观情趣，提升旅游价值。

综合利用，增加经济效益和社会效益。通过对水利水电工程的详细分析，研究其特点，对症下药，总结出实用的景观设计方法、途径。保护生态平衡，带动旅游发展，增加经济效益和社会效益。

2. 设计的现实意义

（1）有效利用自然景观，增加景观资源。我国人口众多，自然景观和人文景观也数量颇丰，但人均景观量少。水利水电工程建设区远离城市，自然风景优美，多数具备旅游开发潜力，科学进行景观设计，合理利用，为渴望自然，亲近自然的人们提供了好去处。所以，做好景观设计，意义重大。

（2）创造爱国主义基地和科学教育基地。水利水电工程本身有许多科技含里，而这些科技含量产生的科技成果只为少数人所掌握，行业以外的人很少了解或者根本就不了解。所以我们创造条件，让更多的人主动或被动的通过参观、旅游，了解我们国家的科技发展水平、了解自己的国家民族、激发他们的爱国热情，达到科学教育的目的。

（3）激发认识自然的积极性、增加人际交往。随着经济的发展，生活水平的提高，人们越来越注重生活品质，城市公园、广场、绿地、娱乐场所等已不能满足人们日益提高的精神需求。去户外观光、度假、休养、旅游，并通过摄影、写生、观鸟、攀沿、自然探究、科学考察等活动，亲近自然、认识自然，欣赏自然，保护自然，以自然景观和人文景观为消费客体。旅游者置身于自然、真实、完美的情景中，可以陶冶性情、净化心灵，充分感悟和审美自然，增加人际交往。

（4）保护水生态环境，促进人水和谐发展。水利风景区的景观设计是水生态环境保护的有效途径之一。水利风景区在涵养水源、保护生态、改善人居环境等诸方面都有着极其重要的功能作用。加强水利风景区的景观设计，是促进人与自然和谐相处、构建和谐社会的需要。2006今年水利部制定出台《水利风景区发展纲要》，是为了明确水利风景区建设与发展的思路，有计划、有步骤、科学合理地开发利用和保护水利风景资源，进一步促进人与自然和谐发展。

（5）保持生态平衡、节约投资。水利水电工程建设中和建成后或多或少地破坏了当地的环境和生态，水利高坝大库大幅度地改变了大自然的景观。进行景观设计，做到少破坏环境和生态，修复和维护环境和生态，增加环境容量，保持生态平衡。水利工程发展的50多年来，我们经常只进行工程规划、设计、施工，忽略了后面发展水利风景区、水利旅游等，所以经常进行二次设计，这样不但加大了投资，而且为风景区的规划、设计增加了难度。

（6）发展经济。水利风景区也是水利行业的重要资源。过去，我们往往只看到水利行业有水土资源即水资源和部分土地资源，没有认识到水利风景区也是一项重要的资源，因时开发利用不够，致使许多资源闲置，难以转化成管理单位的经济收入。观念转变后，在确保水利基础设施安全特别是防洪安全的前提下，我们可以适当地增加景观点、增加游览项目，将部分水利风景区对外开放，既可以为群众提供观光旅游的景点，又可以增加一些水利管理单位的收入，提高社会效益和经济效益。

二、水利水电工程景观设计范畴及资源分析

（一）水利水电工程景观设计范畴

1.景观设计概念

俞孔坚博士认为："景观设计是关于土地的分析、规划、设计、管理、保护和恢复的科学和艺术。"

广义的聚观设计：主要包含规划和具体空间设计两个方面。规划是从大规模、大尺度

上对景观的把握，具体包括：场地规划、土地规划、控制性规划、城市设计和环境规划。场地规划是把建筑、道路、景观节点、地形、水体、植被等诸多因素合理布置和精确规划，使某一块基地最大限度地满足人类使用要求。土地规划相对而言主要是规划土地大规模的发展建设，包括土地划分、土地分析、土地经济社会政策以及生态、技术上的发展规划和可行性研究。控制规划主要是处理土地保护、使用与发展的关系，包括景观地质、开放空间系统、公共游憩系统、排水系统、交通系统等诸多单元之间关系的控制。城市设计主要是城市化地区的公共空间的规划和设计，例如城市形态的把握，和建筑师合作对于建筑面貌的控制，城市相关设施的规划设计（包括街道设施、标识）等等，以满足城市经济发展。环境规划主要是指某一区域内自然系统的规划设计和环境保护，目的在于维持自然系统的承载力和可持续性发展。

广义的景观设计概念会随着我们对自然和自身认识的提高而不断完善和更新的。

狭义的景观设计：综合性很强，其中场地设计和户外空间设计是狭义景观设计的基础和核心。盖丽特·雅克布（Garret Eckbo）认为景观设计是在从事建筑物道路和公共设备以外的环境景观空间设计。狭义景观设计中的主要要素是：地形、水体、植被、建筑及构筑物、以及公共艺术品等，主要设计对象是城市开放空间，包括广场、步行街、居住区环境、城市街头绿地以及城市滨湖滨河地带等，其目的不但要满足人类生活功能上、生理健康上的要求，还要不断地提高人类生活的品质、丰富人的心理体验和精神追求。

2. 景观设计分类

水利风景资源是指水域（水体）及相关联的岸地、岛屿、林草、建筑等能对人产生吸引力的自然景观和人文景观。

（1）自然景观

自然景观是由自然地理环境要素构成的，其构成要素包括地貌、生物植被、水以及气候等，在形式上则表现为高山、平原、谷地、丘陵、江海、湖泊等》自然景观是自然地域性的综合体现，不同地理类型的自然景观呈现出不同的地理特点，也体现出不同的审美特点，如雄伟、秀丽、幽雅、辽阔等。

自然景观分地理地貌类景观；地质类景观；生态类景观；气象类景观；气候类景观。

（2）人文景观

人文景观是指人类所创造的景观，包括古代人类社会活动的历史遗迹和现代人类社会活动的产物。人文景观是历史发展的产物，具有历史性、人为性、民族性、地域性和实用性等特点。

人文景观分古代人文景观和现代人文景观。

古代人文景观分三类：

第一类有儒家的书院，道家的宫观，释教的寺院庙宇、石窟、塔台。如白鹿洞书院、石鼓书院、白云观。

第二类是以古代帝王将相活动遗迹和重要历史事件纪念地为主的人文景观资源，如宫殿、苑囿、祭坛、陵墓、祠庙以及古城古寨、古长城、古战场、古关隘、古栈道等。如兵马俑、乾陵、长城。

第三类是各种名人故迹、文化遗迹、古桥古道、骨节鼓舞以及具有民族文化特色的村寨和独特的民族风情等。如赵州桥、都江堰、西安半坡人遗址。现代人文景观是指那些能体现科技文化水平和现代人类高度创造性的景物。比之古代人文景观，现代人文景观一般具有体量大，科技水平高和美观大方等特点。像五峰书院、三峡水库、西昌卫星发射基地等。

3. 水利水电工程景观设计内容

从广义和狭义两种景观设计概念看，水利水电工程景观设计也分为景观规划和具体空间设计两部分。景观规划包括场地规划、环境规划、旅游容量规划；具体空间设计包括自然景观的设计、人文景观的设计。

景观规划从景观设计构思、景观设计定位、景观布局和道路交通组织方面进行了分析；景观设计仅对水体景观设计、建筑景观设计和绿化景观设计做了分析。

4. 水利水电工程自然景观设计方法

水利水电工程的自然景观指工程建成区及其周围的一些特殊的自然景观资源，它是景观构成的基本要素，也是景观设计的基础。自然景观包括对动植物、地形地貌、水体、气象、气候等的保护、利用（也叫借景）和开发（也叫造景）。

自然景观千姿百态，在景观设计中应根据其地理位置、面积、地形特点、地表起伏变化的状况、走向、坡度、裸露岩层的分布情况等进行全面的分析、评价。地理位置对景观设计与规划极其重要。

自然景观的保护：自然界的山体、平原、河流、植物、阳光、风雨等给了人类不同的感观享受，人类把这些能引起愉悦感受的综合体称之为景观。然而人类行为经常破坏或影响这些是最原始、最本色的自然景观。树木的砍伐、植被的破坏造成大面积水土流失，洪水、泥石流、干旱等带给人类无数痛苦的记忆；污染物的排放，造成空气污染和水体污染，许多人因此遭受病痛的折磨。光秃的山体、干裂的平原、散发着恶臭的黑色水体，被粉尘包裹着的树木花草，黄沙飞舞的风和酸雨等，这些曾经给人愉悦感受的物体，现在却让人不舒服，这就是不尊重自然、不保护自然的后果。

水利水电工程景观设计首先要做的就是保护自然景观。没有保护，就没有后续的利用与开发。自然景观资源是取之有限，用之有度的。不及时保护，就会遭到破坏和毁灭。"保护是前提，发展促保护"是我们进行景观设计的准则。

"电影《无极》剧组在云南香格里拉碧沽天池拍摄，对当地自然景观造成破坏"，仇保兴说，云南香格里拉碧沽天池地处海拔4000多米的高山，池水清澈澄明，池畔遍布罕见的杜鹃花，周边覆盖着茂密的原始森林和草地。电影《无极》剧组的到来使美丽的天池犹如遭遇了一场毁容之灾，不仅饭盒、酒瓶、塑料袋、雨衣等垃圾遍地，天池里还被打了一百多个桩，天池边禁伐区的一片高山杜鹃被推平，用沙石和树干填出一条简陋的公路，一个混凝土怪物耸立湖边，一座破败木桥将天池劈成了两半。仇保兴还批评了过度人工化、城市化，乱占地建房、毁坏自然遗产等当前城镇和风景区建设中存在的破坏水环境等问题。他举例说，一些地方在核心景区和近核心景区大量建造宾馆或增加床位，过度使用景区溪水和抽取地下水，造成溪流、泉水干涸，地下水位下降。有的地区放任占景建房，盲目进行修堤、填湿地造田，截弯取直河道等。浙江著名的风景区雁荡山原以溪景闻名，由于过度抽取地下水，致使绝大多数的溪流干涸，潺潺溪流之景再难呈现。

自然景观的利用：水利水电工程建成区及其周围经常有一些特殊的自然景观资源，国家级或地方级保护的动物、植物、珍禽异兽、奇花异草。把它们纳入景观规划范围区，使其成为我们的景观点之一。常用的方法：一是划分专门的珍稀动植物保护区，设参观走廊。二是在邻近保护区设立观景点。

自然景观的开发：就是把具有重要的科学价值和观赏价值的岩溶地貌、丹霞地貌、雅丹地貌、喀斯特地貌、地震遗址、火山口、石林、土林、断裂地层、古生物化石、洞穴景观、火山、冰川、海岸、花岗岩奇峰等奇特的地质地貌景观开发为旅游景观。

5. 水利水电工程人文景观设计方法

人文景观的设计就是将历史景观与自然景物和人工环境，从功能美学上进行合理地保护、开发与改造利用的活动。它主要是通过文物、古迹、诗文、碑刻这些历史景观，人工筑台、堆山、堆石、人工水景、绿化等这些可以改造的自然景观，以及人工设施景观的建筑物、构筑物、道路、广场和城市设施等元素来反映。

古代人文景观的设计方法包括发掘、保护和搬迁。

人文景观的发掘：主要针对库区淹没范围内的地下文物。所谓文物，就是历代遗留下来的、在文化发展史上有价值的东西，如建筑、碑刻、工具、武器、生活器皿和各种艺术品等。文物，是不能复制的永恒的历史，也是一个民族辉煌历史最有力的证明。珍视文物，就是珍视历史；保护文物，就是保护自己的血脉。据介绍，从1992年三峡工程开工建设以来，全国72家考古单位、数千名考古工作者，对三峡地区文物展开了调查，年挖掘量超过20万 m^2，相当于平常10年的工作量，目前已完成规划地下工作量的近90%。据不完全统计，共出土珍贵文物9000余件，一般文物17万余件。

人文景观的保护：库区淹没范围内的地下人文景观和地面人文景观。在地面文物保护方面，重庆涪陵白鹤梁题刻、忠县石宝寨等实行原地保护。白鹤梁是三峡库区唯一的全国重点文物保护单位。163段，3万余言题刻和14尾浮雕、线雕石鱼及石刻图案不仅具极高的文学、艺术、历史价值，而且记录了1200余年来长江上游珍贵的水文资料和当地农业丰欠情况，被誉为世所罕见的"水下碑林"和"世界第一古代水位站"。

人文景观的搬迁：地面人文景观除过原地保护还可异地搬迁、复建。据报道，三峡库区的张飞庙异地搬迁，秭归凤凰山搬迁复建。

据湖北省秭归县文物局局长梅运来介绍，三峡工程蓄水前，国家有关部门在三峡大坝上游一公里处的秭归县凤凰山建立了地面文物搬迁复建保护点，秭归青滩江渎庙、古民居、归州古城门、古牌坊和归巴古驿道上的石桥等 20 余处三峡库区淹没线以下的占建筑，被整体迁建到凤凰山。这些地面文物基本浓缩了湖北秭归三峡库区的古建筑精华，代表了三峡地区典型的古建筑风格，具有很高的文物价值。其中整体复建的江渎庙是我国唯一的祭祀长江水神的寺庙，也是目前保存最为完好的祭祀河神的庙宇。据了解，凤凰山复建文物的数量、规模、集中程度属于三峡库区之首，被人们称为中国地面文物的复建博物馆。凤凰山古建筑复建群已被列为国家文物保护单位。目前搬迁复建工程全部完工，已经开始接待游客。

现代人文景观设计包括景观的总体规划和布局，以及详细设计。

景观的总体规划和布局主要包括：水利水电工程景观立意、景观形态、景观布局以及景观设计构思与定位、道路交通组织等。

景观的详细设计主要包括：水利水电工程水体景观设计、建筑景观设计、绿化景观设计、小品景观设计、照明景观设计及游乐设施、服务设施等的设计。

（二）水利水电工程景观资源分析

水，历来被视为"万物之本原，诸生之宗室也"，烟波浩渺的水体是水库的主景。水库周围的群山则是限定水域空间的实体，往往给人以强烈印象。湖滨浅滩，洲岛湖湾，属山水之间的边际风景，是水库景观中变化最丰富的风景元素。与山水共间构成水库景观的还有日、月、雨、雪等因素以及飞鸟走兽和草地林木等动植物景观。

1.山环水绕，水山竞艳

水利水电工程多在高山峡谷地区，山体自然地形限定了水体的边界，山体连绵，水岸曲折，山环水，水绕山，山水相依。山的巍峨、陡峭衬托了水的温柔、妩媚，水的含蓄、内敛显示了山的张扬、自信，山水共处，互相衬托，魅力倍增。陕西黑河金盆水库就由众多连绵山体围绕而成，山青吸引人，水秀更妖娆。陕西冯家山水库，远眺水库似已达尽头，驱舟探胜、绿水青山、水转山环、可谓柳暗花明又一村。河南云台山因山势险峻，山间常有云雾环绕而得名。其景区奇峰秀岭连绵不断，主峰茱萸峰海拔 1304m，其次还有五指峰、达摩峰、张良峰和佛龛峰，峰势各异，景色优美。云台山也以水叫绝，素有"三步一泉，五步一瀑，十步一潭"。景区内落差 314m 的云台天瀑犹如擎天玉柱，蔚为壮观，天门瀑、白龙瀑、黄龙瀑、丫字瀑、情人瀑等众多瀑布和水潭越发衬托了山的巍峨。

2.岛屿众多，形态各异

水库一般在溪谷、江河中筑坝拦水而成。其周围常群山环抱，部分山体因水淹没成洲岛，在高山地区多形成半岛，在丘陵地区则半岛和岛屿兼而有之，数量的多少取决于水库蓄水位高程与原有地形海拔之间的关系。以千岛湖为例，由于水位较接近库区内大多数原有山峰的海拔高度，故形成了千岛奇景。而因为相反的原因，在三峡工程竣工之后，将在库区周边，主要是接近大坝的地方形成一些半岛。

岛屿往往是开展野营、探险、休疗养和动植物考察等旅游活动的良好场所。新安江千岛湖现已开发的主要旅游景观资源，便是利用岛屿的"天然界线"设置了猴岛、鸟岛、鹿岛等等"一岛一名"的观光项目，展示了岛屿景观资源用于发展旅游业的独特优势。

3. 湖湾曲折，呼角长伸

山地都有众多的沟谷和山岗。水库蓄水后前者成了扑朔迷离的湖湾，后者成了长伸水中的呼角。湖湾使水库多了份神秘，也让景观设计中景点的布置疏密有序，有藏有露，增加看景的趣味。呼角在景观设计中也很好利用，可作为游船码头，钓鱼岛，小游园等。著名者有浙江天顶湖百湾迷宫。

4. 历史遗迹，风景名胜

水库的人文景观除了一般风景区常见的古建古园和村寨民俗外，历史遗迹及文化奇迹最具特色。

中国是一个具有悠久历史的国家，各大水系又往往是各个历史时期文明的发祥地。因此，许多电站水库基址原有的村寨、古建筑、石刻、奇峰、异石和古树是当地的景观资源。蓄水后这些景观难以再见，但作为一种文化，一种历史却能长存世间。只要引景得当，能勾起游人无限遐想。以三峡工程为例，水位的上涨将淹没共155处已经公布的文物古迹，其中全国重点文物保护单位1处（涪陵向鹤梁）；省级文物保护单位10处；市、县级文物保护单位144处；另有8处文物已列入第四批全国重点文物保护单位。除此之外，还有数量众多的其他文物设施，以及具有重要历史文化价值的城镇、寺庙和民居等等。对于即将淹没的文物古迹可采取搬迁、文字记载和实物拍照等方法，使其继续流传。

5. 水利枢纽，雄伟壮观

雄伟壮观的大坝、泄洪溢洪洞、发电厂房（特别是洞中发电厂房）、输水渠道、跨河桥梁、过水渡槽等一系列水工建筑物，是库区特有的景观资源。另外大坝坝址的选择、坝型的设计、坝高的确定及发电设施的布置等都体现了设计者高水平的科学技术与文化修养，有很高的科学价值和景观价值。

1956年安徽金寨建成梅山水库，坝高88.24m，为中国最高的混凝土连拱坝。

1960年浙江建德新安江水电站，中国第一座自己勘测、设计、施工和自制设备的大型水电站，厂房顶溢流式。

三峡水电站总装机1820万kW，年发电量846.8亿看kW·h，是世界上最大的电站。

三峡水库回水可改善川江650公里的航道，使宜渝船队吨位山现在的3000吨级堤高到万吨级，年单向通过能力由1000万t增加到5000万t；宜昌以下长江枯水航深通过水库调节也有所增加，是世界上航运效益最为显著的水利工程。

三峡工程包括两岸非溢流坝在内，总长2335m。泄流坝段483m，水电站机组70万

kW×26 台，双线 5 级船闸＋升船机，无论单项、总体都是世界上建筑规模最大的水利工程。

三峡工程主体建筑物土石方挖填量约 1.25 亿 m^3，混凝土浇筑量 2643 万 m^3，钢材 59.3 万吨（金结安装占 28.08 万 t），是世界上工程量最大的水利工程。

三峡工程深水围堰最大水深 60m、土石方月填筑量 170 万 m^3，混凝土月灌筑量 45 万 m^3，碾压混凝土最大月浇筑量 38 万 m^3，月工程量都突破世界纪录，是水利施工强度最大的工程。

三峡工程截流流量 9010 m^3/s，施工导流最大洪峰流量 79000 m^3/s，是世界水利工程施工期流量最大的工程。

三峡工程泄洪闸最大泄洪能力 10 万 m^3/s，是世界上泄洪能力最大的泄洪闸。三峡工程的双线五级、总水头 113m 的船闸，是世界上级数最多、总水头最高的内河船闸。

三峡升船机的有效尺寸为 120×18×3.5m，总重 11800t，最大升程 113m，过船吨位 3000t，是世界上规模最大、难度最高的升船机。

像三峡拥有多项世界之最，毫无疑问就是水利科普旅游的首选基地。

三、水利水电工程景观设计现状及发展趋势

（一）水利水电工程景观设计现状问题分析

1. 景观立意千篇一律，缺乏新意

现有的水利风景旅游区大多都有钓鱼、划船、农家乐，新兴的千亩苹果园、万亩桃园，也呼啦啦一大片仿效着，不想点新鲜的招数，单纯靠增加亩数来吸引游客，往往达不到预期的效果。现在生态景区很流行，于是乎，圈一大片地，不规划建设，任其杂草丛生，却美其名曰原生态。

2. 景观形态单一，缺少变化

景观雷同，缺少独特性，游客过其门而不入。景观独特性是该景区区别于其他景观的特征。景区个性越强，吸引力就越强，游客就会乐游不倦。如黄山以奇绝的山形，恢宏的气势，特有的植被（黄山松），妙不可言的云海而有别于其他名山，故才有"五岳归来不看山，黄山归来不看岳"的赞誉。杭州、桂林都是以山水取胜的著名风景区，杭州西湖有"浓妆淡抹总相宜"的秀丽风光，桂林漓江有"水作青罗带，山使碧玉释"的优美山水。

3. 景观布局混乱

（1）孤立性。水利水电工程景观的主体就是水体，景观设计中光围绕着水做文章，忽略了周边区域的景观设计，景观变得单调而封闭，造成景观与周围环境的脱节。

（2）封闭性。由于大多数旅游景区都存在以库养库的问题，管理者为便于管理和节省开支，常常只设计一个或两个入口，像"自古华山一条道"一样，游人从那进还得从那出，库区的岸线一般都较长，景观也是顺着岸线走，游人时间有限，常常得半路原道返回，导

致景观轴线远端的景点无人光顾，也无人管理维护，最后衰败残破。还有相邻景点之间因为联系的不便捷，游客需绕道前往。

（3）无序性。两个相邻景点之间有一片大草坪，游客经常选择从草地穿过，屡禁不止，究其原因，不是游客素质差，而是从前一个景点到第二个景点有一条 L 型路，这条路在总平面图上看很对称，很笔直，符合整体协调美，但实际上当游客刚走到草坪区就一眼看见第二个景点，探奇的心情急切，而连接的路既长又绕弯，所以情急之下自己走出符合行为心理的路来。这是道路交通组织中片面强调景观美学，忽视人的行为的表现。

4. 景观设计构思欠缺

水利风景区的景观主体是水，大面积的水体吸引了不少游人，然而很快人们就厌倦了这种波澜不惊的水体景观。这就是构思过程中忽略了人的渴望参与性、惊险性、刺激性。

5. 景观定位起点低

景观定位太普通和常见，主要的游览内容其他景区也有，没有独特的、与众不同的景观卖点。或者景观定位不准确，把重要的能吸引人的景观元素给淡化了，埋没了，把常见的或邻近景区有的定位为主要景点。

6. 道路交通组织欠缺

路线单一，有些危险地段的景点也只有一条路，路也很危险，想看不敢路过的，不看想绕过的，都别无他路可选，最终是要么放弃，要么冒险穿过。

路线平坦、几乎所有景点平铺直叙的进入眼帘，缺少惊喜和刺激。古典园林的景观设计手法中隔景、框景、借景就是有意识地制造惊喜，让人体会到别有一番洞天的景象。

（二）水利水电工程景观设计现状问题深层原因分析

1. 社会因素的影响

从 2001 年有了水利风景区的概念到 2006 年，先向后颁布实施了《水利风景区管理办法》、《水利风景区评价标准》、《水利风景区发展纲要》，使水利旅游开始大张旗鼓的开发建设。然而在发展的过程中，由于政治、经济和文化因素的影响，使得水利水电工程景观设计中出现许多问题。

（1）政治因素

保护与发展的矛盾。工程区要建度假村、民族风情园等项目，但可用土地资源有限。为了保护地形地貌景观资源而减少大面积开山平地，为了保护野生动植物栖息地而禁止开发建设等，保护与开发建设的矛盾常有发生。

"政绩工程"的影响。工程的最高管理者为了政绩，不管工程的景观资源条件是否具备，匆匆上马，短期完工，造成设计与施工囫囵吞枣，景观可视性差。

（2）经济因素

建设资金短缺。由于资金问题，有的工程在规划设计阶段就实行减项设计，有的规划设计已完成，但在建设的过程中，被迫停工或减项。

招标弄虚作假。某些业主为了谋取自己的私利，收受贿赂，设计招标时走个程序，把工程下给贿赂自己，而又没过强设计实力的单位。

二次分包。有些单位或个人凭关系拿到工程，或没实力或工程太多忙不过来，于是私下二次分包，从中赚取中介费。

（3）文化因素

文化是人类群体或社会的共享成果，这些共有产物包括价值观、语言、知识和物质对象。由于人类生理上的类似性、社会生活基本需要的一致性、自然环境的限制等因素使得人类文化具有普遍性。又由于文化要适应特定的环境条件，包括自然条件和社会条件，所以文化又有差异性。

①传统文化。传统文化是民族文化千百年来在扬弃、继承和发展过程中的经验积累。传统文化表现为显性形态和隐性形态，景观中的显性形态是指那些可见的景观要素，包括建筑、小品、水景、栽植等，显性形态直观，易于解读。从目前的景观设计来看，显性形态依然占据着重要地位，比如景观风格是中国古典园林式的，景观建筑是仿古建筑，长城和护城河是抵御外敌入侵的象征。隐性形态是指那些潜在的、影响深刻的因素，例如政治、经济、社会习俗、宗教信仰等方面，其范围相当广泛。与显性文化形态相比，隐性文化形态含蓄、深刻，西藏的哈达沉底奇观和木里县的玛尼堆是宗教信仰的表现方式。传统文化以各种方式进入我们的知识储备仓库，且经常不以人的意志为转移，所以在进行景观规划时，它的影响很大。

②时代文化。文化具有时代特征，石涛曾讲："笔墨当随时代"。时代的文化特征耳濡目染着人们，所以在进行景观规划时就势必受当下的文化特征影响。景观设计的目的是吸引游人，吸引游人的法宝是景观特征，独特的景观特征是时代文化的产物，因此时代文化的先进性、科技性和被接受的普遍性是景观规划的主要制约因素。

2. 内部因素的影响

（1）自然资源条件因素

景观的构成要素地形地貌、气候、植被、水体、建筑等限制和影响着景观规划。

①地形地貌：是指规划区的现状地形条件，包括平地、丘陵、山峦、山峰、凹地、谷地、台地、河道、湖泊等。一块基地既可利用其现有自然美学特征规划为自然景观，也可"因势、随形、相嵌、得体"的规划为人文景观。意大利台地式花园的形成即由当地的地貌特征所决定，延安的窑洞大学也是根据其特殊的地形地貌而规划建设的。景观设计师的任务就是通过考察充分了解每块场地的地形特征，然后因地制宜地规设设计。

②气候：最显著的特征是随着时间的变化而发生温度变化。气候也随着纬度、经度、海拔、日照强度、植被条件、海湾气流、水体、积冰和沙漠等这些因素的变化而变化。气候不同，人们的活动方式和范围也不同。寒带地区冬季校，积雪较深，人们喜欢滑雪、滑冰等户外活

动；湿热性气候的夏季闷热潮湿，人们喜欢游泳。了解了场地的气候，规划时就可通过场地选择、植物种植、建筑朝向等措施来适应气候的变化，达到减弱寒风侵袭、遮挡太阳直射、迎接阳光和微风的目的。

③植被：自然中的植被种类多样，功能只有三种：建造功能、环境功能和观赏功能。建造功能指植被能在景观中充当建筑物的底面、天花板、墙面等限制和组织空间的作用。环境功能指植被能影响空气的质量，防治水土流失、涵养水源、调节气候。观赏功能指因植被的大小、形态、色彩和质地等特征，而充当景观中的视线焦点。同时，不同的民族文化对植被的审美方式不同，法国规则式园林中植被往往被修建成规则的几何型，而在英国式的自然园林中，植被往往不加修建成自然生长的态势，设计中注重植被种类和形态的多样性组合。

④水体：水利水电工程中的水体常常是筑坝拦水，形成人面积水体。水体的集聚改变了工程区的水文、地质地貌、气象等。水体又是景观的主要构景元素，水体的外形轮廓、水面的大小，水深，水质等是景观规划时必须考虑的因素。

⑤建筑：是场地中最常见的人文景观。场地中已有的不能拆除的建筑常常是规划设计的难点。建筑场址、建筑体最、建筑体型和建筑外观是制约的主要因素。规划中常用的方法有保留、改造、搬迁和拆除。

（2）功能因素

景区的设计定位和功能分区业影响和制约着景观的规划。科学考察类、探险类、观光类、度假休闲类、生态旅游类还是综合旅游类。设计定位不同，景观规划的方法不功能分区如水库运动区、水库度假区、水库沿岸休息区、民族风情园等分区不同，景观规划的方法不同。

（3）规模因素

景区规模本身视游憩需要而定，空间规模应当满足当地城市居民的游憩要求，同时规模的大小也与景区的吸引力很大的关系。一般来说，规模越大，综合内容越多，吸引力也越大，同时景观问题的处理也越复杂。

3.外部因素的影响

（1）外部空间环境因素

每个景区都不是孤立存在的，而是和周围环境要素一起构成一个空间。景区环境和周围环境互相影响、互相制约、互相因借。景区外环境不利时，可采取障景的手法，有利时，可采取借景和框景的手法。

（2）使用者的因素

风景旅游区的使用者在城市公园景观设计发挥着相当重要的作用。

对景观设施的选择：布置在水畔、花草间的休息凳椅受欢迎，因为方便赏景，布置在树下的因为有一定的私密性而受欢迎。布置在路两边又朝向行人的是最次的选择，因为一方面无景可赏或赏景受到干扰，另一方面自己完全暴露在行人面前，缺乏私密性。

对交通道路的选择:年轻的赏景者喜欢变化多端的、神秘的、有挑战的、刺激性强的路段,而体弱的、年老的喜欢平坦的、舒适的、安全的路段。更多的是喜欢抄近路,比如禁入草坪常常有被踩踏出来的路。景区的景观设施、景观布局、景观元素等都是为景观对象服务的,当不能满足景观对象的需求或不符合景观对象的常规习惯时,往往会破坏原有的规划。

（3）业主的因素

片面追求利益最大化。业主受商业开发的影响,追求短期利益,忽略长远发展。对能盈利的项目不管是否合适一个不落的全上;有的要照抄照搬别家景区的景观节点到自家来;有的甚至集合了各家所有有名的景观节点或景观区,弄得像个景观集锦园。有的业主想法太多、"长官意志"太强、干预太多,捆住了规划者的思路和灵感;有的不事投资,只问回报,使规划者产生抵触情绪,应付了事。

（4）设计者的因素

投资控制的限制。业主的最低造价要求限制了设计者的手脚,使设计者在设计时一心只想着降低造价,忽略了景观设计的最终目的"为景观对象服务,满足其赏心、悦目、探新、猎奇的心理需求"。

进度控制的限制。现在是市场经济,做事讲究效率。业主赶时间,设计者也赶时间,所以在时间限制下,设计者的方案构思和设计往往仅凭借现有经验和爱好,缺乏对场地环境和资源条件的深刻理解,也没时间仔细研究使用者的需求和行为心理。

设计水平的限制。目前水利水电工程设计和后期的旅游开发设计任务都是由各水利设计院承揽,而其人员配置中只有很少比例的建筑学专业人员,且一般从事水利附属建筑设计和简单的总平设计,对水利知识了解少,景观设计经验更少。还有的只凭个人理解和喜好,不管不顾景观对象行为心理需求,设计了违背景观对象意愿的作品。

拉特利奇指出:设计者的出路就是在那些所谓大师与自我专制者之间开拓一条中间的道路,这就需要有一个超越自我而进入他人的意境,然后再回到自我内心世界的过程,从而卓有成效地进行设计。

（三）水利水电工程景观设计发展趋势

1.景观设计体系健全,人才专业化

随着水利旅游的发展,水利水电工程景观设计体系会日益健全,整体规划设计会逐步取代二次设计和改造设计。景观设计人才也逐步专业化,替代建筑学、城市规划和风景园林专业,发展成专门的水利景观设计专业。

2.景观基础设施的完备

（1）四通

原来的基础设施通常包括路通、水通、电通,现在通讯发达了,如果进入深山老林,手机没了信号,失去了便捷、畅通的联系方式,人们就会感到极大的恐惧。放心、舒坦、快乐、

满意是出门旅游的目的，如果基本的要求不能满足，出行者就会担心、忧郁，以致放弃。

（2）安全设施和服务设施到位

安全是人们出行旅游的基本心理保障。安全设施的完备程度，直接影响着游客的数量。

旅游的六大要素：吃、住、行、游、乐、购也被称为旅游六项产业。随着生活水平的提高，人们日益注重享受生活，吃的美味，住的舒适，行的方便、快捷和安全，游的快乐、高兴，享受的舒心，购得满意，旅游者感到不虚此行，六项服务部门也因此达得到发展。大家互惠互利，皆大欢喜。

3. 景观多元化趋势

随着经济的发展，人民群众的物质文化和精神文化需求不断提高，对游憩的需求也呈多元化发展趋势，进而引起了景观设计的多元发展趋势。水利水电工程景观多元化表现为游乐内容的多元化，景观风格的多样化，景观参与件的多样化。

（1）游乐内容多元化

自主欣赏水体景观、植物景观、建筑景观、小品等；参与游乐设施（如划船、歌、攀岩等）；比赛游乐项目（如划船比赛、商品设计、景观设计等）。

（2）景观风格的多样化

有中国古典园林式、现代园林式、生态园林、日本园林式、英国自然园林式，现代高科技园林等。

（3）景观参与性的多样化

由单纯的欣赏水体、划船到游船、快艇比赛、激流勇进，水体景观设计比赛等。让有兴趣的游人参与到景观规划设计中，提意见，设计方案，或修改原有景观方案。增加机械游乐设施，增加健身器械等。由参观、购买民族商品到参与制作、花样翻新，像城市中的陶吧一样，游人通过参与制作，享受到极大的乐趣。攀岩、卡丁车、双人自行车等都是游人可以参与的游乐方式。

4. 公益性和开放性加强的趋势

不少人认为开发旅游就是设关卡，收门票。其实近几年已陆续有城市公园、博物馆、纪念馆等营利性观光项目对外免费开放，公益性日益加强。随着社会的持续发展，越来越多的旅游景点或景区都会免费开放。同样，水利水电工程景观区也会实现景观资源免费共享，服务收费的景观设计模式。

以前及至现在我们进行景观设计的目的是吸引很多的游人，赚更多的钱，而未来景观设计的目的是吸引人民群众走出户外，强身健体；加强各地区、各民族的文化交流和互动；提高享受大自然，探索大自然的兴趣；增强热爱科学，保护自然，保护环境的意识；提高民族整体文化素质。

四、水利水电工程景观设计对策

（一）水利水电工程景观设计的原则

水利旅游作为旅游业的一支新生力量，以其秀美的山水、壮观的水利工程、浓郁的水文化，吸引了越来越多的人，成为旅游的一朵"奇葩"。近几年，水利行业依托水利工程形成了大量人文景观、自然景观，水利旅游作为发展已取得了一定的经济效益、社会效益和环境效益。为充分发挥水利工程的综合效益，水利部已将水利旅游，供水、发电并列为水利经济的三大内容。发展水利旅游有利于促进水利经济的增收，壮大水利系统的经济实力。为了促进水利旅游更好地发展，在水利水电工程景观设计过程中应该遵循以下原则：

1. 整体性原则

目前由于受经济、决策者、设计者和施工等其他因素的制约，水利工程建设和水利景观建设不能同步进行，通常是水利水电工程先实施，而后几年甚至十余年时间陆续进行景观设计，开发旅游。为了避免工程建设和景观旅游开发建设脱节带来的种种问题，我们倡导规划者在进行整体规划时综合考虑，将工程规划设计与景区规划设计有机结合，为后期景观旅游开发建设留有余地，并提供必要的条件。整体规划，分期建设、分步实施是结合水利水电工程发展旅游的一条行之有效的途径。

2. 地方性原则

水利水电工程因其所在地不同，而有不同的自然景观和人文景观，这些与众不同的地方特色景观构成了水利水电工程景观的地方性和独特性。具体表现在：

（1）充分运用当地的地方性材料、能源和建造技术，特别是独特的地方性植物。

（2）顺应并尊重地方的自然景观特征，如地形、地貌、气候等。

（3）根据地方特有的民俗，民情设计人文景观。

（4）根据地方的审美习惯与使用习惯设计景观建构筑物、小品。

（5）保护和利用景区内现有的古代人文景观和现代人文景观。

（6）既尊重和利用地方特色，又补充和添加新的、体现现代科技文化的景观。

3. 生态可持续原则

水力水电工程区的风景资源利用其开发旅游，就变为旅游资源，不用则是风景资源。不管哪种资源，他们的共性是可破坏性和消耗性。

工程建设和旅游开发过程中，会影响与消耗当地土地、水流、森林等资源；会破坏某些动物、植物、微生物的栖息地，严重者可导致某些物种灭绝；因此水利水电工程景观设计要坚持在可持续发展前提下，顺应自然规律，保护生态环境，形成旅游资源的开发与生态环境相适应、相协调，减少对当地土地、水流、森林和其他资源的影响与消耗。具体表现在以下几方面：

（1）合理利用景区的土壤、植被和其他自然资源。

（2）充分利用可再生能源阳光，利用自然通风和降水。

（3）注重材料的宽复利用和循环使用，减少能源的消耗。

（4）注重生态系统的保护和生物多样性的保护与建立。

（5）充分利用自然景观元素，减少人工痕迹。

4.独特性原则

世界旅游组织把独特性作为景区开发的第一要素，对水利旅游景点个性的认识和把握要准确，水利景区景点要有唯一性，要具有特色。景区旅游定位应建立在深入调研、考察提炼基础之上，独特性来自于对景点内涵的深刻挖掘、比较和揭示。要注重开发新的旅游项目，并且不断地注入新的文化内涵和科技含量，这样才能吸引游客。

水利旅游景观的设计，应该寓教于乐，使游人在享受现代水利所提供的优美环境景观、情操得到陶冶的同时，能够进一步了解水文化、认识水利、热爱水利、宣传水利，使水利旅游景点、景区对提高全民族的水资源保护和节约利用意识起示范作用，成为展示现代水利风貌的窗口。

要正确分析、评价与发掘水利资源的美学观赏价值，特别是要分析某些物体形象或意境的象征性，以达到借景抒怀、陶冶情操、浮想联翩的更高目的。

（二）水利水电工程景观总体规划对策

景观总体规划包括景观立意、景观形态、景观布局、景观设计构思、景观设计定位和道路交通组织。景观立意影响和决定着景观形态与景观布局。水利水电工程景观总体规划受的政治、经济、文化的综合作用影响。

1.水利水电工程景观立意

景观立意是景观欣赏主体对景观对象的综合评价。景观立意是为景观欣赏主体服务，充分考虑景观欣赏主体的物质需求、文化需求和精神需求。景观对象是景观立意的实体表现形式，蕴含着景观立意的内涵，体现了景观立意的思想。

2.水利水电工程观形态

景观形态是单体景观对象分布排列所形成的整体布局的外在表现形式。通常有自然型、几何型和混合型。

（1）自然型

自然型来源于自然山水园林和风景式园林。

自然型园林讲究"相地合宜，构园得体"。实质就是把自然景观元素和人工造园艺术巧妙地结合，达到"虽由人作，宛自天开"的效果。景观构图体现了自然界的峰、谷、崖、岭、峡、坞、洞、穴等地貌景观；岸线曲折的水体自然轮廓和自然山石驳岸。广场、道路布局避免对称；建筑遵守"因势、随形、相嵌、得体"的原则，如沙洲、湖滨处宜取横势，岛屿，峰峦处可作竖式；植物避免成行成排栽植，树木不修剪，配棺以孤植、丛梢、群植、密林为主要形式。

地域不同，自然型园林的形态有一定差别，但共同点是模拟自然，寄情山水之间。

山区型水利水电工程的景观设计便可采用此种景观形态。因山、水、地形地貌是其主要骨架。设计过程中可充分体现"巧于因借""精在体宜"，"自成天然之趣，不烦人事之工"等经典设计思想。

（2）几何型

几何型又称规则式、整形式。传统的西方园林起以几何型园林为主调。这类园林强调轴线的统率作用，轴线结构明确，景观庄重、严谨。平面布局先确定景观主轴线及次轴线，再用道路划分成方格网状、环状、放射状等，最后把广场、建筑、水体、绿化等景观元素大多对称的填到轴线及道路划分的块体中，完成总平面布局。这种布局的特点是水池、瀑布、喷泉、壁泉等外形轮廓均为几何形；绿篱、绿墙、丛林、花坛、花带等划分的空间也成几何型；而树木配植以等距离行列式、对称式为主；树木修剪整形多模拟建筑形体、动物造型或单纯的几何形体。

（3）混合型

混合型指自然型、几何型交错组合。整个景区没有或形不成控制全园的主轴线和副轴线，只有局部景区、建筑以中轴线对称布局；或全园没有明显的自然山水骨架，形不成自然格局。一般情况下，多结合现状地形进行布局，在原地形平坦处，根据总体规划的需要安排几何型布局，在原地形条件较复杂，具有起伏不平的丘陵、山谷、洼地等地段，结合地形规划为自然型。混合型的景观布局现在采用较多。

3. 水利水电工程景观布局

景观布局简单说就是把景观节点沿景观轴合理布置形成景观区。

景观布局包括景观序列和功能分区。

（1）景观序列

贾建中先生对国内城市公园的景观进行分析指出：城市公园景点、景区在游览线上逐次展开过程中，通常分为起景、高潮、结景三段式进行处理。也可将高潮和结景合为一体，到高潮即为风景景观的结束，成为两段式的处理。

将三段式、两段式展开，可以用下面的概念顺序表示。

三段式：①序景——起景——发展——转折—②高潮③转折——收缩——结景——尾景。

二段式：①序景——起景——转折——②高潮（结尾）——尾景。

水利水电工程景观的主体是水体，也就是景观的高潮部分，同时使各景观轴的交点。若水体边界狭长，则可采用三段式，景观轴成带状；若水体边界接近园或椭圆，则可采用二段式，景观轴呈环状或放射状。

（2）景观分区

景观分区方式主要有景观特色分区、功能分区、动静分区、主次分区、旷奥分区等。

水利水电工程景观常见的功能分区有：大坝观光区、水库运动区、水库度假区、水库沿岸休息区、民族风情园等。

景观分区的思想是功能主义的产物，景观分区一方面有利于形成各景区的特色，但同时也会产生为了追求分区的清楚却牺牲了景观有机构成的现象。

4. 景观设计构思

景观设计构思是指确定景观节点、景观轴线及景观区。

景观节点是景观特征的个体，是单一的或者同主题下的系列景观，一般来讲，景观节点包括视觉控制点、对景点以及视线的交汇和转折点。视觉控制点有突出的高度或者开阔的视野，在一定区域内是视觉的焦点，可以是自然景点或人工构筑。景点一般位于主要道路口、道路转折交叉口或临水岸线突出区域等重要位置，具有可识别性，造型和品质要能反映临水景观的特性和区位特征。而视线的交汇和转折点一般位于重要的道路交叉口或转折处，既是视线的交点又是方位的转换点。

景观轴是人们欣赏水景观的主要视觉走廊和观景运动线，不同的视觉走廊因所穿越的区域不同，性质与特点也有所不同。有的以观赏临水岸地的建筑景观为主，有的则以观赏临水岸地人文景观或自然景观为主，或两者兼有。景观轴的设计须注意良好的视野范围，形成良好的观赏节奏，避免视线被突兀地打断。景观轴线一般沿着通路设置，或是由绿色景观通道形成。同时景观轴不仅限于方向上的指引与传导，还要具有场所效应，能引人停驻或者导入轴线两侧区域，进步将人流与视线导向大自然的焦点。

水边的空间形态既适合仰观、平视，也适于俯瞰，不同的观赏角度会具有不同的趣味和心理感受。苏轼《凌虚台记》的"使工凿其前为方池，以其土筑台，高出于屋檐之而止。然后人之至于其上者，恍然不知台高，而以为山之奋速而出也。"描绘的正是换一个角度看周围，尤其是以人们日常不能够经常观察到的角度来观赏周围的奇妙感觉。例如在水库水体中设置小岛，使人感受不同的空间效果。

景观区指的是不同特征或不同主题的各种景观在同一视线域中形成的景观群落。一般按照景观类型、空间性质或活动功能来界定空间领域，各景观区应保持各自特色，包括界限的明确性、活动类型及设施的特性等，人们通过对领域内景观要素的观赏、联想与反馈，从而对区域产生一致性的认识。

5. 景观设计定位

就是确定景观设计的方向，是科学考察类、探险类、观光类、度假休闲类、生态旅游类、运动旅游类还是综合旅游类。设计定位不同，景观设计的内容和方法不同。

（1）科学考察类：有些水库有丰富的人文历史或宏伟的人工景观，是弘扬文化、传播水利知识的好地方，因此适合开发科普旅游。像都江堰水利工程，有多项之最的三峡工程，云台山地质公园是地质考察人员必去的地方，而其地质博物馆是全国青少年科技教育基地。

（2）探险旅游：特殊的地形地貌、特殊的水生动植物、异常现象等造就了水库内外多样的探险旅游资源。在这些水库开发此类型旅游模式可以吸引探险者和科学考察者。

（3）观光旅游：有些水库有较高的观赏价值，但水体有特殊的饮用等功能或水环境较脆弱，只适合开展观光旅游。

（4）度假休闲旅游：水质优良、气候条件适和或附近拥有特殊的有益物质，如温泉、冷泉、药泉或对于某种疾病有特殊疗效，常常被用于开展度假旅游和各类疗养项目。

（5）生态旅游类：是一种欣赏、探索和认知大自然的高层次旅游活动。它倡导人与大自然的和谐统一，注重在旅游活动中人与自然的情感交流，使游者在名山、丛林、海滨和草原里领略大自然的野趣，认识大自然的规律和变迁，感受大自然对人类的恩赐，真正体会人与大自然的不可分割，从而使人们学会热爱自然、尊重自然及提高保护自然的意识和责任感。

（6）运动旅游类：水面开阔、深度适合，水体自净能力强时，能够开展各种体育运动，这类水库的旅游功能主要就是吸引水上运功的爱好者。这些水库可以为水上友谊赛事、大型水上、冰上体育活动提供场所。

（7）综合旅游类：此种开发集观光、休闲、度假、运动、疗养等功能为一体。该类开发模式一般要求水库水体面积较大、自净能力较强。这些景区多设置划船、垂钓、游乐场等项目满足游客的观光、休闲等需要；建设度假中心，开发出游艇、游泳、垂钓、滑翔、滑水、潜水、摩托艇等水面、空中、水底立体交叉的水上运动项在地形适宜的库岸建造高尔夫球场、网球场等游乐设施，以满足不同消费层次旅游者的需要。

6. 道路交通组织

道路线型分为直线和曲线，多条直线和曲线构成道路网。道路网是为适应景区内景点布置要求，满足交通和游人游览以及其他需要而形成的。景点是珍珠，道路是串珍珠的线，不同的道路路线串出风格各异的珍珠串件。所以景点固然重要，优秀的道路路线布置更重要。

道路沿线优美的自然风光和人工景观，能提高游览过程中的趣味、避免单调。道路交通组织就是将所有的景观要素沿道路网巧妙和谐地组织起来的一种艺术。

目前常见的道路布置主要包括以下四种：

（1）方格网式道路网。又称棋盘式，是比较常见的一种道路网类型，它一般适用于地形比较平坦的景区，即平原型水利风景区。用方格网道路划分的区域一般形状整齐，有利于建筑和景观的布置，由于平行方向有多条道路，交通分散，灵活性大，但对角线方向的交通联系不便。有的景区在方格网基础上增加若干条放射干线，以利于对角线方向的交通，但因此又将形成三角形区域和复杂的多路交叉口，既不利于建筑景观布置，又限制了交叉口的交通量。

（2）环形道路网。这种道路网形式的特点是由几个近似同心的环行组成路网主干线，并且环与环之间有通向外围的干道相连接，干道有利于景区中心同外围景点及外部景点相互之间的联系，在功能上有一定的优势，可以组织不重复的游览路线和交通引导。但是，放射性的干道容易把外围的交通吸引到中心地区，造成中心地区交通拥挤，而且建筑景观也不容易规则布置，交通灵活性不如方格网式。

（3）自由式道路网。通常是由于地形起伏变化较大，道路结合自然地形呈不规则布置而形成的。这种类型的路网没有一定的格式，往往根据风景区的景点布置而设置，变化多，非直线系数较大，许多景区都采用这种道路网规划形式。如果综合考虑风景区用地的布局、景点的布置、路线走向以及人为景观等因素合理规划，不但能够克服地形起伏带来的影响，而且可以丰富景观内容，增强景观效果。山区型水库常常采用此种路网布置。

（4）混合式道路网。由于景区景点位置的限制，往往在一个景区内部存在着上述几种道路网形式，组合成为混合式的道路网络。一些景区在总结了几种路网形式的优点，有意识地进行规划，形成新型的混合式的道路系统，混合道路网的特点是不受其他道路网模式的限制，可以根据景区内部的具体情况综合考虑。

云台山国家水利风景名胜区的道路网就为混合式。其中子房湖景点、潭瀑峡景点红石峡景点和泉瀑峡景点的道路为环形道路网，茱萸峰、万善寺、猕猴谷为自由式道路网。

（三）水利水电工程景观详细设计对策

1. 水体景观的设计

水利水电工程的主要景观就是水景。不管是发电、灌溉、供水、航运还是旅游，只要拦河筑坝就会形成大面积的水体。除此之外，下游生态用水，溢洪道或溢流堰排水，明渠水体、前池等，所有水体都可用不同方式处理，使其产生更美的景观。

水利水电工程通常用拦水坝拦蓄江、河、湖泊、溪流等形成大面积水体，由于枢纽工程的截流作用，使库区的水流速度变缓，形成相对静止的水体。水利水电工程的溢洪洞用于平时溢流，泄洪洞用于汛期泄洪，因此可形成类似瀑布的动水水景。

水是景观元素的重要组成部分。人类除了维持生命需要水之外，在情感上也喜欢亲水。这是因为水具有五光十色的光影、悦耳的声响和众多的娱乐内容。水带给人的感官享受是其他景观元素无法替代的。

利用库区开阔水面开辟具有观赏性、刺激性、既可娱乐又能健身的水上运动，如龙舟、水上摩托、划船等人们乐于参与的群众性游乐活动。

利用溢洪道、泄洪道设计人工瀑布、跌水、水上娱乐项目（如划船、漂流、赛艇等）。

（1）静水景观的设计

倒影的组织。水库的水体通常是大面积静水。静态的水，它宁静、祥和、明朗，表面平静，能客观地、形象地反映出周围物象的倒影，增加空间的层次感，给人以丰富的想象力。在色彩上，静水能映射出周围环境的四季景象，表现出时空的变化；在光线的照射下，静水可产生倒影、逆光、反射、海市蜃楼，这一切都能使水面变的波光晶莹，色彩缤纷。

水体岸边的植物、建筑、桥梁、山体等在水中形成的倒影，丰富了静水水面。因此有意识的设计、合理的组织水体岸边各景观元素，使其形成各具特色的倒影景观。

利用植物装点。水库水体与岸边交界处常常会形成浅水湾或死水湾，此处经常是蚊虫肆虐的地方，也是游人容易到达的地方。在此处种植水生植物可净化水体、丰富水面效果、形成生态斑块、增加经济收入（如种植荷花）。适宜的水生植物有芦苇、香蒲、荷花、莎草等，种植成片，既可增加水面的绿色层次，又有平户照长蒲、荷花映日红的自然野趣。或者再在其旁建造亭、阁、水榭等，可观花赏月。另外岸边植柳，树木倒映水中，水面上下两层天，有利于水上划船乘凉。

放养水生动物。在水库中放养适量水生动物，如鱼、螺蛳、蚌等，可净化水质，增添情趣，增加经济收入。

一望无际，烟波浩渺是静态的美：碧波荡漾、银鱼翻腾，水鸟嬉戏、小船飘摇是生机勃勃的美，芦苇随风摇荡、荷花阵阵飘香是一种生态美。

很多大中型水库都放养有鱼，如安徽梅山水库、河南结鱼山水库等，在下台网捕鱼季节，网中千万条鱼头蹿动、翻腾跳跃、鳞光闪耀，令人惊叹不已。当红日欲落、微风拂面，在平静的水库岸边垂钓，也别有情趣。

增添人工景观设施。水库内不适宜游泳，多以游船为主。这就应充分利用蓄水形成的全岛和半岛在岛上点缀一些亭子之类的建筑小品，在一片绿荫中突现出来，吸引人的视线，刺激人的兴奋点。也可考虑结合游船码头，给人们提供一个观景、小憩之处，也便于开辟垂钓项目。有的平原水库水面开阔，莽莽苍苍，一望无边，观感单调，不易引起游人的兴趣。为此可用洲岛、浮桥、引桥、观景长廊、亭榭等点缀或分割宽阔而单调的水面，增加景观点。

（2）动水景观的设计

动态水，指流动的水，包括河流、溪流、喷泉、瀑布等。与静水相比，具有活力，而令人兴奋、欢快和激动。如小溪中的潺潺流水、喷泉散溅的水花、瀑布的轰鸣等，都会不同程度地影响人的情绪。

动水分为流水、落水、喷水景观等几种类型。

①流水景观

水利水电工程中的下游河道生态用水、供水设施的明渠、发电用水的明渠，泄水设施的开敞式进水口、尾水渠等都会形成或平缓，或激荡的流水景观。在景观规划和设计中合理布局，精心设计，均可形成动人的流水景观。作为景观的引水渠可用混凝土衬砌，也可沿山刻石，除非必须裁弯取直，一般建议沿着自然地形形成弯弯曲曲的流水渠。

②落水景观

落水景观主要有瀑布和跌水两大类。瀑布是河床陡坎造成的，水从陡坎处滚落下跌，形成瀑布恢宏的景观。

云台山景区有众多瀑布，按所处位置可分为崖瀑和沟瀑两大类型。崖瀑是从悬崖峭壁上由直流而下的水流形成的，沟瀑则是在沟底的坎坷上由顺流而下的水流形成的。

在崖瀑类型中，既有从峰顶直下的天瀑，也有从山腰直下的飞瀑，还有从悬崖间落下的帷幕瀑、珠帘瀑、雨丝瀑、串珠瀑等等。最为壮观的飞天瀑有两处：一处是老潭沟上源的天瀑，号称"华夏第一高瀑"，一级落差竟有 314m，是名副其实的百丈高瀑。一遇大雨，它便会从峰顶一落千尺，以恰似银河落九天的磅礴气势凌空而下。另一处位于温盘峪与子房湖（人工水库）的结合部，取名叫首龙瀑，瀑布的水是从溢洪道右边的放水洞中流出来的，一级落差 30 多米，因有湖水为源所以水量充沛，经年不息。这一水景设计，不但造就了坝侧汹涌澎湃的飞瀑，而且还为下游红石峡中的各级瀑布提供了水源，又相得益彰地造就了黄龙瀑等一系列蔚为壮观的水景。这里虽是人工瀑布，但能让水势与山势巧妙结合，在瀑下根本看不出有人工雕琢的痕迹。真是匠心独运，巧夺天工！

在沟瀑类型中，既有单级瀑也有多级瀑。有的从石洞中流出，有的从岩孔中喷涌，有的从滚坝上漫流，有的从小桥下泄下。瀑面上更是千变万化，构成了千姿百态的图画。有的还形成了简单的文字，如"人"字瀑、"丫"字瀑、"川"字瀑等等。最为壮观的沟瀑要数一线天下的黄龙瀑，水量大、落差高、势头猛，既有千峰堆雪之貌，又有翻江倒海之势；再加上峡谷的共鸣，其声如雷，震耳欲聋。

云台山处在易旱少雨的黄河以北，景区内却有众多的瀑布，令人称奇。探其原因一方面是景区的特殊地理位置，从龙凤壁到白龙潭落差一级级降低，有形成落水景观的天然优势，另一方面是景区规划设计的好。设计者充分利用天然落差，形成多极水潭，在水潭的下游经过人工处理，形成瀑布，瀑布的水又流入下一级水潭，如此重复。容量不同的各级水潭，形成形态各异、大小有别的瀑布。不同的瀑布和水潭带给游人不同的惊喜。这是水利风景名胜区水体景观设计的典型实例。

跌水景观是指有台阶落差结构的落水景观。水库泄水消能的方式主要有挑流消能、底流消能、跌坎面流消能，自由跌落消能、水股空中碰撞消能、台阶消能等。其中挑流消能、自由跌落消能、水股空中碰掩消能可形成瀑布景观和水旋涡景观，跌坎面流消能、台阶消能、底流消能等可形成跌水景观。

为此，我们可以把泄水消能和动水水景结合起来设计，为库区提供变化多样的动水水景。

大型水库的河床式溢洪道一般高度高，宽度大，其泄水时的景象非常壮观。黄壁庄水库的非常溢洪道由十二个闸门组成，每个闸门有十来米宽，再加上闸与闸之间的闸墩，共有两百多米宽，泄洪口距落水面有三四十米高，当全面泄水时真是"惊涛拍岸，卷起千堆雪"。三峡溢流坝段总长 483m，布置有 23 个深孔和 22 个表孔，以适应库水位变幅大的特点，并满足在较低库水位时有较大泄洪能力，以及放空水库和排沙要求。三峡库区蓄水达到 135 米高度之后，三峡大坝上下游形成了 68m 的水位落差，当溢流坝段泄洪时，水流从几十米的高处抛射而下，只见雾气迷漫，水股上下翻滚，轰鸣之声不绝于耳，其磅礴之势令人叹为观止。

③喷水景观

喷水是城市环境景观中运用最为广泛的人为景观，它有利于城市环境景观的水景造型，人工建造的具有装饰性的喷水装置，可以湿润周围空气，减少尘埃，降低气温。喷水的细小水珠同空气分子撞击，能产生大量的负氧离子，改善城市面貌，提高环境景观质量。

水电站的生活区、水利风景区的游客中心、休息广场、停车场等游人集中的地方常常设计各种形态的喷水景观，增加景观元素，活跃气氛。

2. 水工建筑物景观的设计

水工建筑物按其使用情况可分为永久性及临时性建筑物。永久性建筑物是在工程运行中长期使用的，临时性建筑物仅在施工期间使用或者为了维护目的设置的建筑物（如围堰、临时围护墙或围堤、施工导流水道和泄水道、不用于永久工程的导流隧洞等建筑物）。

永久性水工建筑物包括大坝、堤、泄水建筑物、取水建筑物、引水渠、干渠、灌溉渠、运河、隧洞、管道、压力池及调压井、厂房、闸房等。下面把永久性水工建筑物分为大坝、建筑物（包括泄水建筑物、取水建筑物、厂房、闸房）分别介绍。

随着经济的发展和人们生活质量的提高，人们更注重建设工程的环境质量。现代水利工程建设，在注重功能导向的同时，还应重视工程的景观设计，重视工程人文、艺术及自然环境景观之间的调和关系。

水工建筑物是水库的基础。在设计阶段，除考虑建筑物的功能、安全和经济外，还应注意美观。这在以往的设计中也有所体现，比如一般枢纽布置就要求布局紧凑、均衡和对称。

（1）大坝景观

大坝景观，包括拦水坝（含溢洪道）、溢流坝顶附近的建筑物、溢洪槽、溢洪道的消能段、进水口、出水口、栏杆、照明设备、阶梯、开挖边坡、控制室、观望台等，是众多景观元素的集合体。各景观元素既独立，又互相作用、互相影响，形成复杂的景观体系。设计的原则首先是适用、安全、经济，其次是艺术、美观、协调。

影响大坝景观的因素很多，包括大坝周围自然环境（如地质、地貌、植被、水文、气象）和人文环境（民族文化、历史沿革、社会风情等），同时还有经济因素和政治因素。本处忽略后两者的影响，仅从自然环境和人文环境出发，分析研究大坝景观的设计方法。

①整体和谐。大坝是整个坝体景观的一部分，它的形体、材料、颜色、质感等的选择既影响周围其他景观元素，也受其他景观元素的制约。景观设计不是把各单体设计成景观精品，然后汇聚在一起，而要从整体出发，有主有次，互相协调，使之和睦共处，大放光彩。石头河水库坝体外形简单，在两岸层叠起伏、葱翠妖娆的山体衬托下，也格外清秀。

重点突出。对拦水大坝和溢洪道合二为一的坝体，其顶部必有闸门启闭机，他们相对坝体体量小，位置突出，不是大坝景观的主体，但很影响整体景观效果。这部分的处理通常有两种办法，一是弱化附属设备，强调大坝的整体性，附属设备相对于坝体不能太显眼，能隐藏的隐藏，不能隐藏的尽量简单化，减少附属设备的视觉吸引，重点突出大坝。二是两者都考虑，以大坝为主，附属设备为辅，通过对附属设备的外形设计或颜色区分，使附属设备锦上添花或画龙点睛。坝顶防浪墙及各种栏杆具有很好的装饰和陪衬作用，图案以简洁、大方为宜，色彩不宜过浓过艳，避免喧宾夺主，应和建筑物的色彩相协调。

合理选择坝型。大坝坝址周边地势相对平坦，大坝坝高和其两边高度相差无几，且大坝较长，下游眼界开阔，此种情况下大坝是主要景观点，因此大坝外形轮廓是景观设计的重点。拱坝以及由重力坝发展的大头坝、平板坝和连拱坝外形优美，又节省材料，逐渐受到重视。已建的有加拿大丹尼尔约翰逊连拱坝（坝高215m）、巴西伊普泰大头坝（坝高196m）、中国湖南拓溪水电站大头坝（坝高82m）、中国佛子岭连拱坝（坝高74.4m）、中国梅山水库连拱坝（坝高88m）。

梅山连拱坝整体规型漂亮，但启闭机闸房外形简单，体量小，且高过坝顶，不慎美观，但拱坝整体造型美观，掩盖了闸房带来的影响。明台水电站从大坝造型到附属设施的布置都堪称佳品。

大坝坝长较短，坝高相对两边山体较矮，且下游陪衬的山体高大，外形清晰，此种情况下，常常选择土石坝和重力坝。其横断面常为梯形，梯形的两个斜边或为直线或为锯齿形，外形相对简单。为此削弱了人工大坝的视觉干扰，使大坝能很好地融入到周围景观环境中。

土石坝的坝型简单，观赏性差。但通过护坡的精心设计可打破单调，增添美感。桃渠坡水库大坝和某水库大坝就是一个成功的范例。它们的下游坝坡采用草皮护坡，现已和周围山体融为一体，不仔细看，不容易认出来。"虽由人做，宛自天开。"是我们进行土石坝景观设计的最高追求。

②合理选择观景点位置。在景观学里，把眺望风景时所处的位置称为视点，而把人在眺望风景时看见的主要景物称为对象。对于大坝来说，视点分为坝的上游源头、水库两侧和坝的下游两侧等，对象是坝的本身及其附属设备。最理想的位置是不管从哪个角度看，大坝的景观都富有魅力。但因受地形和道路等条件的限制，有时很难选到这样一个位置，这时就应修筑眺望大坝的观望台。观望台选址既要考虑同坝的平由位置关系，还要考虑观望角度，既仰角还是俯角，仰角看的是大坝雄伟的外观，俯角看的是大坝平面、水库水体、周围山体等。

景观设计时，需要同时考虑视点和对象。视点设计是确定视点的位置和视点场的修建，对象设计是确定对象的大小、形状、材料、色彩等。

（2）建筑景观

水工建筑物包括引水道和厂房。引水道中的明渠、引水管道，厂房部分的主厂房、副厂房、开关站和升压站等是水电工程景观设计的重点。

现代水利水电工程建筑设计应突出人与自然和谐相处的原则，适当加入当地人文艺术及自然环境景观。每个地区不同的地方特色、历史沉淀、经济状况和文化背景，造就了不同的生活习俗与地方特色，这对于一个地区来说是宝贵的则富。因此，景观设计应该把现代科学技术与地方文化特色完美地结合起来，而不是单纯模仿、豪华装修。其次，应突出以人为本的设计思想。水利水电建筑依水而建，自然环境优越，在工程规划阶段，就要充分考虑人的需求，重视周边环境和建筑对人的行为活动和心理产生的影响。重视建筑布局和建筑美化，尊重自然，保护环境，立足现实，积极发展，争取建一个工程，添一处美景。

在实际设计中，设计师应优化水利建筑的单体结构，合理布置结构体系，发挥主要专业的龙头作用。尽可能降低工程造价，节约工程经费。加强与相关专业的沟通合作，注重新技术、新工艺、新设备、新材料的应用，创造富有专业特色和文化内涵的水利水电建筑新形象。

①优化水利建筑单体，合理布置结构体系。水工建筑有其固有的特点，其结构布局需按水工建筑设计规范、满足配套设备安装的要求。在与建筑专业配合上，需要多方面、多回合的商讨，才能相互协调。水工结构与建筑艺术的配合过程，是一种磨合和相互适应、相互促进、相互提高的过程。例如，进出水闸门的启闭机、钢闸门、缆绳等暴露在外，感觉凌乱，但盖个房子，统统遮起来，就美观的多。如果闸房设计得再漂亮些，就更锦上添花了。启闭机门机相对大坝来说体型小，但高度高，位置显耀，容易吸引视线，而它本身又不是很养眼，所以影响整体美观。设计方法之一就是和大坝结合，把它隐藏在大坝结构中，从外观上看不到。建筑设计与水工结构巧妙结合，可达到降低成本，优化设计，美化环境的多重目的。

②精心布置和设计附属设施。各种各样的启闭机房及电站厂房有如风景园林中的小品，是造景的上佳素材。重力坝的机房一般集中在坝顶，其外形（尤其是采用中式古典建筑风格时）应切忌繁杂，应尽量利用机房门高矮不一、胖瘦不同的特点，使现顶建筑显得错落有致，富于节奏感又不失均衡感。石南的渔洞水库在这方面进行了尝试。坝顶所有机房的顶部统一设计为斜向三角形的空间框架，寓意为船帆。利用正中最高的底孔机房为对称点，向两边起坡，主题为"渔洞帆影"。坝后的电站厂房由于受其功能限制，外形不可能有过多变化，但可利用众多的窗户和梁柱对其较平板的外貌加以分割和装饰，从而一改较呆板的感觉而变得充满生气和悦目感。另外在线条和色彩上还应与其他建筑相呼应。

土石坝的机房较为分散，可利用的余地就更大。一般泄洪隧洞和取水口机房均伸入库内，如配以美观的引桥设计，便具有水榭和湖心亭的韵味，极具观赏性。土石坝顶部因没有过多的建筑物，更可给设计者施展想象力。十三陵水库坝顶就修建了颇具中国民族特色的长廊接至机房，即使机房不显孤立，又给游人提供了一个遮阴避阳的休憩、赏景之所。

溢洪道及其闸房、引水建筑物，泄水建筑物，启闭机闸房等附属设施是整体景观的一部分。虽然其块体不大，但位置显要，在布置附属设施时，要充分考虑每个单体的功能，场地条件，结构形式，然后确定与坝体的平面位置。其次，精心设计附属设施，好的设计能使附属设施起到意想不到的效果。

土耳其引水渡槽通过村庄道路时，设计成两层，通过加宽立柱，形成弧形洞口，其整体外观就像建筑雕塑。石头河引水渡槽槽架改变了单调的双排架，设计成支蹲加拱券形式。槽身横断面为"U"型，中间过水，两边为人行道，一物两用，节省造价。施工完的渡槽穿越宽阔平坦的耕地，减少了占地面积，其优美的大跨度拱券高高架起，从东至西，形成彩虹韵律。

③重视色彩设计。建筑艺术离不开色彩，色彩的变化能刺激人的感官，并留下深刻印象。以往的水工建筑物常常忽略色彩的设计，拦水大坝，溢洪道，明渠，各种闸房等经常都是水泥色。为了改变水工建筑物单调沉闷的感觉，根据各单体建筑的功能和所处位置合理使用色彩，丰富建筑景观。

④注重建筑夜景设计。处于景观轴线上的重要景点或视觉控制点枢纽，应采用突出建筑夜景的整体效果，对夜景进行专门性设计，做到不同时间段、季节、节假日富有变化的建筑夜景。

3.绿化景观的设计

水利水电工程从"三通一平"到大坝、厂房、溢洪洞、泄洪洞、导流洞等水利枢纽的地基处理、施工；建筑材料的开采、运输、堆放和弃渣的堆放等，施工过程中常常伴随着地形的改变、植被的破坏。大量的边坡、临时施工道路、临时场地等需要恢复植被，保持水土。另外，生活区，游憩区，广场等也需要绿化，既改善环境，又丰富景观。水利水电工程形成的边坡点多面积大，是绿化景观的重点和难点，因此本文仅对边坡绿化做详细介绍。

（1）边坡的定义

水利水电工程因施工需要常常会形成各种边坡。

永久道路和临时施工道路的修建（填沟渠、挖山坡）；建筑场地的平整；建筑用土石料的开挖；施工弃渣（打隧洞）；堤坝、渠道的修建，山体滑坡的治理等活动所形成的具有一定坡度的斜坡、堤坝、坡岸、坡地和自然力量（如侵蚀、滑坡、泥石流等）形成的山坡、岸坡、斜坡统称为边坡。边坡分土质边坡和岩石边坡。

边坡的特征是：有一定坡度、自然植被遭到不同程度的人为或地质灾害破坏、易发生严重的水土流失、易失稳（发生滑坡泥石流等灾害）。

（2）边坡绿化的目的

随着国家对水电建设的加大投入和对生态环境保护的重视，作为岩、土体开挖创面的植被恢复技术已被工程界逐步认同和接受，而坡地的植被恢复区别于平地植被恢复，坡地植被生长环境相对恶劣，若不及时恢复植被，极易产生水土流失。因此恢复坡地生态植被环境尤其重要。

近几年，我国工程技术人员经过实践、探索和创新，总结出各种类型的坡地植被恢复技术，积累了很多有价值的经验。但是纵观绿化界，一些科研部门和绿化施工单位往往只注重施工技术方面的探讨和短期绿化效益，而忽视了绿化工程的目的性。在边坡绿化工程界普遍流行的做法是大量引进外源植被草种，使施工坡面迅速达到恢复绿色的目的，而且为了维持这种绿色效果，投入大量人力物力加强养护，消耗大量水源和能源；为追求美观和外源草种的单一性，投入力去清除侵入坡面的所谓野草。这种片面追求短期效益和美观绿化指标的行为增加了环境的负担，违背了可持续性发展的景观思想。

边坡绿化的最终目的是：稳定边坡，保持水土；恢复植被，生态平衡；绿化造景。美化环境。边坡绿化和治理同步进行，不是单纯追求美观的绿化。所以，科学的绿化标准是指本地植被的恢复，就是让那些本来就生长在这里的植物在光秃了的土地上重新生长起来，并且根植于土壤中继续繁衍生长，片面维护外来草源的生长空间是本末倒置的做法。

（3）边坡绿化的原则

先保基质后绿化美化；乔、灌优先；乔、灌、草、藤相结合；坚持生物多样性、近自然性和可持续性。

因地制宜地选择多种适合当地环境的短、中、长期生长的植物（包括乡土植物），以植物配置的近自然性达到可持续性。在绿化的同时采用植物景观的设计方法，结合边坡形状、周围环境及具体要求设计绿化。

（4）边坡的几种治理方法

①传统治理：为了稳定各种工程边坡和各种地质灾害所形成的边坡，传统方法用石料或混凝土砌筑挡土墙和护面，或采用喷锚支护。这样做克服了边坡带来的严重水土流失和滑坡、泥石流等灾害，但也带来了严重的环境问题，如视觉污染，生态失衡等。

②生物治理：利用生物（主要是植物），单独或与其他构筑物配合对边坡进行防护和绿化。边坡生物治理是跨越多个学科的边缘领域，它需要土木工程学、工程力学、农学、林学、生态学、恢复生态学等多个学科知识。特别是水土保持工程学、恢复生态学相关学科的发展，直接影响人们对边坡治理的认识。近30年来，随着这两个学科的发展和人们对于植物对边坡的影响的深入了解。越来越意识到在进行边坡防护的同时，对边坡原有植被进行恢复的必要性和可行性。近年来发展出种类繁多的边坡防护绿化方法。

③水土保持：水土保持（也可以说土壤保持，因为保持了土壤就保持了水分）工程学的深入研究所得到的成果表明了植被在防止边坡水土流失方面的关键作用。土壤流失考虑了影响土壤流失的所有因素：降雨、土壤的可侵蚀性、边坡长度、边坡的坡度、植被覆盖、土壤保持工程。大量的实验和实践证明：植被覆盖率是影响土壤流失的最为关键的因素。良好的植被覆盖可比自然裸地减少土壤流失1000倍。其他因素如降雨、土壤的可侵蚀性对土壤流失的影响只有一个数量级，而边坡因素可以很容易采取工程手段（如坡改梯）减少到可以忽略的地步。植物对边坡的加固作用主要是通过根来起作用的。另外，植物躯干、根对边坡土壤的描固和抗滑作用，植物对土壤水分的蒸发蒸腾作用减小了土壤孔隙水压力而利于边坡的稳定。植物的存在能加固边坡，而边坡植物的破坏则会引起边坡失稳。根的存在会增加土体强度，那么，根的腐烂就会降低土体的强度。最利于固土的须根先烂，然后是大一些的根腐烂。伴随树根腐烂，土体强度降低到一个最小值，直到新的树根长出，土体强度恢复增长。

边坡自然植被遭到了不同程度的人为或地质灾害破坏，无论采取什么手段对其治理，最好的结果是恢复边坡原有生态系统。这就需要突破传统的栽树＝绿化的观念，需从生态学的角度看待边坡治理，即利用恢复生态学的基本理论指导边坡治理。有恢复生态学的理论指导，边坡防护和绿化的实践必将带来新飞跃。

纵观边坡治理的历史发展过程，可以发现一条发展轨迹：即从只注重边坡防护，排除植物，修筑与植物不兼容的防护构筑物。到利用植物，与防护构筑物配合，既绿化边坡，又防护边坡。到采取工程手段护坡的同时，最终恢复原有生态系统。可以说，边坡防护绿化技术是随着人们的环保意识的增强，恢复生态学的发展而进步的。

（5）边坡绿化景观的设计

①绿化方法

有了上述理论基础，人们在边坡治理的实践中，开始重视利用植物的固坡作用。同时，农学、林学、园艺学、生态学知识在边坡生物防护工程中得到广泛应用。扦插技术、修剪技术、土壤改良技术、栽种技术、景观设计、坡改梯技术、施肥技术、保水保湿技术都已用在了边坡工程。近30年时间内人们创造出了各种各样的防护绿化方法和技术。边坡绿化不仅能防止裸露土、岩边坡水土流失的继续发展、丰富当地的物种资源，而且改善当地气候，涵养水源，是生态快速恢复的重要举措。

边坡绿化的方法多种多样，目前岩、土坡常用的绿化方法有：

按固定植生条件的方法不同，可分为客土植生带绿化法、纤维绿化法、框格客土绿化法。

按所用植物不间，可分为草本植物绿化、藤本植物绿化、草灌混合绿化、草卉混合绿化。

②土质边坡的绿化

首先查明各绿化区的功能，场地条件，气象，适生植被等环境条件，然后"对症下药"。

单独利用植物，对边坡进行防护绿化，如植物篱笆（living fascine）、植物桩（living staking）、植树、栽草皮等。

和护坡建筑物或土工材料配合对边坡进行防护和绿化，如绿化墙（包括栅墙）、框格绿化法、植生带（毯）绿化法、土工网（袋，一维或三维）绿化法、阶梯墙绿化法、带孔砖（或砌快）等。

水利工程大坝按材质分土石坝和混凝土坝。混凝土坝相对土石坝来说，造型多种多样、厚度簿、背水面坡度大，外观高人壮观，一般不采用绿化。

土石坝一般都是重力坝，常用当地的土料、砂料、碎石、大块石来层层夯实，筑成缓坡，体积很大，像一座小山。一座100m高的混凝土坝，低宽75m就够了，如果换成土石坝，底宽就要增宽6~7倍达500m左右，坡度相当缓，因此很多工程常常利用背水面布置上坝公路。

有上坝公路的坝坡，如果要视线通透，绿化就不能用高大乔木，可用混凝土、砖、石砌成菱形、长方形框格，框格内种植草坪；或用带孔砖（或砌块）加草皮绿化：或沿坡砌成台阶、花坛、花池，种植花卉，小灌木；也可用爬山虎，常春藤，凌霄、迎春、金银花、连翘等藤科植物营造出人在车中坐，车在画中行的景观效果。

对坡比小于1.0∶1.5，土层较薄的沙质或土质坡面，可采取种草绿化工程。种草绿化应先将坡面进行整治，并选用生长快的低矮耐汗型草种。种草绿化应根据不同的坡面情况，采用不同的方法。一般土质坡面采用直接播种法；密实的土质边坡上，采取坑植法；在风沙坡地，应先设沙障，固定流沙，再播种草籽。种草后1~2年内，进行必要的封禁和抚育措施。

对坡度10°~20°，在南方坡面土层厚15cm以上、北方坡面土层厚40cm以上、立地条件较好的地方，采用造林绿化。绿化造林应采用深根性与浅根性相结合的乔灌木混交方式，同时选用适应当地条件、速生的乔木和灌木树种。在坡面的坡度、坡向和土质较复杂的地方，将造林绿化与种草绿化结合起来，实行乔、灌、草相结合的植物或藤本植物绿化。坡面采取植苗造林时，苗木宜带土栽植，并应适当密植。

③岩石边坡的绿化

岩石边坡的绿化是在土质边坡绿化的基础上发展起来的，它建立在岩石力学和喷锚结构的基础上的。对岩石边坡的稳定过分重视和陡峭岩壁上土壤保持的巨大困难，使人们长期忽略岩石边坡的绿化问题。

目前，成熟的岩石绿化有泥浆喷播绿化，框架护坡绿化、框架＋客土喷射绿化、植生袋绿化、开沟钻孔客土绿化等。

第六章 河道规划与设计

生态水利工程是最近几十年才被人们广泛研究的内容之一，也是现代水利工程发展的必由之路。水利工程的建设除了满足基本的排洪、蓄水、导水功能外，还应该尽量维持水环境的自然特征，保障水生生物和两栖类生物的生存空间。由于生态水利工程和生态河道治理工程成为现代水利工程的发展趋势，国内外有很多关于生态水利工程和生态河道治理的理论研究和实践项目，并有很大的成果。但就国内而言，我国的生态水利工程近年来虽有建设，但仍旧屈指可数，且我国水利工程多以其建设目标为出发点，忽略了水环境的生态功能，尤其是广大的河道治理工程中。

第一节 概 述

一、研究意义

水利工程在防洪、灌溉、供水、发电、航运和旅游等诸多方面对于保障社会安全、促进经济社会可持续发展发挥着巨大的作用。但是一方面，水坝、堤防、电站、河道整治工程及跨流域调水工程等各类水利工程，以及纯水利工程指导下的河道治理已经对河流、湖泊等生态系统造成了巨大的胁迫效应；另一方面，各类水利工程设施的建设、河道的裁弯取直、景观的破坏、滨水游憩空间的减少都影响着城市河道的生态系统、滨水空间活力等，并且，存在着大量的不顾景观及生态的水利工程建设而引起的诸多的城市问题。

所以，面对这个复杂的问题，寻求水利工程建设与生态、景观建设之间的平衡点尤为重要，对于河道的规划设计也必须寻求多学科的交叉研究，在承认水利工程为经济、社会所带来的巨大利益的基础上，河道的整治必须统筹水利工程与河道生态及景观建设，这样，对于解决由于不科学的水利工程建设而引起的大量的城市问题具有重要的意义。且对城市的生态建设、休闲游憩建设、对于城市品位的提升以及可持续发展都将有重要的意义。

（一）河道与城市生态建设

1. 生态城市建设的趋势

近些年，生态观念早已深入人心，并且在很多领域已经提倡生态性原则。特别是在城市建设领域中。自 20 世纪 80 年代，生态城市理论发展已经从最初的在城市中运用生态学原理，发展到城市自然生态观、城市经济生态观、城市社会生态观和复合生态观等综合城市生态理论。并从生态学角度提出了解决城市弊病的一系列对策。

国内外诸多城市已经开始实施生态城市计划。如，上海市于 1990 年代初提出建设生态城市的目标，上海市的规划界对生态城市进行了一些研究，如王祥荣和张静等对上海市建设生态城市设计的具体问题进行了探讨。2000 年前后，上海市兴起了城市绿地和城市河道整治建设的高潮，新一代的上海市生态城市研究又开始进行，并且付诸实施。

2. 河道生态系统建立的意义

城市河道及滨河地带不仅是城市文明的发源地，为城市提供大量的饮用水、工业用水及灌溉用水，同时也是大量鱼类、鸟类、小型哺乳动物、两栖类动物、无脊椎动物、水生植物以及微生物的栖息生存环境和迁徙廊道。城市滨河生态系统不同于城市内部核心区的人工生态系统，又不同于城市外围流域的自然生态系统，她在城市中具有独特的魅力。所以，城市河道生态建设与整治在生态城市建设中具有重要的地位和作用。生态环境恢复和河道生态系统修复建设在人类生存发展和经济社会可持续发展中具有非常重要的意义。人类是影响河道生态系统的主要因子。人类从生态系统中获取资源维系自身发展，一旦超过了生态系统的承载能力，将破坏系统的平衡发展。生态系统一旦遭到破坏，将无法提供人类所需资源，从而限制人类的生存和发展。河道水系是环境中维持和调节生态平衡的一个重要部分。河道水系、驳岸、植被、绿化是城市区域环境改善的主要阵地，有一些河流则成为城市空气对流的绿色通道，因此，合理的河道生态景观的规划和建设对河道在保护城市生态环境和缓解城市热岛效应等方面起着举足轻重的作用。

（二）河道与城市休闲游憩建设

现代社会的快节奏，给人们带来许多压力，而现代生活质量的提高给缓解工作压力提供了许多渠道。回归自然，领略自然风光是居住在城市中的人群所向往的。但城市建设使城市中的休闲空间不断减少，滨水空间是一个城市最具魅力和吸引力的地方，因此城市河道景观休憩功能的开发建设，并结合河岸进行城市滨水休闲绿地的建设，对于满足城市市民休闲、游憩及精神需求；增加城市吸引力；带动旅游，促进招商引资具有重要的意义。

（三）河道与城市景观品位的提升

河道改造是城市的基础设施建设，往往投资兴建以及方案决策都是政府行为。对滨水区及河道周边土地的开发建设早已超越了满足人类生存需求的层次，多数城市开发的目的是为了促进、拉动整个城市的经济发展以及提升整个城市的景品位。良好的滨水区生态及景观环境能够吸引了众多房地产开发商的兴趣，使他们不惜重金参与改造建设位于他们用地边上的城市河道，同时，带动周边土地的开发建设，为城市的经济发展注入新的活力，成为城市经济发展新的增长点。

二、生态水工学与生态河道之间的关系

本着实践应用，构造水利工程实践中"工程 - 水"生态系统的多样性及人与自然和谐的原则，生态水利工程学和生态河道理论，在我国的各类水利工程设计实践项目中都得到一定的发展，研究者们在研究的同时，往往忽略二者的关系，造成二者交错引用，有些实践工程即被归纳到生态水利工程的发展中，也称之为生态河道实践工程，最典型的是莱茵河保护国际委员（ICPR）于 1987 年提出了莱茵河行动计划之一的"鲑鱼—2000 计划"项目。虽然二者的出发点不同，但目标却基本相同，均旨在建立水工设施与生态系统之间协调发展，达到人水和谐的理想环境。但从实质上来讲，河道治理工程隶属于水利工程的范畴，因此，生态河道理论从属于生态水利工程学，为生态水利工程学的分支。在相关研究中，就有学者把河道治理看作是生态水利工程学的实践和探索列出。但由于其在实践中的重要性和发展的独立性，导致认识中，绝大多数人认为生态河道理论和生态水利工程是两个不同的领域，或者是把二者交错混乱使用，误认为二者各方面结构系统相等，这都是错误的认识，其实本质却是整体与部分的关系。

本章在研究以下问题之前，必须明确指出这个我们忽视了的很小的问题，以使研究者更明了的认识生态水利工程的理论框架，以及与生态河道之间的关系，在以后的应用中得以明确目标，选择相应的理论作为支持。在此，当我们在设计和实施一项河道治理工程的时候，我们相应选择生态河道知识体系，在研究其他的水利工程的时候，可以选择生态水利工程学为理论基础。因为生态水利工程学研究面比较宏观和广泛，理论性强而实践少，因此不能面面俱到，而生态河道却单独针对河道治理这一问题产生而独立发展，它从属于生态水利工程学，也得到很大发展，并有很多工程实践作为基础，对于河道治理工程，有更好的针对性和适应性。

二、我国河道规划设计存在的问题

（一）城市河道规划蓝线、绿线相关规划指标问题

1. 蓝线问题

为保证城市防洪、排涝及涵养水体的功能，城市规划中，一般会对河道有严格的蓝线、绿线规划。河道蓝线是指河道工程的保护范围控制线。河道蓝线范围包括河道水域、沙洲、滩地、堤防、岸线以及河道外侧因河道拓宽、整治、生态景观、绿化等目的而规划预留的河道控制保护范围。在城市化过程中，水利建设是基础之一。

作为城市总体规划的一个主要内容，河道蓝线是城市规划的控制要素之一，它是城市"规划"在平面、立面及相关附属工程上的直接体现。平面上主要表现为河道中心线、两侧河口线及两侧陆域控制线；立面上主要以河道规划断面为控制；附属工程是河道建设、日常管理及保护中不可缺少的内容，在河道蓝线划示中必须明确。

总规中对蓝线的划定主要是根据流域防洪规划、城市总体规划、城市防洪排涝规划；考虑河道沿线已建、在建及已规划的建筑并结合其他专业规划进行划定。其中不足之处有：

（1）缺乏对河道综合整治重要技术指标进行研究，一味依据河道的防洪排涝进行蓝线的划定。

（2）对河道的基础研究不够、预测手段不足，规划的依据往往是过去的不完整的资料，使得规划本身的合理性就缺乏保证，难以摆脱"头疼医头、脚疼医脚"的窘境。

（3）对整个河流流域的蓝线的平面没有清晰的规划，如河道中线的走向、河道线形等。

（4）蓝线的划定很少从生态和景观的角度去考虑，所以城市中现大量存在着为了泄洪，保证过水断面，裁弯取直、挖深河床的河道，导致河道生态功能衰退。所以也就带来了大量的生态化改造城市河道的实践。兴起了退地还河，恢复河道滨水地带，逐渐拆除视觉生硬、呆板的渠道硬护岸，尽量恢复河道的天然形态。

2. 绿线问题

所谓城市绿线是指城市中各类绿地范围的控制线。从这个意义上讲，城市绿线应涵盖城市所有绿地类型，在划定的过程中具体应包括城市总体规划、分区规划、控制性详规和修建性详规所确定的城市绿地范围的控制线。绿线还可以分为现状绿线和规划绿线。对现状绿线来说，它是一个保护线，绿线范围内不得进行非绿化建设；对规划绿线来说，它是一个控制线，绿线范围内将按照规划进行绿化建设或改造。

河道绿线指河道蓝线两侧的绿化带。一般蓝线、绿线内用地不得改作他用，有关部门不得违反规定在绿线范围内进行建设。对于绿线的规划，必须具有很强的可操作性，易于落实绿地建设指标和满足绿地建设各种要求。对于河道绿线的规划，存在着以下问题：

（1）现存的河道绿线的划定，往往是规划中较为简单的，没有系统的、从城市整体规划着眼，针对河道做统筹的绿线划定。

（2）河道绿线的划定很少有在大量的现场勘察与调查研究、分析评价基础上建立。并且与河道蓝线的划定相脱节。

（3）不重视河道绿地指标在时间和空间上的统一控制，也就是建立具有时序性的、分地块的、可操作性的绿地指标体系。这样，绿线就不能发挥应有的作用。

（4）缺乏部门统一协调组织规划、国土资源、勘测、园林、环保、交通等各个部门，很难全面落实绿线划定工作，社会各界的重视程度、人员资金的投入比例等因素也对绿线划定工作构成影响。

（二）城市防洪排涝与河道景观、生态建设的矛盾性问题

由于城市化建设，城市中的河道不断被占用，砌起了高高的防洪堤，在保证城市抵御洪水，缓解城区防洪压力的同时，也使得防洪排涝与城市的生态及景观建设的矛盾尤为突出，如防洪需拓宽河道，造成了防洪与城市其他用地的矛盾，填筑防洪堤与视觉景观的矛盾，修筑河道护岸与自然景观美的矛盾等。为了充分发挥城市内河道的双重功能，城市防洪工

程建设必须与相关的景观设计、用地规划紧密结合，统一规划。

在城市防洪规划中，最常见的工程措施是将河道拓宽，清淤整治，裁弯取直，修筑堤防。这些工程措施能够有效地减少河道糙率，增加了河道泄洪能力，减少水流对凹岸的冲刷，降低堤防长度，从而达到抵御洪水的目的。从防洪角度看，综合采取以上措施，可以达到减少防洪工程占地，减少工程投资等目的。

然而，从生态角度看，以上措施会破坏鱼类产卵场、阻隔洄游通道；对植被造成严重破坏，导致水土流失；破坏水生物的生态栖息地，影响流域的生态系统；给原本不稳定的地质情况和脆弱的生态环境带来更多不稳定的因素。从景观方面看，会影响城市水景观的建设及无法满足市民休闲、游憩、亲水的需求，由此损害河道的景观价值，及对周边土地价值的提升。

（三）城市土地利用与河道景观、生态建设的矛盾性问题

由于城市人口的密集，城镇弥补，土地利用率高，河道被约束在很小的范围内，如果大范围调整或改变河流的地貌特征，对处于城市中的河流几乎是不现实的。当前对河道的改造也只局限在现有河道线形的基础上，两岸相应拓宽一定距离，并结合绿地进行景观、生态改造和建设。然而，往往河道两侧是城市其他的。用地性质，如道路、工厂、相关企事业单位、滨水住区、商业贸易区等，它们很少会与河道进行系统性的协调统一建设，之间往往相互规避，或争抢土地。

第二节　河道规划设计研究进展

一、国外河道规划设计研究进展

（一）城市河道生态修复意识的萌发和唤醒

在对河流生态治理的研究方面，国外进行的较早。欧洲在一批河流生态治理工程获得成功，形成了一些河流治理生态工程理论和技术。河流生态工程是从欧洲对山区型溪流生态治理开始的。由于经济的发展，引发了山洪、泥石流的产生等一系列的问题。为了避免灾害发生，兴建了大规模的河流整治工程，对山洪和山地灾害有所遏制。但是随着水利工程的兴建，伴随着出现了许多负面效应。这些负面效应愈显突出。主要是传统水利工程兴建后，生物的种类和数量都明显下降，生物多样性降低，人居环境质量有所恶化。

工程师开始反思，认为传统的设计方法主要侧重考虑利用水土资源，防止自然灾害，但是忽视了工程与河流生态系统和谐的问题，忽视了河流本身具备的自净功能，也忽视了河流是多种动植物的栖息地，是大量生物的物种库这些重要事实。由此，西方展开了近一个

世纪的河道生态整治工程。

1938 年德国 Seifert 首先提出"亲河川整治"概念。他指出工程设施首先要具备河流传统治理的各种功能，比如防洪、供水、水土保持等，同时还应该达到接近自然的目的。亲河川工程即经济又可保持自然景观。使人类从工程技术进步到工程艺术、从实用价值进步到美学价值。他特别强调河溪治理工程中美学的成分。这是学术界第一次提出河道生态治理方面的有关理论。

（二）自然型河道阶段（20 世纪 50 年代末～80 年代末期）

20 世纪 50 年代的德国"近自然河道治理工程"理论提出了河道整治要符合植物化和生命化原理。Schlueter 认为近自然治理（Nearnaturecontrol）的首先目标是在满足人类对河流利用要求的同时维护或创造河流的生态多样性。阿尔卑斯山区相关国家，诸如瑞士、德国、奥地利等国，在河川治理的生态工程建设方面，积累了丰富经验。这些国家在河川治理方面注重发挥河流生态系统的整体功能；注重河流在三维空间内植物分布、动物迁徙和生态过程中相互制约与相互影响的作用；注重河流作为基因库和生态景观的作用。

随着 20 世纪 60 年代，一系列国际研究计划开始实施，极大地促进了现代生态学的发展。在这个阶段，人们提出河道治理要接近自然，逐渐意识到了蛇形天然河道的直线化或渠道化，河岸或河床的混凝土化改变了水体流动的多样性，隔断了水生和陆地两大类生态系统之间的相互联系，造成水生生物锐减，河道生态系统退化的严重后果。

H.T.Odum 于 1962 年提出将自我设计的生态学概念用于工程中，首次提出生态工程的概念，并将生态工程定义为"人运用少量辅助能而对那种以自然能为主的系统进行的环境控制"。注重水环境的自然规律，注重对水环境自然生态和自然环境的恢复和保护。例如德国，从 20 世纪 70 年代中期开始，逐步在全国范围内拆除被渠道化了的河道，将河流恢复到接近自然的状况，这一创举被称为"重自然化"。

20 世纪 80 年代初期，河流保护重点转向河流生态系统的恢复，突出案例有德国、瑞士、奥地利等国开展的"近自然河流治理"工程及英国的戈尔河（Gole）生态恢复科学示范工程。20 世纪 80 年代开始的莱茵河治理，又为河流的生态工程技术提供了新的经验。

莱茵河全长 1320km^2，流域内有 9 个国家，干流流经瑞士、德国、法国、卢森堡和荷兰。莱茵河流域面积为 20 万 km^2，至少 2000 万人口以莱茵河作为直接水源。在德国，莱茵河不仅是饮用水源，还作为航运、发电、灌溉和工业用水，被德国人视为"父亲河"。20 世纪五六十年代开始莱茵河水质遭受污染，每天约有 5000～6000 万吨的工业和生活污水排入莱茵河。1972 年污染最为严重，莱法州的梅茵兹市河段水中 COD 质量浓度达到 30～130mg/L，BOD 质量浓度达到 5～15mg/L，DO 质量浓度接近于零，几乎完全丧失自净能力。莱茵河失去了昔日的风采，留下了"欧洲下水道"的恶名。

为了改善莱茵河的水质，使莱茵河重现生机，莱茵河流域国家做了一系列努力。德国境内莱茵河沿岸，兴建了污水处理净化设施，特别是在鲁尔河段建设了许多水利工程与污水处理厂，并采用向河中充氧的措施，以进行水污染的治理和预防。20世纪60年代以来，德国在莱茵河沿岸城市和工矿企业陆续修建了100多个污水处理厂，排入莱茵河的工业废水和生活污水的60%以上得到处理，每个支流入口也都建有污水厂，各工矿企业也都设有预处理装置。此外，德国政府还成立了一个"黄金舰队"，负责处理压舱水等含油污水。在污染较为明显的河段采取人工充氧的措施，直接向水中充氧，增加水中的DO；对水量较小、河水温度较高且含有大量污水的河段，则在水中安装增氧机，以提高水中的含氧量。

1950年，荷兰、德国、法国、瑞士和卢森堡在巴塞尔建立了"保护莱茵河国际委员会（ICPR，International Commission for the Protectionof Rhine）"，总体指挥和协调莱茵河的治理工作。其主要任务是：调查研究莱茵河污染的性质、程度和来源，提出防污具体措施，制定有关共同遵守的标准。该委员会下设若干工作组，分别负责水质监测、恢复莱茵河流域水生态系统、监控污染源等工作。于1976年底，签订了"盐类协定"及"化学物协定"，对恢复莱茵河水质起了重要作用。此外还定期召开莱茵河国家部长会议，汇报本国防污染计划与政策的执行情况，并制定有关防污染的协议与条约。1987年，保护莱茵河国际委员会组织通过了"莱茵河2000年行动计划"，开始实施莱茵河生态系统整体恢复计划。该机构发起了一系列活动，包括拆除不合理的通航、灌溉及防洪工程，用草木绿化河岸，在部分改弯取直的人工河段恢复其自然河道等，取得了显著的成效。2000年该委员会又制订了"莱茵河2020行动计划"，旨在进一步改善和巩固莱茵河流域的可持续生态系统。这项计划的主要目的是进一步完善防洪系统、改善地表水质、保护地下水等。

（三）生态型河道阶段（20世纪90年代初期起）

这一阶段发达国家开始将河流保护行动计划的宏观目标定位为河流生态系统的修复，初期的目标注重重建小型河流的物理栖息地，因为河流高强度的开发利用和工程措施导致河流人工化、直线化，大坝等水利工程对河流的阻隔破坏了河流连续性，水库人工调度使许多河流丧失了水流的自然周期特征。这些对河流生态系统的胁迫已经导致了河流生态的退化，相应将重现河流自然特性作为修复目标，由此开展了理论研究和修复实践。

在这个阶段，人们开始关注生物多样性恢复的问题，河道治理要维持河流环境多样性、物种多样性及河流生态系统平衡，并逐渐恢复自然状况。注重发挥河流生态系统的整体功能，逐渐实现人和自然和谐共处。与此同时，许多国家也开始了大规模的城市河道修复运动。

20世纪80年代后期，西方国家相继开展河道的生态整治工程的实践，如美国已在密西西比河、伊利诺伊河和凯斯密河，实施了生态恢复工程及密苏里河的自然化工程等。

密西西比河是洪灾较为严重的河流，历史上洪灾比较频繁。自1879～1927年起，密西西比河的治理进入了防洪和航运并重时期。进一步修筑堤防，初步建立了密西西比河下游大型堤防系统。1927年之后至20世纪80年代中后期，美国政府开始重视政策法规等非工程措施在治理中的作用，加大立法和管理的力度，密西西比河进入了工程措施和非工程措施相结合的全面整治和开发阶段。20世纪80年代中后期以来，可以看作是具有强烈的环境和生态色彩的全新意义上的密西西比河流域治理时期。密西西比河的整治所走过的历程是：避洪、防洪—治洪、简单开发综合开发和治理全面整治与开发重视治理中的环境和生态问题、融入当代流域治理理念，经历了层次渐高的不同整治阶段。

日本在 20 世纪 90 年代初开展了"创造多自然型河川计划"，提倡凡有条件的河段都应尽可能利用木桩、竹笼、卵石等天然材料来修建河堤，并将其命名为"生态河堤"。为挽救城市河流的生态，堤坝不再用水泥板修造，而是改用天然石块铺陈，还给草木自然生长的空间。仅 1991 年，全国就开展 600 多处试验工程，随后对 5700km 的河流采用多自然型河流治理法，其中 2300km 为植物堤岸、1400km 为石头及木材等自然材料堤岸。

二、国内河道规划建设现状

目前，国内河道景观建设已经取得了很大的成就。从理论研究到具体的工程实践的案例，综合整治已经成为当今河道改造的主题。参与河道改造和研究的人员越来越广泛。理论研究成果如董哲仁的"生态水工学"，杨海军等提出的"退化水岸带生态系统修复"均代表了这个时代河道修复的主题。各个城市也掀起了城市滨水区域改造的潮流。从仅对河道水环境污染的改善和治理到逐渐向河流生态用水、生态恢复及人工湿地的布建以及流域生态建设等方面的扩展，如潍坊白浪河、绍兴环城河整治、北京城市河道整治等水环境改善工程，都是作为各个城市主要的市政工程进行建设。

（一）生态、景观与水利工程融合的河道理论研究

城市河道水污染具有污染源多、涉及面广的特点，有机污染、营养性污染是其污染特征，排污、排涝、泄洪是其主要功能。近 20 年来，人们对城市河道治理观念已经由传统的以满足防洪、排涝的要求转变为在加强河道基本功能的同时，逐步满足生态城市发展景观要求。

1. 生态与水利工程融合的河道理论

从 20 世纪 90 年代起，国内一些城市开始转变传统的水环境治理思路，提出了河道生态治理的新理念。在这一方面，国内做过了大量的研究和实践，以董哲仁的"生态水工学"为代表的河道整治理论：从水文循环与生态系统间的耦合关系论述水文循环的生态学意义、河流生态修复的战略和技术问题、河流健康的评价方法、河流廊道生态工程技术、水环境修复生态工程、城市河流生态景观工程等方面着力阐述"生态水工学"，以此形成了完善的体系。

董哲仁提出了"生态水工学"的概念，他认为水工学应吸收、融合生态学的理论，建立和发展生态水工学，在满足人们对水的各种不同需求的同时，还应保证水生态系统的完整性、依存性的要求，恢复与建设洁净的水环境，实现人与自然的和谐。郑天柱等应用生态工程学理论，探讨了河道生态恢复机理，指出满足河流生态需水量是缺水地区恢复河流生态的关键。杨海军等也提出了退化水岸带生态系统修复的主要内容应包括适于生物生存的环境缀块构建研究、适于生物生存的生态修复材料研究以及水岸生态系统恢复过程中自

组织机理研究。

2. 景观与水利工程融合的河道理论

现今我国很多地区及城市开展了水利工程和景观环境改善的工作。并进行了大量的理论研究，如景观水利的概念。景观水利是在充分结合水利特点，综合考虑水利工程安全、水生态、水土保持、水资源利用和保护等问题的基础上，将人与自然和谐理念贯穿到水利工程建设中，注重工程建设与环境保护相统一，丰富水利工程的文化内涵，并打造精品水利。但是，往往景观规划设计师们在对某一条河道进行规划设计时，缺乏对水利工程的具体的规范、指标、防洪标准等都缺乏了解，在这一方面的理论的研究通常都是泛泛而谈，仅仅停留在表面。

（二）生态、景观与水利工程融合的河道实践

在生态、景观与水利工程融合方面，虽然还没有形成完善的理论体系，但是我国也有不少城市开始进行了生态工程技术及景观融合的探索与实践，如潍坊白浪河、绍兴环城水系生态整治、北京城市河道整治等水环境改善工程。

1. 潍坊白浪河综合整治工程

白浪河发源于昌乐县大鼓山，流经昌乐、潍城、奎文、寒亭、滨海等开发区，于滨海开发区央子北入渤海莱州湾。流域地势西南高，东北低，总流域面积为1237km²，干流长度127km，主要由大抒河、淮河等支流汇入。淞河发源于昌乐方山，于开发区央子口入白浪河，流域面积376km²，干流河长40km。大好河发源于昌乐方山交子山东麓，于寒亭双杨后岭入白浪河，流域面积253km²，干流河长45km。在流域内有大型水库1座（白浪河水库），中型水库2座（马宋水库、符山水库广）。

由于历史上曾先后三次针对白浪河防洪排涝等而兴建的水库、大坝、防洪堤，河道的防洪能力大有提高，基本上改变了历史上洪水横流成灾的局面。但是却面临着堤防标准低、穿堤、拦河建筑物破坏严重、河道滩地坍塌严重、河道行洪障碍多、阻水严重、生态景观脆弱、水质污染严重等问题。白浪河急需综合整治。

白浪河整治工程南起白浪河水库，北至北外环路，全长23公里。白浪河综合整治开发工程是潍坊市在城市建设史上规模最大、标准要求最高的工程。

（1）水利工程与生态、景观融合的规划理念

规划的主要任务包括：在白浪河现有河线、堤线的基础上，核定现有河道的行洪能力和防洪标准，分析存在的问题，制定合理的防洪排涝标准，确定的防洪水位和防洪工程规模；结合开发区总体规划和生态景观要求，对白浪河提出了"一轴、两带、两区"的整体规划结构。

一轴即白浪河滨海景观轴；两岸即两岸生态景观带，尽可能的维持原有地形，前期大面积种植适应性强的树种，结合水边景观设计与周围环境和谐地融为一体的生态亲水设计；两区即CBD核心景观区在原有地形的基础上，通过局部回填及亲水栈道，满足原规划中天

鹅蛋的造型，以大气的现代公园组成环绕都市的绿色景观带，整体创造现代、大气的都市景观，构图采用直线为主。滨水生活景观区结合周边居住用地，打造融健身、休闲于一体并富有人文气息的空间，构图采用柔和的曲线为主。

（2）生态景观岸线的布置

根据工程的总体理念，确定如下岸线布置原则：①尽可能保持奎水后河道的蜿蜒性，防止河流渠道化；②与城市规划和新城区已批准用地灰线相协调；③保证行洪畅通，沿河建筑物及滩地景观区域实施后，保证50年一遇洪水安全行洪；④在保证河道行洪安全和不影响生态环境的条件下，可以对河道较宽滩地进行生态景观设计，兼顾防洪效益和土地开发利用的经济效益。

基于上述原则，在白浪河规划设计中，基本保持现有河道平面形态，随弯则弯，宜宽则宽，特殊地段在保持天然河道断面不可行时，按复式断面局部调整河线，以满足河道防洪排涝的功能要求。在景观设计中，尽可能保留河边静水区和湿地，增设河滩和岸边景观等，营造多样性水域栖息地环境，使之具有不同的水深、流场和流速，适应多种生物生存需求。

（3）CBD核心景观区设计

CBD核心景观区位于白浪河的入海口处，在原有地形的基础上，通过局部回填和架空码头，与核心区总体规划相协调适应，以简洁的直线条为主，整体创造现代、大气、又不失地域特色的都市景观区。

（4）滨水生活景观区设计

滨水生活景观区位于开发区最南端，在原有地形的基础上，结合周边居住用地，打造亲切、具有人文气息的滨水休闲空间，增设供居民适用的休闲广场、运动场、健身中心、游船码头、演艺广场等设施建设，丰富区内绿地空间，提升绿地使用率。.

（5）生态园林景观带

充分保留河流两岸的自然地貌条件，恢复并改善沿河带的生态系统，选择抗盐碱性强的先锋树种在生态湿地公园、实现盐田的在绿化，配合开渠等土壤改良方法，形成盐碱植物专类园、沙滩风情等展现无与伦比的自然风光，使该区域成为市民和游客与大自然亲密接触的和谐空间。

在白浪河治理规划设计中，充分体现了城市河流生态景观工程的内涵，除了达到河道防洪和排涝的传统水利功能外，还力图使河流更接近自然状态，力图完善河流生态结构与功能，根据白浪河不同河段的功能要求，沿河布置以水为主题的特色景区，通过河流生态景观工程手段，创造性地构筑一道将防洪排涝、视觉景观、生态恢复和休闲观光为一体的风景线，完美的展现自然河流的美学价值，提供城市居民亲水的需求，创造了良好的人居环境，为滨海开发区的可持续发展提供良好的环境基础。

2. 绍兴环城河生态整治

绍兴环城河为绍兴的主要河道，绕城四周，全长12km，外与浙东运河、鉴湖相连，内与城区条条小河相接。随着岁月更替，境况逐步不尽如人意。昔日的绍兴环城河河水变得浑浊，并散发着阵阵臭味。于1999年夏，绍兴市委、市政府决定实施城市河道综合治理，明确了"顺民众之意，举社会之力；建标准城防，促百业兴旺；治古越河道，塑名城新貌"的总体思路，并提出了"坚持高起点规划、高标准设计、高质量建设"的总体目标。建成50万 m² 的公园、绿化带及广场。环城河整治融防洪、城建、环保、文化旅游等功能于一体，把城防绿化建设与推进城市化进程、实施民心工程结合起来，实现了城市品位的大提升。

3. 北京城市水系治理工程

1998年以来，北京开始进行河道的综合整治工作。整治不仅进行河道防汛的加固，截污清淤，而且进行了河道景观、生态、休闲空间的建设与营造，取得了令人瞩目的成就。其中，转河、菖蒲河的综合整治最具代表性。

北京城市水系治理是以水环境治理为中心，对城市河湖水系进行综合治理。依据北京城市总体规划和市领导的要求，贯彻"统一规划、综合治理；突出重点、分期实施；先中心，后周边"的治理原则。

（1）防洪排涝

治理的目标是通过截污、清淤、护岸、水利设施改造、拆迁、绿化美化等措施，在规划市区 1040km² 范围内解决防洪、排水、水环境问题，改变治理范围内缺水、少绿的局面，保护古都水环境面貌。治理后的水系，防洪排水要能够达到 50～100 年一遇的标准；污水不再入河，水体要还清，水质一般要达到地面水环境质量 m 类水体标准；结合城市供水，河道维持一定的流量，实现长年流水。

（2）生态、景观

河湖堤岸，按规划进行绿化、美化，有条件的地段按滨河花园标准实施；这次水系综合整治工程共新增绿地面积约 150 万 m²（其中长河、双紫支渠 65.6 万 m²，昆明湖至玉渊潭段 83.1 万 m²）。由于水面与绿化面积的扩大，将改善北京市缺水少绿的局面，使周边环境得到改善，使长河、昆明湖—高碑店湖河段初步形成北京市风景观赏性河道。

此外，长河至展览馆湖 5km 的河段和京密引水昆明湖到玉渊潭约 10km 的河段要具备游览通航的条件，其他有条件的河段也要分段通航。概括起来就是要实现"水清、流畅、岸绿、通航"的综合治理目标。

第三节　基于生态水利工程的河道治理

一、传统河道治理所产生的问题

传统河道治理主要以防洪为目的，借助于工程措施提高河道的排涝和河堤的防洪能力。

传统河道治理形式相对单一，主要是依河两岸修筑驳坎，冲刷严重部位采用护岸丁坝，其工程优点是构筑物较为坚固，防洪排涝性能较好。但是，传统河道治理工程，较少或基本忽略了其工程带来的生态环境影响和景观的美学价值，造成不可估量的经济、社会和生态价值损失。在此对传统河道治理设施产生的影响和问题归纳为以下几部分。

1. 河道纵横向的不连续性

在传统河道治理工程设施建成之后，我们不难发现，河流生态系统和周边陆地生态系统之间的联系被隔绝起来。横向来看，长长的河堤建设阻止了陆生动物的下河饮水觅食，同时，河道生活的两栖动物却无法跃上高高的河堤进入陆生的环境，比如农田觅食等，这样的结果导致生物群落之间的联系减少，生物链减弱甚至断裂，生物种群规模衰减，严重破坏了生态系统的平衡和稳定。纵向来看，尽管堰坝和水库的修筑减缓了河床的底蚀速度，保护了沿河民居和农田不受破坏。但同时，堰坝和水库也隔绝了河流生态系统上下游之间的联系，上游的水生生物不能自然的进入下游的生态环境中，偶有在洪水的冲流下，来到下游，但是，其自身健康在穿过洪道或水道的时候都受到了不同程度的伤害，甚至死亡。据报道，每年通过泄洪道从上游来到下游的鱼类中 60% 以上都直接或间接死亡。在河道中建造堰坝，同样也阻止了下游生物向上游迁徙，尤其以葛洲坝建成后，中华鲟的洄游被阻隔的问题，尽管新的产卵地被鱼类自身重新找到，但是中华鲟种群的数量却仍然连年下降。再者，在一些城区河道中建有橡皮坝或河道建有堰的地方，如果我们留心察看，会看到所谓的"鲤鱼跳龙门"的现象，其实质不言而喻，就是下游鱼类想回到上游而不得所做的努力。

2. 河道治理的渠道化和同质性

传统河道治理工程模式的单一，简单的高驳岸建设和截弯取直，导致河道严重的渠道化，河流自然的蜿蜒特性被破坏和改变，河水原有的流动特性不复存在。首先，渠道化的河流使洪水来时的速度增快，冲击力加大，破坏性更强，需要高强度的驳岸与之适应，增加了工程量，对构筑物的要求提高，导致资金投入增大。其次，渠道化的结果使水流对河床的底蚀能力增强，驳岸的高度随着时间推移而增加，当底蚀到驳岸地基上时，对沿岸农田和民居产生的威胁更大。最后，渠道化导致原有河道深潭和浅滩交错的布局消失，在以深潭和浅滩为栖息地的动植物遭到毁灭性打击，河流生态系统中的各类动植物数量急剧减少，生态环境遭到破坏。

传统河道治理导致的同质性主要是因为原有自然环境遭到破坏，而人为建设的水利工程忽略了其生态功能，河道截弯取直，深潭和浅滩交错的自然布局不复存在，沿河长距离的渠道化导致了河流上下游同质性的产生。记得有一篇散文作品，名字叫《苇园》，讲的是作者小时候，家乡河流两边成片茂密生长的芦苇，而现在基本看不到了，沿河几十公里一派景色，砌石的护岸延伸，草疏沙露。这仅仅是我国众多河流中的一段，纵观绝大多数，在河道治理工程中，为了侵占河道，扩大土地面积，其中护岸工程单一简单，渠道化明显，虽然满足了防洪的需要，但其代价是河道生态系统的崩溃，河流上下游的同质化。在生态学中，生态系统的复杂性越高，其稳定性越好，而传统河道治理工程导致的河流上下游同质化的结果使河流生态系统趋于简单，其稳定性变差，生态系统变得脆弱，容易进一步遭受侵害。

3.河道的隔水性和生境的破坏性

河流的隔水性主要体现在治理穿过城市河流时，河流的整治一般形成一个凹型的隔水水槽，使建造河段彻底失去了生态功能，同时也弱化了景观功能。在河道治理中，堤岸的材料一般选用石块混凝土，这样的结果使堤岸是隔水的，堤岸环境下的生态自我修复则难以实现。穿过城区河道河床的治理中，现阶段，普遍存在的做法是对河床进行硬化处理，虽然避免了河水对河堤的冲击，保证河岸民居和建筑物的安全，但使治理河段丧失了生态功能和景观功能。

对河流生境的破坏性，主要是因为河道截弯取直，深潭和浅滩交错的布局消失，河流原有生境遭到破坏。堰坝的建设对河流生境也造成一定的影响，尤其是城市河道段的橡皮坝建设。北方河道建造的橡皮坝，一般是枯水期落坝泄水，洪水期起坝蓄水，洪水期蓄水，使橡皮坝上河段水位大于正常水位，淹没河道，原有河道近水而生的植物长时间被水淹没而死，当枯水期来临时，落坝之后，水位恢复到之前水位，河漫滩没有植被保护，砂石裸露，生境遭到破坏，动植物的生长没有一个相对稳定安全的栖息场所，种群数量衰减，生物多样性降低。

二、生态河道治理的理论基础

针对传统河道治理造成的一些生态环境问题，随着生态水利工程学的发展，人们对河流的认识更为全面和深刻，生态水利工程在河道治理方面的应用也随之展开，从之前河道治理仅仅简单的满足泄洪防灾的需要之外，人们还认识到河流生态系统健康稳定的重要性，保护生物多样性迫切性，以及在河道治理工程中要注意生态环境保护和生境恢复。至此产生了生态河道理论，伴随着一些生态河堤工程得以实施。结合现有生态河道理论的研究和实践成果，其中生态河堤工程的建设很大程度上提高了建设河道的自净能力，改善了河流的水环境。因此，综合已有理论和实践，以及水利工程学、环境学、生态学等学科，归纳分析得出以下五部分为生态河道的治理工程的基础理论。

1.生态环境保全的孔隙理论

所谓河道治理的孔隙理论就是在河道治理中，采用一定结构和质地的材料，人为地构建适合生物生存的孔隙环境，保证在河道治理中，生态系统自然属性的完整性，为保护或恢复其系统的生态功能打好基础。河道生态系统的保护和恢复与河岸的构筑形式和使用材料有莫大关系。前文已经说明混凝土砌筑下连续硬化的堤岸和河床等对生态系统的危害。研究发现，河流生态系统中，处于食物链高层的动物都是依赖于洞穴、缝隙，或相对隐蔽隔离的区域繁衍生息。因此，动物与孔隙条件的依赖关系是一个普遍规律。基于这个规律，多孔结构的护岸和自然河床就能够很好的保护和恢复生态系统并促进其发展。

2. 退化河岸带的恢复与重建理论

顾名思义，河岸带就是低水位之上，直至河水影响完全消失为止的地带。河岸带生态系统是水—陆—气三相结合的地方，是复杂的生态系统。河岸带生态恢复与重建理论的基础是恢复生态学。

河岸带生态系统的恢复和重建是建立在河岸带生态系统演化和发展规律上的。有研究表明，首先，更大级别的系统是生物多样性存在和稳定的必要条件，因此，有必要置河岸系统于更大级别的生态系统中，使河岸带生物多样性的恢复更加稳健。其次，恢复河岸带与周边比邻生态系统的纵横向联系越密切，障碍越少，对生物多样性的建设越有利，因此，有必要加强恢复工程与周边系统的联系，并尽力消除二者之间障碍。再者，相邻类型一致的生态系统，其利于彼此稳健发展，因此，要调查恢复的河岸带生态系统类型，可以使其与相邻系统类型一致，则有利于其恢复。最后，在河岸带生态系统恢复中，对于功能恢复弱的小区域，也要注意其对自然和人类活动的影响。

河岸带生态系统的恢复重建主要包括三方面内容，其依据河岸带的构成及生态系统特征概括为：（1）河岸带生物群落的恢复与重建；（2）缓冲带生态环境的恢复与重建；（3）河岸带生态系统的结构与功能恢复。

3. 水环境修复原理

众所周知，河流水环境有很强的自净作用和修复功能。在河流自净能力承载范围内，污染物质进入河流水体后，一般是两个过程同步进行。一是污染物浓度的降低和降解，即污染物进入河流之后，经过河水扩散、沉淀以及生物的吸收和分解等作用，水质逐渐变好。二是有机污染物经过氧化作用变成无机物的过程。这一过程，归功于水环境中生存的微生物或生物，其为了生存繁衍所进行呼吸作用或获取食物等活动，使水环境中有机污染物经过氧化还原作用变成稳定的无机物质。其结果使物质在生态系统中沿着食物链转化和流动，得到有效利用的同时既改良了水质也改善了水环境。

但是，随着河流水体的污染和富营养化程度日益突出，水体中有机物和营养物质超过了水体自身的自净能力，就需要人为帮助水环境的改善，对此一般采用水环境修复技术。修复技术很多，常见的有修复塘技术、生物岛等，适当的应用修复技术可以促进了多种生物的共同生长，多种生物之间相互依存、相互制约，形成了有机统一体，提高了河流水环境的自净化能力，改善水质。

4. 生态用水理论

《21世纪中国可持续发展水资源战略研究》认为：广义的生态环境用水，是指"维持全球生物地理生态系统水分平衡所需用的水，"狭义的生态环境用水是指为维护生态环境不再恶化并逐渐改善所需要消耗的水资源总量"。生态需水量是一个特定区域内生态系统的需水量，而并非单指生物体的需水量或者耗水量。河流基本生态需水量的确定包括水量满足和水质保障两方面。从生态需水量概念可以得知，其本身是一个临界值，当实际河流生态系统持有的水量水质处于临界值时，生态系统将维持现状，满足其稳定健康；当河流生态系统持有水量水质大于这一临界值时，生态系统会向更稳定的高级方向演替，使系统的状态保持良性循环；与此相反，当系统持水水量水质低于这一临界值时，河流生态系统将逐步衰弱，环境遭到改变，最典型的现象是河西黑河流域中游对黑河水的过度利用，导致黑河断流，下游胡杨林大面积死亡，居延海面积缩小，荒漠化加剧。

河流生态需水量包括多方面的内容，主要有保护当地生物正常繁衍生息水环境的需水量和满足水体自净能力及自然状况下蒸散的需水量。为了避免由于河流生态系统需水量而产生的生态问题，在水资源开发和利用中，需要对其进行合理配置和规划，对生态需水、生活用水和工农业用水优化配给，并按照已有标准对排放污水进行处理，尽量使污水得到循环使用，以保障当地河流生态系统的稳健持续发展。

5.景观价值理论

相比较于传统河道治理，现代生态河道治理工程在注重河道其他功能之外，也注重河道的景观价值，景观价值和河流的生态价值及社会价值并称为河流的三大价值，相对应于河流的景观功能、生态功能和社会功能。在生态水利工程理论部分，基本原则中对此已经有所论述，在此不加以赘述。

三、生态河道治理研究的内容

生态河道治理研究的内容很多，在各个领域内都有学者研究，分析可归纳为以下部分。

（1）生态河道治理理论研究，主要研究河道治理中存在的问题和治理目标，并根据已有的工程或技术，针对问题或目标提出和研究一系列的理论方法，以使生态河道治理具有可行性和科学性，如上文中的理论基础就是现有的研究成果。

（2）生态河道治理工程技术研究。生态河道治理中会遇到很多实践问题，而这些问题的处理需要在现有工程技术的支持上得以解决，当现有工程技术不能解决一些问题时，则就需要对新的工程技术加以研究。现有的工程技术有很多，比如河道生态修复技术，各样的施工技术等。

（3）生态河道工程设计研究，主要是对河道工程进行工程设计和方案的选取。在治理河道上，需要因地制宜，在现有工程技术的基础上，多方案规划设计，选取最优方案进行工程建设。

（4）生态河道治理工程的评价和管理研究。生态河道治理工程的评价体系分为前期评价和后期评价，前期评价即是工程建设前就开始的评价，旨在评价工程的可行性、科学性以及影响预测评价；后期评价是对工程的持续监督，旨在观测工程带来的影响，以确保工程的危害性最小，并对出现的新问题得以及时处理。

生态河道工程管理主要有建设期间的管理和建成后的管理。建设期间的管理一般以工程建设方为管理主体，而建成后的管理主要是水务部门的管理。具体则需要根据当地情况而定。

四、生态河道治理中存在问题和对策

国内在河道治理方面，处于生态河道治理发展阶段，自然存在一些不足：

（1）对于河道的治理仍然停留在传统地步，仅有一部分实现了河道的生态治理。河道治理整体上或局限于水利工程学、环境科学与生态学的浅显结合，或者仅仅以水利工程学为指导，忽视了与其他相关学科的交流联系和结合。具体表现在一些水利工程在建设之后造成了河流形态渠道化和间断，导致了河流生物物种的多样性下降。针对这种现象，需要水利部门加快生态水利工程研究，提倡生态水利建设，加大对其资金投入。

（2）缺少对治理河道周边生物群落历史资料，并忽视其与水文要素之间的联系。对常规水文地质勘测的进行处于表象，存在对现状认识模糊，盲目从经验或表象来治理。对此需要建立河道生态系统长效监测机制，对河道的主要生态要素和水文要素进行定期定点或选点抽查监测，以确保做到对河道生态系统的长效监督控制和管理。

（3）河道治理工程的规划设计上，虽能结合水力学等学科，满足景观需要和河流的水力要求，但损害了河流的生态结构，造成河流生态功能的减弱，且设计创新性不够，仍然局限于传统河道治理工程的设计模型。对此要在河道治理工程设计规划建设之初，以构建生态系统结构完整为目标，以使河道工程确保河流功能的健全和健康持续发展。

（4）公众对生态河道治理理念的意识淡薄，其参与积极性有待提高，并应加强与公众之间的交流，使工程设施更加具有亲民亲水性。这样的问题，需要政府部门引导，并加大宣传力度，使广大群众能够认识并参与到生态河道保护中去，自觉保护河道环境，维护河流生态系统的持续发展。

（5）工程措施与非工程措施侧重不一。针对这一问题，在工程设计和实施上追求安全、实用和美观，非工程措施上需要加强建设与水资源有关的监督管理系统等，以做到工程措施与非工程措施并重。

第四节 生态河道设计

生态河道设计作为生态河道治理工程中的主要研究内容之一，是治理工程建设的基础和核心，只有良好的设计才可以使建设工程更好地发挥其作用。在生态河道设计方面的研究已有很多，生态水利工程的设计理论和应用技术都有所发展。生态河道的设计内容和设计类型等问题在具体的设计中虽有所差异，但大致相同。

一、相关规范、法规的解读

河道具有防洪、排涝、灌溉、航运等功能，相对的也就衍生了许多的工程规范、行业法规以确保河道的这些功能发挥作用。但是，往往景观设计师们在对某条河道进行生态、景观规划设计的时候，缺乏对这些规范与法规的了解，造成了很多景观或建筑占用河道，影响河道正常功能的发挥。或者，水利工程设计师们改造的河道偏重工程化、硬质化严重。缺乏优美的城市绿地景观与生态涵养地。

河道的规划设计作为一门交叉学科，需要水利、生态、景观、旅游等各个方向的专家、学者参与。但是，目前国内河道的整治、规划设计往往只有水利或只有景观方向的人参与，难免顾此失彼，造成河道无法综合考虑水利、生态、景观方面的法规、规范等因素，使得河道改造无法朝着人们期望的方向发展。

（一）河道防洪堤外侧保护范围的划定

依据《堤防工程管理设计规范》的要求，一般依据防洪标准的不同，防洪工程保护范围也会相应变化。在堤防工程背水侧紧邻护堤地边界线以外应划定一定的区域作为工程保护范围。堤防工程保护范围的横向宽度可参照表规定的数值确定别。

表6-4-1　堤防工程保护范围数值表

工程级别	1	2、3	4、5
保护范围的宽度	200 ~ 300	100 ~ 200	50 ~ 100

在城市规划中，河道绿线范围的划定不能小于河道防洪堤外侧保护范围的宽度。依据每个城市的土地利用情况和河道防洪工程等的不同，会有所调整。生境的质量和物种的数量都受到廊道宽度的影响。研究结果表明，河岸植被的宽度至少在30m以上时才能有效发挥环境保护方面的功能，包括降温、过滤、控制水的流失、提高生境多样性的作用；河岸植被在60m的宽度，则可以满足动植物迁移和生存繁衍的需要，并起到生物多样性保护的功能。逐步构建完整的生态系统保护带。

因此，在对河道规划设计时，河岸两侧的绿线保护范围的合理划定是工作的基础，对营造良好的生态及景观效果非常重要，是规划设计时必须满足的前提条件。

（二）整治工程总体布局

1. 堤线布置遵循的原则

《堤防工程设计规范》（GB50286-98）规定堤线布置应遵循下列原则：

（1）河堤堤线应与河势流向相适应，并与大洪水的主流线大致平行。一个河段两岸堤防的间距或一岸高地一岸堤防间的距离应大致相等，不宜突然放大或缩小（且与中水河槽岸边线大致平行）。

（2）堤线应力求平顺，各堤段平缓连接，不宜采用折线或急弯。

（3）堤防工程应尽可能利用现有堤防和有利地形，修筑在土质较好、比较稳定的滩岸上，留有适当宽度的滩地，尽可能避开软弱地基、深水地带、古河道、强透水地基。

（4）堤线应布置在占压耕地、拆迁房屋等建筑物少的地带，避开文物遗址，利于防汛抢险和工程管理。

（5）湖堤、海堤应尽可能避开强风暴潮正面袭击。

（6）海涂围堤、河口堤防及其他重要堤段的堤线布置应与地区经济和社会发。展规划相协调，并应分析论证对生态环境和社会经济的影响。必要时应做河工模型试验。

2. 河道两岸堤防间距

整治河段两岸堤防间距的确定应符合下列规定：

（1）两岸新建堤防的堤距应根据流域防洪规划分河段确定，上下游、左右岸兼顾。

（2）应根据河道的地形、地质条件，水文泥沙特性，河道演变规律，分析不同堤距的技术经济指标，综合权衡有关自然、社会因素后分析确定。

（3）应根据社会经济发展的要求，考虑现有水文资料系列的局限性，滩区长期的滞洪、淤积作用，生态环境保护和远期规划要求，留有余地。

（4）受山嘴、矶头或其他建（构）筑物等影响，泄洪能力明显小于上、下游的窄河段，应采取展宽堤距或清除障碍的措施。

3. 河岸整治线的确定

规定河道整治线宜用两条平顺、圆滑线表示，一般拟定整治线的步骤和方法为：

（1）进行充分的调查研究，了解历史河势的变化规律，在河道平面图上概化出 2 ~ 3 条基本流路；

（2）根据整治目的，河道两岸国民经济各部门的要求，洪水、中水、枯水的流路情况及河势演变特点等优选出一种流路，作为整治流路。

（3）由整治河段开始逐个弯道拟定，直至整治河段末端。

（4）第一个弯道作图前首先分析来流方向，然后再分析凹岸边界条件，根据来流方向，现有河岸形状及导流方向规划第一个弯道。凹岸已有工程的，根据来流及导流方向选取能充分利用的工程规划第一个弯道，选取合适弯道半径适线，使凹岸整治线尽量多地相切于现有工程各坝头或滩岸线。按照设计河宽绘制与其平行的另一条线。

（5）接着确定下一弯道的弯顶位置，绘制下一个弯道的整治线。用公切线把上一弯道的凹（凸）岸整治线连接起来。如此绘制直至最后一个河弯。

（6）分析各弯道形态、上下弯关系、控制流势的能力、弯道位置对当地利益的兼顾程度，论证整治线的合理性，对整治线进行检查、调整、完善。

（7）必要时应进行河工模型试验，验证整治线的合理性和可行性。

（8）应依照整治线布置河道整治工程位置。坝、垛等河道整治工程头部的连线、称整治工程位置线。在进行河道整治工程位置平面布置时，首先要分析研究河势变化情况，确定最上的可能靠流部位，整治工程起点要布设到该部位以上。在整治工程的上段尽量采用较大的弯曲半径或采用与整治线相切的直线退离整治线，且不宜布置成折线，以利迎流入弯。一般情况下，整治工程中下段应与整治线重合。在工程中段采用较小的弯曲半径，在较短的弯曲段内调整水流方向，在整治工程下段，弯曲半径比中段稍大，以便顺利地送流出弯。

（三）河道内建（构）筑物建设规范

1.《堤防工程设计规范》的一般规定

（1）无论是天然河道，还是新开挖河道，都会建有或规划建设许多与河道连接和交叉的各种类型的建（构）筑物。经对我国大江、大河及新开挖的淮河入海水道、南水北调输水河道工程建设情况的调查，河道内建（构）筑物按功能、布置形式基本可分为：穿堤、跨堤、穿河、跨河、临河、拦河等类型。

（2）河道内建（构）筑物的建设数量不断增多，影响河道行洪和河床稳定，对河道的管理运用和防洪工程安全产生不利影响。因此，在河道整治设计中，必须按照规划设计的河道行洪断面和水位，进行各类建（构）筑物工程的选址和布置，合理规划，满足河道行洪、河势稳定、防洪工程安全和工程管理运用的要求。

2.《河道整治设计规范》的一般规定

（1）跨河类建（构）筑物包括横跨河道以上的管道、桥梁、桥架、渡槽、各类架空线路等。

（2）跨河类建（构）筑物应少设支墩，支墩应对称布置，尺寸、形状应利于行洪通畅、流态平稳，支墩基础顶面应低于河道整治规划河底最大冲刷线 2.0m 以下。对通航河道，支墩间距应满足航道要求。

（3）跨河类建（构）筑物的上下游河岸和堤防应增做护岸、护堤工程，护岸、护堤的长度应按河道演变分析或河工模型试验成果确定。

（4）与上行对齐跨河类建（构）筑物中的桥梁、桥架、渡槽等的梁底必须高于所处河段的设计洪水位，并留有适当超高。不通航河道，超高不小于 2.0m；通航河道，应按规划的航道标准确定

3.《防洪法》的一般规定

第二十二条河道、湖泊管理范围内的土地和岸线的利用，应当符合行洪、输水的要求。禁止在河道、湖泊管理范围内建设妨碍行洪的建筑物、构筑物，倾倒垃圾、渣土，从事影响河势稳定、危害河岸堤防安全和其他妨碍河道行洪的活动。禁止在行洪河道内种植阻碍行洪的林木和高秆作物。在船舶航行可能危及堤岸安全的河段，应当限定航速。限定航速的标志，由交通主管部门与水行政主管部门商定后设置。

第二十六条对壅水、阻水严重的桥梁、引道、码头和其他跨河工程设施，根据防洪标准，有关水行政主管部门可以报请县级以上人民政府按照国务院规定的权限责令建设单位限期改建或者拆除。

第二十七条建设跨河、穿河、穿堤、临河的桥梁、码头、道路、渡口、管道、缆线、取水、排水等工程设施，应当符合防洪标准、岸线规划、航运要求和其他技术要求，不得危害堤防安全，影响河势稳定、妨碍行洪畅通；其可行性研究报告按照国家规定的基本建设程序

报请批准前，其中的工程建设方案应当经有关水行政主管部门根据前述防洪要求审查同意。

因此，考虑到河道的行洪排涝，在对河道进行规划设计或改造的时候应该严格遵循《堤防工程设计规范》《河道整治设计规范》《防洪法》《水法》《水土保持法》等法规，特别是在河道内布置建筑，应该在做过充分的论证分析的基础上，按照相关的设计规范，规划建设相关景观、生态等建筑。

（四）典型河段整治基本要求

一般微弯型的河段是较为理想的河段。但是，过度弯曲的河段有很多不利之处，不仅容易产生大强度崩岸，使大量滩地坍失，直接危及堤防、农田、村镇的安全；而且由于弯道泄水不畅，会增加洪水危害；随着河岸崩退而产生的河势变化，会使沿岸取水工程等遭淤积和冲刷，不能正常使用；河道的过度弯曲还会增加航运里程，妨碍船只行船。当对过度弯曲的河段采用防护和控导工程措施整治而不能从根本上改善河道的不利状况时，可考虑实施裁弯工程。因裁弯工程改变了河势，对上下游、左右岸的影响太大，应充分论证实施裁弯工程的必要性和可行性。

裁弯工程是一种从根本上改变河道现状的河道整治工程，要保证工程取得成功，必须认真做好裁弯工程的规划设计工作。裁弯方案的不同引河线路，在工程效益和工程投资上，差异巨大，必须进行多方案比较综合选定，必要时应通过河工模型试验，选择最优方案。

当需要系统裁弯时，个别裁弯须放在系统裁弯中统一考虑。因为裁弯使水流流路发生了根本性的变化，要使邻近裁弯的河段能够顺应河势，平顺衔接，必须统一考虑。实践表明，进行系统裁弯时，必须在一个裁弯成功之后，才能开始另一个裁弯，而裁弯顺序以自上而下为宜。

二、生态堤岸设计原则

在生态河道设计中，具体到生态堤岸的设计，依据国内外生态堤岸的成功经验，结合生态水利工程的基本原则和所设计河道特点，生态堤岸设计应遵循以下几个原则。

（1）堤岸应满足河道功能和堤防稳定的要求，降低工程造价，对应于生态水工学中安全性与经济性的原则；

（2）尽量减少工程中的刚性结构，改变堤岸设计在视觉中的审美疲劳，美化工程环境，对应于生态水利工程原则中的景观尺度与整体性原则；

（3）因地制宜原则；

（4）设置多孔性构造，为生物提供多样化生长空间，对应于生态水工学中的空间异质性原则；

（5）注重工程中材料的选择，避免发生次生污染。

（6）在设计初，要考虑人类自身的亲水性，其实质对应于生态水利工程中的景观尺度和整体性原则。

三、生态河道设计内容

河道治理工程中，在工程具体设计出具之前，我们需要对河道的流量和水位进行初步设计，这是工程设计的基础。为了保护地区安全，需要结合当地水文特点，选择符合其防洪标准的洪水流量，确定最大设计水位。需要根据通航等级或其他整治要求采用不同保证率的最低水位来设计最低水位。在叙述以下设计方案之前，首先把河道水位设计提出来，是因为不管河道的各种设计方案如何，它都是以防洪为基础目标，在此基础上，才可以更好地对方案设计，对各项指标要求或景观目标进行布局。

1. 河道的平面设计

对整个河道的总体平面进行设计，即线性设计，是进行生态河道建设必由之路，也是把握和控制整个系统的关键所在，其设计标准下河流的过流能力是设计最基本的要求。目前由于人类对土地的需求过大，河道地带也不断遭受侵占，河道变得狭窄，水域面积减少，造成河道生态系统破坏，因此，在河道规划设计时，在满足排洪要求的情况下，应随着河道地形和层次的变化，宽窄直曲合理规划，以恢复河流上下游之间的连续性和伸向两岸的横向连通性，并尽量拓宽水面，即有利于减轻汛期河道的行洪压力，而且扩大了渗水面积，为微生物繁衍提供条件，给了生物更多的生存空间。同时，对补给地下水、净化大气、改变城市环境润泽舒适方面，将起到举足轻重的作用。将河道设计成趋于近自然的生态型河道，以满足人类各方面效益的需求。

在传统河道治理中，人们仅仅把河道当成泄洪的渠道，其设计仅仅满足了泄洪的需要，即以保证最大洪水安全通过。这样的目的导致的结果是河道治理简单化，仅仅是将河道取直，河床挖深，加强驳岸的牢固稳定，而忽视了河道的自然生态功能和景观功能。在违背了生态水利工程学的理念和原则的前提下，自然也违背了生态河道的理念和设计原则。对此，我们需要结合河道地势，部分河段扩宽，拆除混凝土构筑物，充分发挥空间多边、分散性的自然美，使河流处于近自然状态。即加强了水体的自净能力，也使水质自净化处于最佳状态。同时，也需要注重细节上的设计。譬如，为了水鸟等生物的生存，应该适当恢复和增加滨水湿地的面积；为了鱼类更好的繁衍生息，应该使河道有近自然状态的蜿蜒曲折，深潭和浅滩交错分布；为了陆生和两栖动物在河流和陆地之间活动方便，在河道堤沿建设时，适当的预留动物横向活动的缺口；为了使河流上下游生物之间的流动，则减少堰坝的数量，或者寻找可以替代堰坝的设计方案等等一系列的措施付诸实践，都是需要在最初设计时考虑的问题。

设计者在设计时，如果涉及城镇区域内的河道设计，还需要考虑其景观的美学价值和社会功能。这就需要结合所规划地的具体情况，构建一些供居民亲水、近水的活动场所。从生态学的角度来讲，符合"兵来将挡，水来土掩"的自然规律，局部环境的改善可以为生物多样性创造条件，提高生态系统的稳定性，使其健康发展。从工程学的角度来讲，河堤建设是在抗洪防汛的前提下完成的，可以有效地降低水流的流速，减小其冲击力，利于保护沿岸河堤。从水利学来讲，它满足了水利学的基本要求，达到了人们的治理目的。

2. 河道断面设计

生态河道断面设计的关键是在流过河道不同水位和水量时，河道均能够适应。如高水位洪水时不会对周边民居农田等人们的生命财产安全产生威胁，低水位枯水期可以维持河流生态需水，满足水生生物生存繁衍的基本条件。一般的设计中，在河道原有基础上，需要对河流的边坡或护岸进行整治，以使河道横断面符合设计者的要求和目的。河道断面具有多样性，最常见的有矩形断面、单级梯形及多层台阶式断面等断面结构等。已有的断面结构虽然能一定程度上为水生动植物、两栖动物及水禽类建造出适合其繁衍生息的生境，可是其局限性和不足在长时间的实践中已经显现出来，妨碍了河流生态系统的健康稳定和可持续发展。

传统河道断面的设计，基本以矩形和单级梯形断面为主的混砖石凝土材料皇砌而成的高堤护岸形式，主要作用是洪水期泄洪和枯水期蓄水为主，但蓄水时，一般辅助以堰坝和橡皮坝，单独的蓄水功能很差。在河道平面设计的论述中，我们得知河堤设计时，为了陆生和两栖动物在水陆生态系统之间自由活动，在河堤护岸设计时，需要预留适当的缺口，而在断面设计中，同样的问题亦需要我们注意，因为过高的堤岸会使陆生和两栖动物不能自由地跃上和跳下，来往于水陆生态系统之间，生物群落的繁衍生息遭受阻隔。为避免水生态系统与陆地生态系统受到人为隔离状况的产生，在设计中，梯形断面河道虽然在形式上解决了水陆生态系统的连续性问题，但亲水性较差，坡度依然较陡，断面仍在一定程度上阻碍着动物的活动和植物的生长，且景观布置差，若减小坡度，则需要增加两岸占地面积。

针对这一问题，水利设计者们设计出了复式断面，即简单概述为：在常水位以下部分采用矩形或者梯形断面，在常水位以上部分设置缓坡或者二级护岸，在枯水期水流流经主河道，洪水期允许水流漫过二级护岸，此时，过水断面陡然变大。这样的设计，不但可以满足常水位时的亲水性，还可以使洪水位时泄洪的需求，同时也为滨水区的景观设计提供了空间，有效缓解了堤岸单面护岸的高度，结构整体的抗力减小。另外在河道治理过程中，我们还需要断面的多样化。断面结构，很大程度上影响着水流速度，从而影响水流的形式（紊流和稳流等），进而影响水体溶氧量，利于水生生物的生长和产生多样化的生物群落，造就多样化的生态景观。

尽管复式断面的产生，很大程度上满足了基于生态水利工程学的河道治理，但是，我们仍要注重方案的执行，在细节上更进一步完善断面的宏观和微观设计。

3. 河道河床、护岸形式

河道治理中，建设符合生态要求且具有自修复功能的河道的是水利设计者的目标，这就要求我们要对河道护岸的形式加以研究，提出合理的设计方案。在绝大多数河道治理工程中，很少考虑到河床的建设，仅仅是对其进行休整、改造或修建堰坝和橡皮坝，但是，少数穿过城区河流的河床却遭受大的建设，而这些建设基本是河床硬化，使河堤和河床固为一体，满足城市泄洪的需要。建造堰坝、橡皮坝或河床硬化等等，这些措施的实施，已然产生了系列问题，但截至目前，并没有新的有效设计方案产生，这将是我们要研究的问题。

在河道护岸形式上，我们选择生态护岸类型。生态护岸即满足河道体系的防护标准，又有利于河道系统恢复生态平衡的系统工程。常见的有栅格边坡加固技术、利用植物根系加固边坡的技术、渗水混凝土技术、生态砌块等形式的河道护岸。其共同特点是具有较大的孔隙率，能够让附着植物生长，借助植物的根系来增加堤岸坚固性，非隔水性的堤岸使地下水与河水之间自由流通，使能量和物质在整个系统内循环流动，即节约工程成本，也利用生态保护。但生态护岸的局限性是选材和构筑形式，由于材料和构筑形式与坡面防护能力息息相关，这要求设计者结合实际的坡面形式选择合适的结筑形式。

4. 生物的利用

在生态河道设计中，不但要注重形式上的设计，而且要注重对生物的利用。设计者可以以生态河道治理理论为基础，借助亲水性植物和微生物来治理水体污染和富营养化。比如设计新型堰坝，使水流产生涡流，增加水体中的含氧离子，促进水环境中原有喜氧微生物繁衍，有效降解水中的富营养化物质和污染物，同时也提高了水体自净能力。在此基础上，向河道引进原有的水生生物和亲水性植物，恢复水体中水生生物和近水性植物的多样性，如种植菖蒲、芦苇、莲等水生植物，进一步为改善河道生态环境和维护水质提供保障。在河道堤岸的设计中，要善于利用植物的特点，美化堤岸，强化堤岸的景观功能。比如在相对平缓的坡面上，可以利用生态混凝土预制块体进行铺设或直接作为护坡结构，适当种植柳树等乔木，期间夹种小叶女贞等灌木，附带些许草本植物；在较陡坡面上，可以预留方孔，在孔中种植萱草等植物，在不破坏工程质量的基础上，美化了环境，提高了堤岸的透气性和湿热交换能力，有抗冻害，受水位变化影响小等优点。

四、河道护岸类型

在河道治理中，最常遇到的是生态河道治理和城市河道景观改造。生态河道治理一般是指对非城区河道的治理，但也可对城区河道进行生态治理，而城市河道景观改造主要针对城区河道而言，二者之间并无明显界限，针对具体情况而定。一般而言，生态河道治理一般要求所治理河道空间宽泛，且与周边生态系统联系密切，而农村河道基本满足其要求。对于城区河道景观的改造，如果满足空间宽泛的要求，也可对其进行生态治理，使其恢复良好的生态条件，美化人居环境。实际上，城区河道往往受制于空间限制，对其进行生态治理比较困难，因此，多数仅仅进行河道驳岸的改造。

（一）生态河道护岸类型

生态护岸工程现已在很多河道治理工程中得到应用，并总结出了一些护岸类型。总的来讲，生态型护岸就是具有恢复自然河岸功能或具有"渗透性"的护岸，它即确保了河流水体与河岸之间水分的相互交换和调节功能，同时也具备了防洪的基本功能，相比于其他一些护岸，它不但较好地满足了河道护岸工程在结构上的要求，而且也能够满足生态环境方面的要求。在生态河道治理中，生态护岸的类型有很多中，分析归纳为基本的三种形式。

1. 自然原型护岸

自然原型护岸，主要是利用植物根系来巩固河堤，以保持河岸的自然特性。利用植物根系保护河岸，简单易行，成本低廉，即满足生态环境建设需求，又可以美化河道景观，可在农村河道治理工程中优先考虑。

一般在河岸种植杨柳及芦苇、菖蒲等近水亲水性植物，增加河岸的抗洪能力，但抗洪水能力较差，主要用于保护小河和溪流的堤岸，亦适用于坡面较缓或腹地宽大的河段。

2. 自然型护岸

自然型护岸，是指在利用植物固堤的同时，也采用石材等天然材料保护堤底，比较常用的有干砌石护岸、铅丝石笼护岸和抛石护岸等。在常水位以上坡面种植植被，实行乔灌木交错，一般用于坡面较陡或冲蚀较重的河段。

3. 复式阶级型护岸

复式阶级型护岸是在传统阶级式堤岸的基础上结合自然型护岸，利用钢筋混凝土，石块等材料，使堤岸有大的抗洪能力。一般做法是：亲水平台以下，将硬性构筑物建造成梯形箱状框架，向其中投入大量石块或其他可替代材料，建造人工鱼巢，框架外种植杨柳等，近水侧种植芦苇、菖蒲等水生植物，借用其根系，巩固提防；亲水平台之上，采用规格适当的栅格形式的混凝土结构固岸，栅格中间预留出来，种植杨、柳等乔木，兼带花草植物。其他类型如新型生态混凝土护岸，将在下文中继续阐述。这类堤岸类型适用于防洪要求较高、腹地较小的河段。

（二）城市河道驳岸类型

城市河道的水生态规划设计已研究很多，城市河道生态驳岸具有多样性的形式和不同的适应性，其功能和组成与自然河道相比有很大不同。在城市河道景观改造中，驳岸主要有以下 3 种类型：

1. 立式驳岸

立式驳岸一般应用在水面和陆地垂直差距大或水位浮动较大的水域，或者受建筑面积限制，空间不足而建造的驳岸。此视觉上显得"生硬"，有进一步进行美化设计的空间。

2. 斜式驳岸

斜式驳岸就是与立式驳岸相对应而言的，只是将直立的驳岸改为斜面方式，使人可以接触到水面，安全性提高，要求有足够的空间。

3. 多阶式驳岸

多阶式驳岸，和堤岸类型中的复式阶级型堤岸相似度极大，但又有明显差别，建有亲水平台，亲水性更强，但同复式阶级型堤岸相比，人工化过多，单一性明显，亲水平台容易积水，忽视了人和水之间的互动关系。对水文因素和水岸受力情况分析不到而采取简单统一的固化方案，没有考虑河道的生态环境和景观。现多被生态多阶式驳岸替代，而生态多阶式驳岸与复式阶级型河堤形式基本相同。

五、河道的设计层面

在设计层面上，必须认识到河流的治理不仅要符合工程设计原理，也要符合自然生态及景观原理。即大坝、防洪堤等水利工程在设计上必须考虑生态、景观等因素。

（一）河道线形、河床设计

对于大多数渠道化的河道，由于受经济、社会和自然条件的制约，拆除堤防和其他方法来完全恢复到历史的状态是不切实际的，但在有些情况下仍有可能恢复其蜿蜒模式。

1. 河道蜿蜒性的确定

与直线化的河道相比，蜿蜒化的河道能降低河道的坡降，从而减小河道的流速和泥沙的输移能力。通过恢复河道的蜿蜒性能增加河道栖息地的质量和数量，并营造更富美感及亲水性的景观。蜿蜒度是指河段两端点之间沿河道中心轴线长度与两点之间直线长度的比值。

一般在河道改造过程中，遵循"宜宽则宽，宜弯则弯，尽量使河道保持自然的形态"的原则，但是，在具体的河道线形中，如何确定河道的蜿蜒性，怎么使河道在兼顾"宜宽则宽，宜弯则弯"的同时，还能保持河道各系统的稳定性，是设计时首先需要解决的问题。

一般在河道设计中，有关蜿蜒性恢复的方法有如下几种：

（1）参考法

即参考历史上河道的蜿蜒性状态，设计参考原有的宽度、深度、坡降和形态等；并通过历史调查、航拍或钻孔等手段获得有关技术资料；或参照具有类似地貌特征的其他流域。但是，河道生态系统等的改变具有不可逆转性，不能一味照搬原有河道模式。必须建立在大量分析河道稳定性的基础上，进行局部修复。

（2）应用经验关系

很多学者提出了不同的蜿蜒性参数和其他的地貌、水文之间的经验关系式，如 Leopold（1964）等提出了蜿蜒波长一般为河道宽度的 10 ~ 14 倍；或按照正弦曲线样态，计算出蜿蜒河道各点的坐标来近似确定河道中心线；或采取河弯跨度，与河道平滩宽度的经验公式计算：Lm=（11.26 ~ 12.47）W。绝大多数蜿蜒河段的，曲率半径与河宽之比介于 1.5 ~ 4.5 之间。如果计算得到的河宽跨度太长或蜿蜒河段的宽度无法达到，就需要引入其他工程措施以减小河道坡降并对河床进行加固处理。

2. 河道底宽、面宽与深度的确定

在河道设计中，河道宽度、深度、坡降和形态是互相关联的变量，河道修复应尽量保

持原有的几何形态，如果待修复河段不稳定，可将参照河段的宽度测量结果取平均值来确定待修复河段宽度的选择范围。

3. 深槽、浅滩的设计

深槽、浅滩是蜿蜒型河道的典型地貌特征。如果受城市建筑、道路等的影响，渠道化顺直的河道无法在平面形态上得以修复成蜿蜒的形态，那么，可以通过深潭、浅滩的形式，达到生态改造的目的。一般深槽—浅滩的修复是以序列的形式，在对河道历史形态调查的基础上修改和重建。

如果河道近于顺直（蜿蜒度小于 1.2），浅滩（深槽）的间距可根据经验按河宽来确定，取 5 ～ 7 倍河宽，浅滩（深槽）间距的 2 倍即为一个蜿蜒模式内的河弯跨度间。

4. 防洪与生态、景观结合的河滩地设计

河滩地的高程设计，应在满足 3 ～ 5 年遇防洪要求的前提下，尽可能降低滩地高程，以加大行洪断面，增加亲水体验。河滩地既扩大了行洪断面，又为鸟类、两栖动物的生存提供了生存空间，也为人类休闲、游憩提供了条件。

（1）从生态的视角看，浅滩作为河道内重要的栖息地，具有满足生物个体与种群间生存的化学及物理特性的河流区域。因此，设计时，用生态的方法，通过调整水流的时空分布，改善栖息地质量，包括：水质、产卵地条件、摄食条件和洄游通道等等。具体的改善生态结构包括：小型丁坝、堰、树墩、遮蔽物等。这些结构通过控制河道坡降，维持河道稳定的宽深比，降低近岸的流速，保护河道的坡岸，并改良鱼类的栖息地。

（2）以景观的角度看，在各类生物的栖息环境、自然教育、环境绿化美化、岸边旅游休闲和人类的日常生活之间寻找一个最佳平衡点，建立一种尊重自然，爱好自然，亲近自然的新模式。将休闲地、绿地设置于河滩地，一方面增强了游人的休闲亲水性，一方面，河滩地设计成草坪、草地等开敞空间，适当设置树丛、灌木，可以根据需要布置一些亲水的平台和台阶，来满足游人散步、骑自行车、放风筝等游憩活动。在滩地宽度足够大时，可以设置露天球场等活动设施。此外，在河滩地不宜布置假山、雕塑、亭台等阻水性的园林建筑，应以满足河道防洪需求为主。

（二）河道断面设计

由于河道所处的环境及周边的土地利用情况的不同，相对应河道断面也可选择不同的形式，如对于北方大部分的季节性河流，一年之中水位变化较大，或大部分时间为污水，为解决景观及防洪的需求，通常采用复式断面结构；对于在人口集聚地河流断，由于河道两岸空间相对狭小，河道通常采用梯形和矩形断面形式。

断面设计的基本标准是满足设计出的河道能够应对不同水位和过水量的要求。在此基础上，河流还应该有凹岸、凸岸、浅滩和沙洲，这样才能为各种生物提供良好的栖息场地，发挥降低河水流速、削减洪峰流量的作用。

1. 复式断面

河道断面的选择除了考虑河道的排洪功能、河道两侧土地利用外，应结合布置河岸生态景观，注重维护河道的自然生态平衡，恢复生物多样性，回归自然，尽量为水陆生物创造良好生境。同时，体现亲水性，方便人们的休闲，亲近自然。

传统的河道设计常采用矩形或梯形断面，以满足洪水期排洪或者河道蓄水的需要，但是，由于雨量在时空上的分布不均匀，同一河道在设计洪水标准下的洪水流量可能是枯水期流量的几十或几百倍。为了满足洪水期泄洪要求，往往设一计成矩形或梯形坡面较陡，亲水性差，不利于生物生长，景观布置困难，而缓坡断面又受到建设用地的限制。

从景观与防洪方面看，在枯水期河道应有一定的水面宽度和水流深度。河道必须有较大的行洪断面；而为了保持枯水期河道景观，河道断面不宜太大。解决该矛盾的最好方法是河道采用复式断面。常水位以下河道可采用矩形或者梯形断面，在常水位以上则应设置缓坡或者二级护岸，允许洪水期部分洪水漫滩，平时则成为城市中理想的开敞空间，具有很好的亲水性和临水性，适合居民自由休闲游憩。从而解决了常水位期时人们对河道亲水性的要求和洪水期河道泄洪的要求。

从生态与防洪角度看，在满足河道功能的前提下，应尽量减少人工治理痕迹，保持天然河道面貌，采用原泥土、鹅卵石驳岸等方法保持河岸原始风貌。在边坡上则采用自然生态岸坡，种植草皮灌木等，保持近自然形态的景观，保护原有河道生态系统。既能保证枯水期有一定的水深，能够为鱼类、昆虫、两栖动物的生存提供基本条件，同时又能满足防洪要求。

2. 梯形或矩形断面

在人口密集地周边的河道，河道两岸空间较狭小，且居民对于河道功能的要求较高。则采用矩形或梯形断面以满足防洪需求并尽可能在有限的空间满足各种需求。包括景观的合理布置、护岸的选择来充分体现河道安全、休闲和亲水的功能，营造人水和谐的人居环境，以提高城市的品位。

（1）梯形断面

梯形断面可采用上部和下部不同的坡度形式，下部分较陡，注重防洪，上部分适合放缓以满足生态及景观的要求，局部设置人行台阶、种植花树，实现河道断面的景观化。因此，梯形断面可根据不同的地形、地势，考虑挡土墙与河岸景观相结合，采用不同形式、材料、造型等的护岸，掩盖堤防特征，同时，采用合适的护岸材料，营造安全舒适的亲水景观型河道。

（2）矩形断面

矩形断面的直立陡坡难以满足亲水要求，但由于人口的密集，河道两岸空间狭小，所以矩形断面无可避免地会在城市中使用到。但考虑到生态及景观的需求，护岸可采用生态化的形式，来保护生态多样性，防止河道渠化。如在护岸的石块孔隙中容许植物的生长，在一定程度上增加河岸的生境多样性。

3. 河道断面的不对称性设计

以往受堤防工程约束或河道两侧用地的局限，河道断面几何特征一般为对称规则型的形态，相对均与的流场会因一些局部扰动而发生小的紊乱，这些扰动会在河道的不同位置被放大和抑制，从而加速水流发散和收缩，导致河道趋于不稳定。因此，在用地条件限制而无法实现河道蜿蜒性的改造时，则可以采取把河道横断面恢复到更加自然的地貌形态。对河道的岸坡坡度进行重新设计，使河道的断面具有不对称的几何特征，从而引导水流以形成不同地貌特征的河道形态，如深潭、浅滩、河漫滩等，诱发河道自由发展，从而恢复河道相对自然及动态平衡的状态。不过，必须注意的是应防止河道过度摆动而产生河岸冲蚀的问题，这则需要用用河岸的加固措施。如典型的设计手法是使河道具有不同的河道断面坡度，如凸岸的坡度为 1：5，凹岸的坡度为 1：1，则水流会在凹岸形成冲蚀深潭，而在凸岸会发生水流发散及泥沙的淤积现象，以形成边滩、弯曲段及河漫滩地。

（三）河道水利工程建筑、设施的生态及景观设计

河道水利工程建筑及设施一般包括：各种水闸，如分水闸、分洪闸、进水闸；各种堤坝，如丁坝、顺坝、滚水坝、护岸；各种港工建筑物，如码头、船坞、另外，取水口、跌水、泵站以及跨河桥梁等。这些建筑设施往往是河道景观上的重要节点，其设计除满足基本功能外，还应该从景观的角度去考虑。

1. 水工建筑设计的规范要求

如前面所述，水工建筑物由于涉及河道的防洪、排涝、调控水量等功能，与其他建筑物功能及性质不同，应充分遵循《河道整治设计规范》《堤防工程设计规范》等法规、规范。如有通航要求的河道，其跨河类建筑物应少设支墩廉且支墩基础顶面应低于河道整治规划河底最大冲刷线 2.0m 以下。以及跨河类建（构）筑物中的桥梁、桥架、渡槽等的梁底必须高于所处河段的设计洪水位，并留有适当超高。不通航河道，超高不小于 2.0m 等。

2. 水工建筑的生态及景观设计

（1）设计时遵循建筑美学的一般规律，充分考虑河流周边的环境；采用适的比例、尺度；统筹体形、色彩、质地三方面的协调。

（2）水工建筑物与一般土木建筑物又有所不同，具有其他特殊的内涵，即与河流与水紧密地联系在一起，特别是由水而衍生出的地域文化特色。在水工建筑物的设计时应充分挖掘与此相关的水文化内涵，通过地域元素加以表达，形成具独特地域风格的水工建筑。

（3）水工建筑物的设计，特别是滚水坝、护岸等，具体河段可以以生态形式布置，如自然岩石的水坝，从而不造成生态阻滞现象：如鱼类的洄游通道。同时，在景观上可考虑游人的亲水性，即坝体的设计可结合种植槽、汀步等，打破生硬的线条，营造生态、景观与坝体相融合的景观。

（四）景观与生态系统双重营造的滨水区植物设计

1. 植物设计的生态性原则

对于植物生态及自然景观性的理解并不是乔灌草的简单化、形式化的堆积，而是要依据滨水水域、陆域的自然植被的分布特点和生态系统特性进行植物配置，从而体现滨水区植物群落的自然演变特征。植物设计的发展趋势是充分地认识地域性自然景观中植物景观的形成过程和演变规律，并以此进行植物配置。

植物设计应能够充分体现滨水区植物品种的丰富性和植物群落的多样性特征。营造丰富多样的植物景观，首先依赖于丰富多样的滨水空间的塑造，所谓"适树适地"的原则，就是强调为各种植物群落营造更加适宜的生境。滨水植物设计的首要任务是保护、恢复并展示滨水区特有的景观类型，而滨水区植物景观的多样性是滨水区地域性特征最显著的元素。

2. 植物设计的景观性原则

植物景观是滨水区的重要景观，也是滨水区景观的有机组成部分。规划中应根据地域特性，尽量模仿滨水区自然植物群落的生长结构，增加植物的多样性，建立层次多、结构复杂、多样性强的植物群落。合理地进行片植列植、混种等，并形成一定规模，促进植物群落的自然化，发挥植物的生态效益功能，增强滨水植被群落的自我维护、更新和发展能力，增强群落的稳定性和抗逆性，实现人工的低度管理和景观资源的可持续发展。同时，注重滨水区生态系统动植物、微生物之间的能量交流，建立适宜滨水区生态系统发展的景观形态。

滨水区往往会是城市形象的重要展示部分。规划设计在贯彻自然生态优先原则的前提下，预留完整的滨水生态的发展空间，保护城市滨水生物多样性，运用景观生态学原理，建立相应的评价系统，以提高城市滨水区及城市整体环境品质，维护景观多样性及生态平衡，其他景观设计项目让位于植物景观的生态设计。当然，规划中不仅要尊重自然生态的发展空间，也要考虑人类社会、经济生态系统运行的需求。

六、工程尺度层面

（一）河道护底与驳岸材料选择

在滨水区，驳岸是水域和陆域的交界线，相对而言也是陆域的最前沿。驳岸设计的好坏，决定了滨水区能否成为吸引游人的空间，并且作为城市中的生态敏感带，驳岸的处理对于滨河区的生态也有非常重要的影响。

目前，我国大多数城市使用的驳岸材料主要有钢筋混凝土、水泥及石砌挡土墙等缺乏渗透性和水汽交换和循环的材料。固化水体，阻断了水体与河畔陆地植被的水气循环，破坏河畔生物赖以生存的环境基础；限制河畔陆地植被的生存空间，使一些两栖动物和水生动物丧失了生存、栖息的场所；打破了河畔陆地与水体的生态平衡，逐渐使水体失去生物净化的效能。这类河道整治工程严重地破坏了自然、生态环境，使河道生态系统连续性遭到结构性破坏，因此，驳岸的处理是沿河景观设计的重点，应尽量考虑以生态驳岸和景观绿化设计相结合来代替硬性防洪工程式河岸以求达到传统与现代、工学与生态、行洪与环境的和谐统一。在生态驳岸设计中，安全仍然要放在首位，驳岸的设计要与区域防洪规划相结合，既要保证常水位下人群活动的安全，又要保证高水位下行洪的安全。

生态驳岸是指"可渗透性"的人工驳岸，是基于对生态系统的认知和保持生物多样性的延续，而采取的以生态为基础、安全为导向的工程方法，以减少对河流自然环境的伤害。

1. 生态驳岸改造指导思想

参考国内外成功改造案例，依据现有驳岸现状条件，改造的主要指导思想为：

（1）驳岸景观建设要符合城市绿地系统规划要求及城市带状滨河空间需求，滨河是提供人们日常的休闲健身和娱乐的场所；

（2）景观改造要营造亲水驳岸空间，驳岸景观设计应强调人与水的互动；

（3）河道沿线城市公园休闲景观节点应与河道休闲绿地尽量打通并连接起来，拓展河道两岸景观休闲空间，成为城市公园休闲通廊；

（4）两岸重要节点处应设游览设施及管理服务设施；

（5）沿驳岸要有较高夜景照明要求；

（6）驳岸景观改造适宜地段应尽量使用空间亲水型驳岸，增设亲水游览设施；

（7）坡脚护岸材料的选择遵循就地取材原则，注重废旧物品的再利用。

2. 生态驳岸具体类型

河段内的直立式护岸参考绿化护岸和加法护岸的营造措施，在两岸市民景观：要求不高的地段，针对出现的斜坡式石砌护岸，可采用直立式护岸中的绿化护岸形式只进行"面部"的改造，对于有河道穿越的市中心或居住区等特殊地段，景观要求较高，应采用多种坡面处理方式，在水利条件允许的前提下，适当考虑拆；除部分石砌护岸，结合生态驳岸的手法加以改造，并充分考虑人与水的互动性，加强其生态气息。具体改造措施如下：

（1）卵石缓坡

针对需改造的斜坡式石砌护岸，卵石缓坡护岸是最理想的生态护岸形式，其横断面俗称"碟形"断面，有利于两栖动物的出行，在结合水生植物种植同时，凸显了自然生态感。

于斜坡腹地广大区域，在防洪排涝条件允许的情况下结合原地形，弃除石砌斜坡，应用卵石，自然散铺于坡脚；水面与卵石与水面衔接处种植水生植物，打造自然原貌；对于水流大、腹地小的区域，卵石可考虑结合混凝土稳固基础，但临近水面区域应结合水生植物做软化处理。

（2）条石护岸

部分河段，在水利泄洪条件允许且河流较宽的情况下，考虑采用生态型条石护岸的形式。

条石应为自然型和经过粗加工的自然凿开面石材，长宽不一；

条石与条石之间不是紧密连接，不要求横平竖直整齐划一，而是尽量错落有致，体现自然、美观的概念；

于错落摆放的条石的缝隙中种植耐水湿植物，营造自然生态型驳岸；

条石护岸空隙较大，有利于形成水生生物栖息场所，丰富岸边生态体系。

（3）山石护岸

山石护岸与条石护岸相类似，山石护岸材料主要为就地取材的不经人工整形的乡土自然山石；

石块与石块之间的缝隙中尽量形成孔穴，不要用水泥砂浆填塞饱满，以此提供水生动物栖息地；

石块背部做砾料反滤层，用泥土密实筑紧，使山石与岸土自然结合为一体；

山石缝隙间、临水处栽植水生植物，点缀岸坡，体现自然美景。

（4）木桩护岸

针对斜坡式石砌护岸，大多数情况下均可采用木桩护岸形式美化坡脚：选用木桩，底部削成锥形，并进行防腐处理。木桩打入土后，对其边缘进行挖方处理，木桩高度应与直径相协调，入土参差不齐、错落有致，木桩周围种植水生植物。

采用仿木处理，以人工自然手法，具体是采用钢筋混凝土结构，表面做仿木处理，"桩"之间留有足够的空隙形成水生动物栖息地，背填卵石、砾料、细沙等作为反滤层。

（5）旧物利用

在改造斜坡式护岸的同时，遵循就地取材、旧物新用的原则。对于改造过程中产生的卵石、老条石、枯树根、废旧的轮胎、废弃的排水管、边角废料等在满足固岸需求的前提下，可充当景点装饰护岸，也是一种生态的做法。同时对旧物装饰的护岸应用卵石点缀处理，构筑成整体风格一致的驳岸景观。

（二）河床材料的选择

从生态角度看，河床材料的设计中，合理选择底质是很重要的，可参照同类河流根据地貌分类的方案进行设计，也可根据河段的上下游河段的河漫滩或古河道里开挖取样进行分析。

一般来说，底质应该尽量包括不同的粒径组成，以避免砂砾石径的均一化。其中，有棱角的砂砾要占到一定的比例，以保证砂砾之间的相互咬合。以增加河床的稳定性。

粒径大小应适当，如若太大，那么容易在高速水流作用下失稳，并且粒径太大的底质材料也不利于形成适于鲑鱼等鱼类产卵的栖息地。

第五节 河道规划层面的生态、景观与水利工程的融合

当今国内为了解决社会、经济、人口布局与水资源时空分布不协调的矛盾，或者要开发水电这种清洁能源，都离不开水库大坝等水利工程，历史和现实确定了水利基础设施在我国社会经济生活中不可动摇的地位。

但是，在以往工程水利的指导思想下，相对偏重水利等工程措施，导致大多数城市河道硬化、渠化严重，河道线形裁弯取直。生态环境遭到了巨大的破坏。所以，在河道的规划层面就必须确立生态、景观、水利工程综合整治的理念。这与传统的以单一水利工程治理河道不同，而是在不排斥大坝、电站、水闸等水利工程的基础上，融入生态与景观，将三者统筹起来考虑。这与国外"近自然河道整治"等不同，因此，国内河道的规划设计或改造不可能照搬照抄国外的改造经验。需要在兼顾大量水利工程存在的基础上，考虑生态、景观的营建。

一、河道与周边城市用地的调控

用地问题是制约城市河道成为良好的滨水景观区、城市休闲空间的一个主要的因素。现状河道的许多地方直接与城市道路、建筑等以直立墙护岸的形式相连接，已无任何的缓冲余地。但是，如前面所述，要形成一个良好的滨河景观带，尤其是建立相对完整的滨河生态系统，沿河两侧的绿地保护带至少要大于30m才能够发挥环境保护方面的功能。河岸植被在60米的宽度，则可以满足动植物迁移和生存繁衍的需要，并起到生物多样性保护的功能；同时，具备足够的空间改善河道的休闲景观，并提升城市的品位。

大多数处于城市中的河道，两岸早已存在的建筑、道路等或拆除，或保留等用地的调控都是人为可以解决的，只是要看政府重视的程度与采取的力度如何。

因此，河道两侧用地的调控是生态、景观与水利工程融合的规划设计时必须考虑的一个前提条件。只有足够的带状绿地，才能在满足防洪排涝的基础上，兼顾生态系统的完善及景观品位的提升。

二、完整的河流绿色廊道的建立

在中国快速和大面积的城市化进程中，不适当的土地利用严重损害了生态系统有机体的结构与功能，它们造成了大地景观破碎化、自然水系统和湿地系统的严重破坏、生物栖息地和迁徙廊道的大量丧失，最终加剧了城市的生态风险、降低了人居环境质量。因此，在有限的城市土地上，建立一个战略性的自然系统结构，创建良好连通的绿色生态廊道，用以高效地保障自然和生物过程的完整性和连续性，是提高人居环境质量，保障城市生态安全的有效途径。

河道绿色廊道的完整性建立也是规划阶段生态、景观与水利工程融合时必须统筹的一个关键问题。建立完整的河流绿色廊道，即沿河流两岸控制足够宽度的绿带，包括河漫滩、泛洪区、物种栖息地、景观休闲用地等，在此控制带内严禁任何永久性的大体量建筑修建，并与郊野基质连通，从而保证河流作为生物过程的廊道功能。

1. 河流的沟通

把河流网络看作是一个连续的整体系统，强调河流生态系统的结构与功能与流域的统一性。河流的连续性沟通可以从以下几方面考虑：

（1）纵向上，尽可能保持河流上中下游的连续性，因河流是生态系统物质循环的主要通道，也是鱼类和无脊椎动物的洄游和迁移的主要通道，因此，在规划阶段就应该以引水、防洪排涝等水利工程而建设的电站、大坝等应不破坏河流的连续性为原则。

（2）横向上，河流与横向 E 域存在着能量流、物质流、信息流等多种联系，共同交织成小尺度的生态系统。规划时应充分考虑河流域河岸区域的流通性，即河流与河漫滩、湿地、静水、河汊等。尤其是两岸筑堤时，不能阻滞水流的侧向连续性。

（3）竖向上，由于地下水对河流水文要素及化学成分的影响，以及河床底质中的有机物与河流的相互作用。在竖向上充分考虑衬砌的透水性，如果采用不透水的混凝土或浆砌块石材料作为护坡材料或河床底部材料，将会割断地表水与地下水之间的联系，也割断了物质流。

（4）在时间尺度上，自然河流生态系统的改变需要极长的时间，有研究指出，湿地重建或修复需要大约 15 ～ 20 年的时间，因此，要有分期规划的修复项目，分步实施。使得河流的生态系统趋向稳定。

2. 重要栖息地的连通与重建

栖息地是指鱼类或其他生物体生长发育所需求的物理和化学特征的场地。栖息地特征包含水质、产卵地、摄食区、迁移通道等。河岸边、河滩区、河汊、湿地等共同组成了生物物种的栖息地，这一地段的重建和连续可使水生动物、无脊椎动物、昆虫、两栖动物、水禽和哺乳动物等都遵循规律连续分步，并形成丰富有序的食物链（网）。

三、河道景观的功能区划及用地规划

为有效改善生态环境面貌，提升城市的景观的品位，整合土地资源，在规划阶段必须解决河道的景观功能区划，以及对每段区划的主题定位。

1. 区划的前提

在区划时，须参照城市的《水功能区管理办法》中对河道所划分的水功能。水功能一级区分为保护区、缓冲区、开发利用区和保留区四类。水功能二级区在水功能一级区划定的开发利用区中划分，分为饮用水源区、工业用水区、农业用水区、渔业用水区、景观娱乐用水区、过渡区和排污控制区七类。

在保护区、饮用水源区是严禁任何的人为活动,包括景观休闲、游憩、水上运动等,因此,在功能区划上一般划定为生态水源涵养区或水源核心保护区。

2. 功能结构区划

根据河道每一段所处的位置、周边的环境等,在功能区划上应以河道水环境保护为前提,从河道现有的生态资源和自然景观角度出发,经过综合分析,将整个规划范围内的河道于其性质、功能不同而划分为不同的区域。

一般来说,位于城市内的河段,其功能定位为通过对河道的生态整治与景观改造,满足市民的亲水、休闲、娱乐需求,作为城市滨水区形象地,规划以全面提升整个城市的品位。

(1)河道景观由于自然及人工的原因分布在城市、村镇、产业园区、郊野等不同的地域,每一地域的河道景观其规划目标、宗旨、布局不尽相同。规划设计首先得解决其规划定位及问题。如上海苏州河、黄浦江的整治、成都府南河、沙河的整治(获得 2006 年国际舍斯河流奖)、绍兴城市环河的整治、福州闽江南江滨、北江滨公园的建设等等,都是作为各个城市近年来主要的市政工程进行建设实施。

(2)对于郊野自然河道的改造,基本定位在河道的防洪功能和自然生态恢复整治上。

(3)对于河道流经特殊的地域或该区域有特殊的产业或在城市中所处的地位相对较为特殊,则需统筹考虑该区域区位、产业结构、用地类型等因素。

四、河道休闲旅游规划

1. 水利风景区的提出

仁者乐山,智者乐水,国内外以水为依托的休闲旅游景区的建设极具发展前景。在对河道进行整体规划时,应充分论证河道作为旅游景区的可行性。如河道及周边的区位条件、自然及人文资源特色、客源市场情况等。而水利部引导下的水利风景区建设则是为了更好地利用"水"作为旅游资源。建设一批与水相关的休闲、度假、旅游项目,从而达到以合理开发水资源景观为主、保护与修复水域生态为前提、同时整合与优化区域旅游资源、发扬与传承地域文化、营造可持续发展的水利风景区。

2. 景区建设与水利设施及生态的统筹

水利风景区是旅游地的一种类型,其本身也因所依托的设施不同,而导致资源特色及分布形态不同,可有多种开发方式。因此,作为景区的河道规划则应对其旅游的发展方向有清晰的定位。

另外,水利风景区与一般的风景名胜区或旅游度假区类似,都是主要以游览、观光、休闲、度假、娱乐等为主。但是,水利风景区不同于一般景区的特点既是必须首先保证水利设施正常运转、发挥效能。以及河道生态的涵养及修复,故在规划和管理上,水利旅游区都有其特殊性。

第七章 港口航道工程规划与设计

第一节 航道的概念、分类及规划原则

一、航道的概念

航道（Fairway）通常可以解释为一个开敞的可航水道或者由港口当局加以疏浚并维持一定水深的水道。通常情况下，主管当局在航道两侧设置航标，表明可航水域的宽度，或者在航道的中心线上设置浮标，在海图上以虚线标绘出该中心线两侧航道的边界。

另有文献将其定义为是保证船舶沿着足够宽度、足够水深的路线进出港口水域。

中华人民共和国航道管理条例根据我国的情况，给航道下的定义是：航道是指中华人民共和国沿海、江河、湖泊、运河内船舶、排筏可以通航的水域。这是对航道的广义定义。

二、航道的分类

航道的分类方法很多，按照不同的分类原则可以分为不同的类：

第一种，有防波堤掩护的海港，以防波堤为界，将航道分为港外航道和港内航道。

第二种，按航道的交通流向分类，可将航道分为单向航道和双向航道。

第三种，按照航道水深的相对性分为深水航道与一般航道。

第四种，按照航道的主次可分为主航道和支航道，主航道是指通过港口，为船舶进出港公用的航道，支航道则指由主航道通至各码头边缘的水道。

第五种，由航道的是否需要疏浚可以分为，天然航道与人工航道。天然航道在低潮时其水深已足够船舶航行需要，无须人工开挖航道，而为了满足船舶航行所需的深度和宽度等要求，需进行疏浚的航道称为人工航道。

第六种，根据航道的位置不同，可分为开敞航道、掩护航道和河口航道，还有许多其他划分的方法，在此不一一列举。

三、航道规划总的原则

（1）海上航行安全最为重要，航道的规划应该满足通航的安全性。

（2）适应港口未来发展需要，对港口能通过的最大船舶在航道中航行要确保其安全性，即不至搁浅、碰壁等。

（3）航道的网络布置，要根据港口的规划要求，确定不同的航道来适应其运输要求，最好采用直接到港区的直线布置方式。

（4）为了满足港口的吞吐能力要求，适当地在必要的航道规划指标基础上加以拓宽，一般的航道规划尽管是双向航道也是指的是单向上单只最大船型船的通过，但是港口吞吐装卸效率的要求就要求适当加宽航道，以便使船舶沿单向上航道同时进出，增大交通流，提高港口的吞吐效率。

（5）在确保通航安全的情况下，考虑经济耗费上的问题，尽量设计规划后需要少量的航道维护，减少不必要的经济支出。

四、通海航道规划体系建立的意义

就目前形势而言，通海航道的打通迫在眉睫。只有把科学的发展观作为指导思想，确定通海航道的路线方案，才能使航道适应航运需求的发展，顺应水运现代化发展要求。

1. 立足水运长远发展目标，促进区域经济协调持续发展

统筹考虑河道的自然条件和航运开发的可能性，以满足区域经济发展和运输需求为基本出发点，同时兼顾周边省市水运外贸需要，方便内陆省市货物运输。因地制宜，注重效益，有计划、分步骤地推进水运发展，把内河航运的长远发展目标与近期建设重点相结合，把建立适应综合运输发展的内河航运体系与当前沿海经济发展的需求相结合，适当超前于经济社会发展，突出前瞻性和战略性，为今后发展留有余地；在通海航道的布局上，要充分考虑到对区域经济的带动和促进作用，并考虑到区域经济的均衡发展。

2. 有利于综合运输体系的发展

公路具有中转环节少、可以实现"门到门"快速运输的优势，近年来处于大发展时期，但公路运输有车辆载货少、成本高的问题，难以承担大宗散货的长途运输任务。对于那些货源稳定、附加值低、对时间要求不急的大宗散货，如煤炭、磷矿等物资的运输，水路是最佳选择。特别是离河流较近、距铁路较远吸引不到的矿产品，很适宜水运。例如贵州省黔西南州的贞丰、兴仁一带的煤炭保有储量达 5.9 亿 t，矿点远离贵昆、南昆铁路，但到北盘江的百层码头的平均距离仅 70km，利用廉价的水运非常方便。另外，不论铁路还是公路建设，都将占用大量的土地，甚至是宝贵的耕地，而发展水运则不同，船舶是在天然的河道中航行，基本上不占或很少占用土地，长远的社会效益十分突出，有利于综合运输网络的建立与完善。打通航道通海口门，更加方便地促使运输船舶进出货物交流，发展近海、沿海运输，优化综合运输结构。

3. 延伸内河航道的服务范围

为了确保货运主通道的畅通、安全，建设现代化高等级航道，分流部分货物，沟通主要港口，实现与主要港口的"无缝"高效衔接，进一步延伸内河航道的服务范围；拓展干线航道网的集疏运功能，可以缓解陆路运输压力，为集装箱提供便捷运输通道，适应内河

运输市场发展新形势。

4.综合利用水资源

内河运输是借水行舟而又不消耗水资源的一种运输方式，发展内河运输可以充分发挥对水资源综合利用的优势，内河航道的建设与开发是兼顾防洪、排洪、排涝、灌溉、供水、发电、国防、渔业养殖、旅游、生态平衡等的一项综合性、社会性的工程。其社会效益是难以用具体的数字表达的。因此将资源的合理利用作为内河航运社会评价的一个重要指标具有重要意义。

为充分利用、开发水资源，做到开发内河航运与水利建设等行业相互协调和配合，达到共同发展、实现水资源综合利用的目标，需要进一步完善综合运输体系。在水利部门治理主干河道、扩大泄洪和灌溉能力的同时，将其同步建成干支直达、标准统一的通海航道，既满足泄洪、排涝、供水要求，又能适应航运进一步发展的需要，促进水资源的合理开发和有效利用。

第二节　航道规划具体思路研究

航道为船舶进出港口提供了一条特定的安全航行路线。多数情况下，近海自然水深不能满足船舶吃水要求，航道一般是开挖而成。船舶进出港口必须按照航行标志航行，遵守航行规则，以免发生海事事故。进出港航道常常是港口规划、设计和维护的最终要问题之一。

航道规划设计包括航道选线、航道尺度（包括宽度、水深及转弯段参数等）以及导助航标志等方面内容，导助航标志设置方面本文不做论述。

一、航道选线

航道选线要贯彻操船安全、挖方量少、施工期短、疏浚维护方便和投资省等技术经济合理原则，为了有助于航道设计者掌握选线方法，建议有关选线设计的布置原则和要求如下：

（1）布置进出港航道选择航线方案时，应首先按设计阶段要求进行地形水深测量、水文气象观测和地质地貌勘查以及研究分析工作，在满足港口总体规划的前提下，要根据地形条件尽量多利用天然水深选择较短航道，避免大量开挖岩石、暗礁和底质不稳定的浅滩，并对航道的泥沙回淤做出论证。

①调查港口腹地的经济资料，包括货源。货种、流向和港口吞吐量，论证船舶运输的合理性。调查通航船舶的有关资料，包括历年来进出港船型统计及增长率；来港船舶不平衡系数；最大船型和平均船型尺度；船舶通过进出港航道的方法等。

②整理分析水文气象资料，应该满足对航道中船舶运动和泥沙回淤问题进行科学的研究分析与论证工作，尽量减少维护性疏浚工程量。一般而言，以推移质为主的输沙情况，航

道轴线与主波向，主流向的交角愈大，淤积虑愈大。

（2）为保证船舶在航道中安全方便进出港口，满足良好的操船作业条件，提高航道通过能力，航道轴线的平面布置应符合以下要求：

①航道的轴线应该尽量顺直，避免"S"行弯转向，当水域狭窄，地形条件复杂，选线困难而必须采用时，可按照③的要求设计。

②航道需要转向时，转向角应尽量控制在30°以内。时可根据具体条件适当加大转弯半径，加宽航道，减小航速或使用拖轮助航。航道转弯半径R宜大于3～5倍船长，当转向角较大、航速超过8kn、航道水流条件较差时，应适当加大转弯半径R，R大于10倍船长时较为理想。

③应避免多次转向，但当航道较长又受地形限制，必须要转几次弯才能进港、出港时，要根据船舶性能、吨级大小、航道断面尺度、导助航设施和自然条件等，除减小转向角外，还应满足转弯前调整修正船位的直线段和两次转弯间的直线段长度要求。

转弯前的直线段长度，苏联资料推荐2L～3L，L代表船长，日本防止海滩协会和东京商船大学采用经验公式计算为2L～4L。

两次转弯间距离，统计我国湛江进港航道，防城港西贤航道，广州莲花山航道的范围为7L～17L。日本东京商船大学试验结果如表7-2-1。

表7-2-1　试验结果

船长L（m）	50	100	150	200	250	300
两次转弯间距	6.6L	5.6L	5.6L	6.5L	8.8L	9.0L

布鲁恩（P.Bruun）的"港口工程"中推荐为10L。

我们认为是至少为2L～4L；两次转弯间的直线长度，当L≤200m时，不小于6L～7L，当L>200m时，不小于9L～10L。

④防波堤口门前的航道应直线布置，若受地形条件限制有弯道时，其直线长度可按上述两次转弯间的直线长度要求控制。

⑤防波堤口门内进出港航道与转头水域连接时最好按直线布置，并应该满足制动距离要求。对于进口门后必须转向的航道，其转弯半径建议为5L～8L。

⑥船舶进入航道口之前，在航道延长线上至少应该有4L的直线段长度，以便满足船舶由锚地进入航道前调整船位对标进线要求，对水域狭窄或锚地较近时，航道的宽度要扩大成喇叭状，与航道边线夹角30°～45°为宜，锚地的布置要与航道分开，通常，港外锚地无掩护条件下离开航道中心线不小于1L，港内锚地不小于2L。

⑦航道轴线与码头岸线布置的关系。当航道进线与码头斜交时，其夹角应尽量小于60°；对于重载船舶顺靠，空船掉头的码头，右舷靠泊时，航道与码头岸线夹角为5°～10°；左舷靠泊时，其夹角10°～30°为宜；对于有掩护的航道，与突堤端部距离应控制在200m左右，无突堤时，与顺岸码头距离，要从港口设施合理布置和有效利用水域

来考虑，可将靠离岸转头水域和航道结合在一起，但在船舶通航频繁的地方最好要单独分开，其间距为 1.5L ~ 2.0L。

⑧航道轴线与桥墩，灯塔和观测平台等固定设施靠近时，由于受风和水流的影响，改变了建筑物周围的流场，破坏了航道上水流和风流状态，使船舶经过这些设施时候发生偏航，为了消除这些影响，一般航道边线与固定设施之间要大于 3.5 倍设施的宽度。

⑨航道通过桥梁等狭窄水域时，其两侧航道应各有 5L 直线长度，以满足调整船位对标进线的要求。

（3）选择航道布线方位要注意研究水文气象条件对船舶运动和操船作业的影响，并要考虑到地形和地质条件的特点。良好的航道选线方案应具有良好的操船作业条件。一般按以下要求进行航道设计：

①航道轴线应该尽量避免与大于 7 级风力的、频率较高的风向正交，以减少船舶在强横风下航行的机遇。不仅仅要考虑风的影响，要尽量减小航道轴线与强风、强浪和水流主流向间的夹角，避免船舶受常风、常浪和流的横向作用。

②1kn 横流使微速航行的大型船舶产生较大的偏位，航道轴线宜尽量避免与流速大于 1kn 的水流呈较大的交角。强风力很容易被发现，而流力则比较隐蔽，容易造成发现时已"来不及"的险情。对于不直接进入进入防波堤口门的港外航道或外海航道，通常认为夹角在 ±20° 范围内方向最佳；70° ~ 110° 范围内为恶劣方向。

③对于防波堤口门处的航道方向，由于船舶航速较慢，小船受横浪的影响较大。大型船舶进港时，若有尾斜浪，船浪相对速度变小，舵效变差，驾驶员不易掌舵，因此应该注意避免受 ±30° 范围内尾斜浪的影响。

④为减少港内入射波影响，保持港内水域的泊稳条件，防波堤口门方向要合理布置，使航道轴线与强浪向夹角控制在 30° ~ 60° 为宜。

⑤航道的淤积取决于港口附近沿岸泥沙输送的特点。根据这方面的研究论著和现场观测调查，波浪掀沙潮流输沙是造成航道淤积的动力因素。因此根据潮流和沿岸流方向确定合理航道方位，可以减轻航道疏浚维护工作量。许多文献研究表明，航道轴线与水流的夹角越小，航道的落淤率越低。航道的走向应该尽量与水流方向一致，交角愈小，在大流速时段流速折减愈少，交角小于 20° 时，流速仅减少 5% 左右，因此建议航道选线方向应与潮峰潮谷前后历时长、流速大时段的主流方向夹角控制在 20° 以内为宜。

⑥决定航道轴线时，应该参考类似港口航道布置实例；调查研究船舶进出港口航迹情况；听取引水员和船长的实践经验。

⑦航道方位还与船舶进港的界限风速、浪高和流速有关，根据目前我国各港口航道实际操船要求和对外通告以及有关技术经济限制条件，为保证船舶安全进出目的港，建议航行船舶水文气象作业条件如表 7-2-2。出港船舶比进港船舶可适当放宽限制条件。

表7-2-2 建议作业条件

航道类型		由掩护的港内航道	防波堤口门航道	港外开放航道	外海航道
风速		<7级	<7级	<7级	<7级
流速	横流	≤1kn	≤1kn	≤1kn	≤1kn
	顺流	≤4kn	≤4kn	≤4kn	≤4kn
波高H1/10 雾能见度		≤1m >1km	≤1m >1km	≤1m >1km	≤1m >1km

（4）河口航道选择原则

根据河口地区的自然条件，选择最优的航道位置，使航道易于维持通航水深又便于安全操船是河口港的中心问题。

入海河口由海滨段、河口段和近口段组成，对于河口上游感潮河道的近口段，如果是通航小船，其航道选线一般按潮流和径流的主流路定线，可顺应流路弯曲圆滑布置，只有通航大型船舶时，对不满足，操船要求的河段，才进行必要的裁弯取直工程。对于河口段和海滨段，由于受径流、潮汐、波浪、和沿岸流等几种动力因素的影响，致使问题复杂化。解决河口航道的关键是根据引起河口演变的动力因素和河口形式，选择稳定航道维持航深的问题。总结我国的长江航道、珠江口伶仃航道、甬江口航道、泰国的嵋南河口航道、德国的威悉河口航道河美国的查尔斯顿航道等的选线经验，一般遵循的原则如下：

①对于河口上游的近口段选槽定线问题，应本着维持原来的水力状态，沿着河道中主流冲刷的深槽布线，保持弯道河势，顺应水流的自然流态，有利于航槽稳定；

②对于河口段是多河汊三角洲情况，主要是潮流不强，河流含沙量大，引起河口大量淤积而形成多河汊分布，航道选线时应首先研究三角洲内各河汊的流量、泥沙分布规律和确定河床演变速度以及河汊的发展趋势等，尤其对于河流量大的河汊，往往由于挟沙量大，容易在河口处形成较厚的拦门沙浅谈。因此，要保证通航条件，必须采取工程措施，加强落潮流，冲刷航道，维持航深。

③对于以潮流动力为主的强潮河口，涨潮时潮流通过水域宽阔的拦门沙浅谈沿河上溯，受径流影响流速降低。落潮时潮径合流下泄，落潮流速大于涨潮流速。当落潮至较低潮位时，浅滩水流逐渐向主沟槽集中汇集，形成明显的主流通道，具有一定的冲刷作用。因此沿落潮主流路选择航道轴线，航槽较稳定，挖方量少，容易采取工程措施，满足通航要求。

国内外按这个原则选线的实例有泰国泥南河口航道河我国三亚港航道。德国的威悉河口外的西支航道和我国甬江口航道都采用一系列防波堤和导流堤工程，使涨落潮流集中于主航道内，取得了较为显著的整治效果。

④对于潮流和径流以及波浪都有较大影响的河口，航道选线在河口段应按落潮主流路布置，在海滨段以外应注意研究风浪和沿岸流影响，从操船作业和航道回淤角度分析不同航道方位的利弊，必要时可以采取防波或防沙工程措施。

⑤我国北方冬季港口选择航道方位时，要注意研究冬季封港冰况，包括封港时间，岸

冰和浮冰的出现和消失时间。沿岸流冰的冰量、冰厚、流冰密集度、流冰方向和速度，总体布局可采取设置不同方向的复士口门；航道选线时，应尽量减小与风流方向的夹角，缩短穿过航道的流冰范围；适当加宽航道尺度等，以利于排水拦冰，保证船舶安全通航。

⑥航道选线应该设置制造简单、维修方便、使用安全可靠的导助航设施和标志。

二、航道宽度

航道宽度是指设计低水位或乘潮水位时航槽断面设计水深（一般为公告水深，不含备淤深度）处两底边线之间的宽度。航道有效宽度一般由航迹带宽度 A、船舶间富裕宽度 B 以及船舶与航道底边之间的富裕宽度 C 等三部分组成。

（一）航迹带宽度

船舶在航道上行驶受风、流影响其航迹很难与航道平行，即使是在无风、流状态下行驶，由于螺旋桨的致偏作用，即使操正舵时也会使得船舶首向左或向右偏转。船舶需要不断地操纵舵角才能保持航向，故其航迹是在导航中线左右摆动呈蛇行路线。船舶为了克服风流影响保持航向，常使得船舶航迹向与真航向保持一风、流压偏角 γ。船舶以风流压偏角在导航中线左右摆动前进所占用的水域宽度称为航迹带宽度。规范规定航迹带宽度 A（m）按照下式确定：

$$A = n \left(L\sin\gamma + B \right)$$

式中：n——船舶漂移倍数；

γ——风、流压偏角（°）

L——船长（m）；

B——船宽（m）。

经验得出航迹带宽度一般在 2.0B ~ 4.5B 的范围内。

（二）船舶间富裕宽度

船舶相遇错船时，为了防止船吸现象，保证安全，两航迹带间内侧应该留有一定距离。

两船间的相互作用，主要受船型尺度、两船间距、航速、两船的尺度比例、速度比例和操船性能等因素影响，通常可分解为船舶的横向作用力和回转力矩，横向力随两船相对位置不同而有大小和方向上的变化，在有吸引力作用时，因为船舶对横向移动的抵抗力大，所以除两船速度差很小而长时间并行的情况外，其影响较回转力矩小，可以忽略不计。至于回转力矩，尤其是向内侧的回转力矩极为重要，回转力矩将使得两船均向内侧转向而相互急剧靠近。

为有效保持两船间最小安全距离，许多国家诸如美国、苏联、日本、荷兰及英国等一些港口和科研机构，做了大量的理论研究和船型试验，取得了许多很有参考价值的科研成果。总结国内外有关文献资料和我国的一些港口实践经验有如下几种意见：

（1）1963 年交通部颁发的"制定海港航道养护尺度试行办法"道两船相遇间隔采用 2 ~ 3 最大船宽的 3 倍。

（2）湛江港建议采用 2 ~ 2.5 倍船宽；秦皇岛港、天津港、汕头港、黄埔港和广州海运局等港监船长建议采用最大船宽；大连提出应该大于 3 倍船宽，当航速较小时才可以适当减少；另外还征求了一些有经验船长的意见，建议要大于最大船宽才能保证航行安全。

（3）美国陆军工程兵团，美国商船协会、联合国贸发会建议不论船舶大小一律规定为 100< 米 >（30.5m），并不得小于 0.8 倍最大船宽。

（4）英国国家港口委员会，苏联列宁格勒水运学院、敖德萨海工学院和美国"港口和海岸设施设计手册"等均规定船舶之间的富裕宽度不得小于最大船宽。

（5）伯恩"港口工程"、挪威朗海姆大学勃兰特"港口平面布置与港口工程"、国际港口委员会、和国际海运会议规定采用最大船宽或 100 米。

综合以上各种方法，最终确定船舶间富裕距离，应该根据该港口的具体情况，充分做出调查，方能保证有一个合理的值。许多参考文献中建议此值为船宽。

（三）船舶与航道底边间的富裕间距

人工开挖的航道，由于航槽内外水深差形成航槽壁，船舶在这样狭窄的航力内航行，为了防止船舶因为岸吸现象擦壁或搁浅，减少操船困难，必须与槽壁形持一定距离。

根据模型试验和实船航行实践表明，岸吸现象与下列因素有关：

（1）越近岸壁航行越激烈，过于接近则很难保向。

（2）水道宽度越窄越激烈。

（3）航速越高越明显。

（4）水深越浅越明显。

（5）船型越肥大越明显。

此外有另一些试验表明，排水量大的船比排水量小的船岸吸力作用大。

三、航道水深的确定

航道水深的确定是航道规划中的一个重要组成部分，现在船舶都在向大型化发展，吃水增加，也导致了一些港口的水深通过能力不足，合理地规划水深，有利于充分发挥港口的通过能力，促进港口的可持续发展。

航道水深是指设计最低通航水位时，从水面到河床底部的垂直距离，通常指航道内最浅处水面到河底的垂直距离。代表船舶或船队安全通航必须保证的航道最小深度。

（一）确定航道水深要考虑的要素

1.航行时的船体下沉

船舶运动时，由于船体周围的水流被加速，动压增加静压减小，因而船体比静止状态时出现船体下沉现象，同时由于船首尾的水压力分布变化而使纵倾发生改变。

（1）在深水水域中船体下沉和纵倾变化，主要决定于船型和船速。以前的试验结果表明肥大型船舶船体下沉和纵倾变化激烈，航速越快，船体下沉和纵倾变化越激烈。船体在深水中的下沉和纵倾变化随船速的关系，可用船长的无因次量傅汝德系数（V 为航速，L 为船长）来衡量；

①当 Fr≈0.06 时，开始出现船体下沉现象；

②当 Fr<0.3 时，船首尾均下沉，并出现首沉大于尾沉现象。多数商船的速度在该范围内，所以静止时若为平吃水状态的船舶，在深水域中航行时表现为平均吃水增加，并出现首倾；

③当 0.6>Fr>0.3 时，纵倾向船尾转移。静浮时若为平吃水状态，航行时候，平均吃水增加，船舶为尾倾；

④当 Fr>0.6 时，一般船舶尾倾增大，船舶反而出现逐渐上浮，并超过静浮位置，保持尾倾趋势，呈滑行于水平面的状态。

（2）浅水中的船体下沉及纵倾的变化，比深水中明显。除了与船型、船速有关外，还与水深有关。对于浅水中船体下沉现象，根据模型分析做出解释为，从船首分散的三向水流，在浅水中被强制变为二向水流，由于船侧水流速度进一步增大，结果水面下降，因而助长了船体下沉。

浅水水域中船体下沉和纵倾的特点是：

①较低船速时就开始出现船体下沉。

②随着船速增加，下沉量增加率比深水中大。

③船体到达首纵倾最大值及由首倾变为尾倾时所需船速低。

2. 波浪富裕深度

船舶在波浪中航行时，会产生六个自由度上的运动，包括沿坐标轴方向的推进运动和绕着坐标轴方向的回转运动。船舶的纵摇，横摇，以及垂荡对航道水深的影响最大。因为波浪与涌浪使得船舶造成的摇摆，从而影响到通航航道的深度，我们考虑其为波浪富裕深度。

最为严重的情况是，在船舶垂荡时候附加横摇或纵摇运动，使得船体下沉量更加严重，影响确定这一富裕深度的因素主要有，波浪波高，船浪夹角，以及波浪的平均周期。

3. 其他影响因素

（1）龙骨下富裕深度；

（2）配载不均而造成的尾倾；

（3）备淤深度；

（4）水深测量误差；

（二）航道水深的经典确定方法

船舶在外航道航行，其航速一般不会超过 10 ~ 12kn，通常是 6 ~ 8kn，在接近口门时为 4～6kn。船舶为了保持一定舵效的最低航速为 2kn。航道水深需要考虑船舶航行时船体下沉增加的富裕水深。

参考各类文献，综合得出航道水深可由下式计算：

$$D = T + Z_0 + Z_1 + Z_2 + Z_3 + Z_4$$

式中：D——航道设计水深（m）；

T——设计船型满载吃水（m）；

Z_0——船舶航行时引起的下沉值；

Z_1——船行时龙骨下最小富裕深度，取决于不同地质条件和船舶吨位；

Z_2——波浪富裕深度；其与波高 H4%、船浪夹角 ψ，波浪平均周期呈一定的变化关系，其中 ψ 为 0° 或 180° 时顺浪；

Z_3——船舶因配载不均而增加的尾吃水（m）；船舶装载纵倾富裕深度，杂货船和集装箱船可不计，油船和散货船取 0.15m；

Z_4——备淤深度，应根据两次控泥间隔期的淤积量确定，不宜小于 0.4m。

（三）针对经典方法的改进

经典的航道水深计算公式，是前人经验的总结，在航道规划设计中有很重要的参考价值。

但是，从公式中我们发现，水深的测量误差并没有被考虑在内，如果将这个误差加入航道需求水深的计算公式中，无疑对于船舶在通航航道上的安全性有很大提高，本文引入了水深测量误差，对经典的计算公式稍加改进，以期获得船舶航行于进出港航道上更安全的效果。

改进后的公式如下：

$$D = T + Z_0 + Z_1 + Z_2 + Z_3 + Z_4 + Z_5$$

式中：Z_5——水深测量误差（m）；

该值的确定，要根据不同的水深而定，具体的值都是从安全考虑出发，国际上规定的测量误差的界际标准为：水深在 20m 以下，允许的测量误差为 0.3m；水深为 20～100m，允许的测量误差为 1.0m；水深 100m 以上，允许的测量误差为水深的 10%。

港口水域航道的水深相对较浅，规划航道时这个水深测量误差不可省略，然而经典公式并未将其考虑在内。满足船舶通航的必要水深，若不考虑测量上的误差势必增大了船舶通航的危险性。所以本节建议将航道水深测量误差考虑在内，并对经典航道水深确定公式进行改进得到新的计算公式。

第三节 通海航道的后方支持系统规划

一、通海航道路线选择的配套设施规划

1. 供电及给排水规划

港区供水应由区域供水系统统一考虑，根据城市总体规划，建设取水工程，满足港区生产、生活用水的需要。港区供水管网接自城市规划已预留的港区给水管，初期可采用枝状供水，逐步发展成环网供水。

2. 通信及安全监督规划

（1）通信规划

目前港口有线通信主要利用当地邮电公用通信网，港口通信系统的建设原则上要以邮电公用网为依托，采取租、建结合的建设方式。今后，逐步增加电话交换机容量，港口通信网向"宽带化、智能化和个人化的综合业务数字网"发展，使该网更加便于各类信息的传输与交换，如开放可视电话、计算机高速通信等业务等。2020年，交换机容量达到4000线。

（2）航标规划

长江干线航标配布已比较完善，通海航道航标设施的建设主要是本港区的港标。在港标布局上一方面要满足本港船舶进出港航行的需要，另一方面还要考虑与干线航标的衔接。要在船舶调头区和锚地设置航标，以标识其位置和范围，在与航道走向平行并接近的码头，设堤头灯桩。航标设施的建设与码头、航道和锚地建设同步进行。

（3）安全监督规划

水上安全监督是国家水上执法、维护主权，履行行业宏观管理职能和所承担的国际义务的主要手段。安全监督设施是港口建设的配套工程，要与港口主体工程同步建设，并适当超前。

3. 修造船基地及其他配套工程规划

（1）港作船基地规划

为来港船舶提供拖轮、供水、供应以及船舶污水及垃圾回收等服务是现代港口的服务内容之一，也是体现港口服务水平的标志之一，此外，港区还应具备水上消防功能。

（2）支持保障系统及码头规划

与港口生产、管理密切相关的支持保障系统如安监、海关、边防、检疫、外代、外理等单位的设置应按国家有关文件执行，在港区中央的港务局、联检系统、海监用地区作了统一安排。

二、通海航道环境保护规划

港区环境影响评价及环境保护规划是以港口总体规划的各期吞吐量、船型及港区的功能为依据，经过工程污染分析对环境的影响做出评价，制定防治环境污染与生态破坏的措施和规划，坚持港口建设与环境保护同步规划、同步实施、同步发展，实现经济效益、社会效益、环境效益的协调统一，使港区成为功能健全，环境优美、生态协调的现代化港口。

1. 规划期各阶段主要污染源和污染物分析

通海航道港区的建设是分期规划分阶段实施的，规划中的主要污染源和污染物是按原则预测的，其中产生污染源和污染物较大的货种有集装箱、水泥、木材及矿建材料等。随着港口建设和营运，将会产生多种污染因子，对环境产生一定影响。港口环境的污染源主要为以下两大类：港口建设期的主要污染源；港口营运期的主要污染源和污染物。

2. 控制污染和生态变化的规划和治理措施

第一，港区施工期间污染防治措施

港区疏浚、挖泥作业时，应使用产生悬浮泥砂较少的挖泥船，并在挖泥区设置防污膜并可投加絮凝剂相结合的办法，最大限度地减少悬浮泥沙流失量，保护长江水域生态的环境。

第二，土地利用与取土后的生态保护措施

实行表土覆盖，事后绿化恢复植被，防止水土流失，加强陆域生态环境保护及合理利用自然资源。

第三，含油污水的治理措施

船舶机舱含油水根据73/78国际防污公约附则二规定，船舶本身应装油水分离器自行处理，没有处理装置的船舶和其他油污水均可送到港区污水处理厂处理达标后排放。含油污水排放口设置油膜自动监测系统和报警系统，安装污水自动计量和自动采样仪器设备，为实施污水排放总量控制和定量化管理创造条件。

第四，生活污水处理措施

建设排水管网，采用雨水、污水分流排水体制，生活污水经化粪池处理后送入污水管网排放，污水排放口选择在水体交换好，自净能力强的河段，或者近期建港区污水处理厂，远期纳入城市污水处理设施处理；配置船舶生活污水接收船接收全港区的船舶生活污水，达标排放。

第五，噪声污染防治措施

港区规划应合理布局，将高噪声机械集中并远离生活区，按规范规定距离布置，疏港公路两侧不应设居民区；进出港各种车辆，应限速行使，禁止鸣笛或选用低噪声喇叭；在港区总体规划布局中生产区、生活区、办公区保持合理间距外，并以绿化带隔离，吸收噪声；选用低噪声设备，并采取消音、隔音措施。

第六，固体废弃物防治措施

陆源垃圾：应建立垃圾站，配备清扫车、垃圾袋（箱）和清运车及时将垃圾送到指定地点集中处理；

船舶垃圾：采用专门垃圾袋或垃圾桶收集、贮存，由港口接收设施接收（国外船舶垃圾必须经过检疫），运至岸上处理站分拣、处理。

第七，港区烟尘防治措施

港区减少供热源，集中供热。锅炉配备消烟除尘措施，采用合理的燃烧方式，充分燃烧降低能耗。

第八，绿化设计

港区绿化是港区建设恢复生态的一项重要措施。应在港界、道路、办公楼及污水处理场等处种植乔木、灌木、花草和草坪，港区绿化覆盖率应保证 15%，人均绿地面积 10 平方米。

第九，建立环保机构及监测制度。

三、通海航道规划的政策措施

1. 加大宣传力度，改善航运发展的内外环境

为加快内河航运发展，需要加大内河航运的宣传力度，扩大宣传范围。内河航运界不仅要走出去，把内河航运发展规划思路与设想、发展优势等宣传出去，同时也要请进来，邀请行业外的知名专家、学者为内河航运发展献计献策，努力提高社会各界对内河航运的地位和作用的认知程度，改善内河航运发展的环境，加快形成有利于内河航运发展的社会氛围。

2. 开辟稳定的资金来源，建立有利于内河航运发展的投资机制

我国内河航运发展较慢的重要原因之一是资金投入不足，资金问题成为制约内河航运发展的关键因素，在今后的内河航运发展过程中，要根据社会主义市场经济规律和内河航运的特点，发挥市场配置资源的基础作用和政府的宏观调控作用，建立有利于内河航运发展的投资机制，以克服内河航运建设投资短缺的困难，积极探索水资源综合利用的新路子，本着统一规划、合作开发、利益分成的原则，实现航电结合、滚动开发，为航道建设筹集稳定的资金来源，并寻求其他适合航运基础设施建设的投融资方式。内河航运及港口公益性基础设施是重要的社会公益性基础设施，应以政府投入为主建设。港口的库场及装卸机械等经营性设施和设备由市场配置、经营者投资建设和经营；内河运输船舶由市场配置经营者投资建设，政府采取政策引导和给予政策性补贴的方式，引导船舶向大型化、专业化、现代化方向发展。

交通主管部门应进一步加强宏观调控力度，采取向内河航运倾斜的政策，在交通建设资金中划拨出一定数额的资金作为内河航运建设专项资金，用于内河航运基础设施建设。同时积极向地方政府提出建议，主动争取地方政府的支持，落实地方资金和政策。

3. 加强社会主义市场经济条件下的市场管理，培育、规范航运市场

（1）加强行业行政管理人员的业务培训、考核和管理，提高行政管理队伍的服务意识和人员素质；清理整顿不合理规费，减轻运输企业负担，为内河航运业的发展创造宽松的

市场环境；实行收支两条线管理，依法行政，强化市场监管，规范经营行为。

（2）建立严格的内河运输市场准入制度，从资金、规模、企业形式、经营范围、从业人员资质和从业经验等诸方面强化人员、企业的市场准入资格审核，以保证航运安全和服务质量。

（3）建立有序的运输船舶运力投放机制，由行业主管部门、货主协会、船舶运输协会等部门协商制定运力调控方案，据以调控船舶运力；严格执行船龄标准、船舶技术规范、环保标准，有效控制进入市场船舶的技术状态、主尺度、船龄、航行范围等，建立船舶强制报废制度；加大对"三无"运输船舶监管和处罚力度，改善水运市场环境。

（4）加大科技投入，建立航运信息网络，建立网上航运交易系统，推广现代物流服务，活跃航运市场，引导航运市场健康、有序地发展。

4.加大内河航运的科研投入，加强航运发展的关键技术研究等

内河航运发展今后将面临高坝通航、滩险整治、合理船型等许多关键技术问题。为保证内河航运的顺利发展，交通主管部门应在交通部、省政府等有关部门的大力支持下，紧紧围绕内河航运基础设施建设和内河运输中存在的关键技术问题，加大内河航运的科研投入力度，以科技促发展。

5.加大前期工作力度

前期工作是保证内河航运发展的重要前提之一。受经费紧张的制约，云南省内河航运前期工作存在不到位、滞后的现象。今后应加大经费筹措力度，保证前期工作的顺利开展。

第四节 绿色港口建设规划

一、绿色港口概述

（一）港口的定义、作用和发展概况

1.港口的定义

研究港口遇到的第一个基本问题就是港口的定义。港口的定义是港口规划、建设、生产、经营、管理，以及从事其他与港口有关的活动的基础，也是《中华人民共和国港口法》和从事港口相关问题研究的基础，港口立法的基本内容就是针对港口这一特定场所所建立的若干法律制度。

港口从产生到现在，其特点、功能和作用有一个不断发展的过程，港口大小不一，先进程度不等，管理体制不同，港口功能的多面性，港口所涉及社会关系的复杂性，造成人们对港口的理解和认识的多元性。多年来港口成为一个约定俗成的概念被人们广泛使用，而

真正科学严谨的港口定义对于人们来说却十分陌生，立法中也是如此。

《中华人民共和国港口法》第三条明确指出：本法所称港口，是指具有船舶进出、停泊、靠泊，旅客上下，货物装卸、驳运、储存等功能，具有相应的码头设施，由一定范围的水域和陆域组成的区域。港口可以由一个或者多个港区组成。按照本条规定，构成港口法所称的港口必须具备以下三方面的条件。

（1）港口的功能。港口作为海上运输平台和贸易门户，具有多种经济功能。随着港口对腹地经济影响的加深，其功能也在不断发生演变，主要的功能包括：运输、贸易、仓储、商业、服务、工业等。

（2）港口的设施。港口必须要有可供船舶停靠、旅客上下、货物装卸等使用的水上建筑物，即要有与港口功能相适应的码头设施（包括系船浮筒）。没有任何码头设施，船舶只是沿岸顺坡自然停靠进行货物装卸、人员上下的江河湖泊中的"小港点"，不属于本法所称的港口，不适用本法的规定。

（3）港口的范围。港口是由一定范围的水域和陆域组成的特定区域。港口水域，包括港口内的航道、港池、锚地等一定范围的水上区域；港口陆域，包括码头上的装卸作业区、港口堆场、候船室等发挥港口功能所必不可少的与码头前沿水域相连接的一定范围的陆上区域。没有固定的水域和陆域范围的船舶停靠点，不属于港口范畴。按照本法的规定，对于合法建设的港口，其水域和陆域的范围界限应当在该港口总体规划中确定并公布。明确港口的水域和陆域范围，对于加强港口管理，维护港口秩序是非常必要的。

2. 港口的作用

港口的功能特征是港口的主要作用，只有分析清楚港口的作用，并准确地把握其根本性的作用，才能深入地了解和认识港口。一般来讲，港口具有以下两个层次的作用。

（1）在交通运输中的作用

作为交通基础设施，港口的基本作用体现在交通运输方面。

港口为船舶提供相应的服务。船舶运输货物，需要在起运港装船，在到达港卸船，港口对船舶来讲至关重要，船舶要在港口锚泊、靠泊及进行其他作业使用港口的设施和服务。

港口为货物的通过提供相应的服务。货物与港口发生关系主要是要港口提供相应的装卸、储存、驳运及相关的服务。

为旅客提供上下船舶和候船服务。旅客和货物一样，与港口发生关系是因为其要通过港口，因此港口对其提供的服务主要是上下船舶和候船的服务。

（2）除交通运输以外的作用

港口在交通运输中作用的发挥，使之成为经济运行中的重要环节，特别是一些重要的港口，成为各种经济关系的中心，现代物流的集散地。港口的发展为加工工业在港口附近的聚集创造了条件，而且由于地理位置优越，大大提高了经济效率、降低了生产成本，港口附近加工工业不断壮大。港口附近加工工业的发展要求提供高效、便捷的金融、贸易服务，于是相配套的金融、贸易服务机构和设施也在港口附近设立。港口的发展促进了加工工业、金融、贸易服务的发展，加工工业、金融和贸易服务的发展又促进了港口的发展。在这种相互促进、共同发展的过程中，港口逐渐成了经济发展的中心。相应地，又会要求教育、科研、文化、生活、娱乐、医疗等方面的配套功能，港口日趋社区化。

现代港口除在交通运输中发挥重要作用外，在社会经济生活中也具有十分突出的地位，是促进经济增长、提高就业、方便人民生活的重要因素。港口也是一个国家的窗口，对于发展国际交流具有重要意义。在军事方面，港口是巩固国防、应付各种紧急情况的有力后备条件。

3. 港口的发展概况

水运在货物贸易运输中占有重要地位，国际贸易日益增长需要港口日益完善，现在世界港口的功能正向多元化发展，港口机械向自动化发展，港口规模不断扩大，而港口模式则向高层次、自由度大的国际化方向发展。

我国海域广阔，海岸线长，岛屿星罗棋布，拥有众多天然良港、海湾和锚地。新中国成立以来，经过半个多世纪的港口建设，我国已经基本形成了港口布局合理、门类齐全、设施配套较为完整、现代化程度较高的沿海港口体系。在总量规模不断扩大的同时，我国港口结构也发生了重大变化：以主枢纽港为核心、地区重要港口为骨干、其他中小港口适当发展的层次格局初步形成；环渤海地区，长江三角洲和珠江三角洲地区初步形成港口群体；一批专业化大型散货码头和集装箱码头建成，促进了煤炭、原油和铁矿石运输系统以及集装箱干支运输网络的发展。与此同时，国家加大了对内河航运基础设施建设的力度。内河航道及港口建设也得到了很大的发展。

总的说来，加入 WTO 后的几年是中国港口历史上吞吐量增长最快，港口建设投入最多、变化最深刻的时期：港口生产开始适应并能够基本满足国民经济和对外贸易增长的需求；港口建设大力发展，使得长期以来港口滞后于国民经济发展的状况得到了改善；港口开始从制度竞争的层面参与国际竞争。在这样的大环境下，我国港口发展呈现出一片欣欣向荣的景象。

（1）各大港口发展迅速，港口生产快速增长。近年来由于我国主要贸易对象国家和地区的经济复苏迹象明显。加入 WTO 以来，进出口限制大幅放宽，外商投资和对外贸易环境有所改善，外国企业竞相前往大陆投资，带动进出口贸易及海运市场和港口迅速发展。在中国作为全球制造中心的地位不断得以提升的背景下，中国港口业长期维持较高的增长速度。我国已成为世界上港口吞吐量和集装箱吞吐量最大、增长最快的国家。

（2）港口建设步伐加快，深水航道建设及大型深水泊位建设成果显著。近几年是我国历史港口建设最快、也是港口建设投入最大的时期。港口建设实践突破了我国港口发展在较长时间内所采取的"滞后型"的发展模式，进入了港口建设的快速期。

沿海港口建设过程中，特别加快了大型化、专业化和现代化码头建设的步伐。上海国际航运中心洋山深水港区二期、秦皇岛港煤码头五期、盐田港集装箱码头三期、大连港30万吨级矿石码头、宁波港25万吨级原油码头、黄骅港煤码头二期等工程陆续竣工并投产。航道建设步伐加快，使得港口能力滞后于货物运输量增长的局面得到一定的改善。

（3）港口相关产业得到迅猛发展，带动港口城市经济快速发展。目前我国除拥有港口行政事业管理部门、港口公安外，还有船舶引领、航道管理、通讯导航等港口生产保障单位。《中华人民共和国国际海运条例》的实施（2002年1月1日起），使我国国际航运业、国际航运辅助业务开始进入公开、公平竞争，良性发展阶段。港口企业、航运公司纷纷确立了向综合物流企业发展的目标并取得了很大进展。港口物流园区不断涌现，不少港口纷纷整合资源，大力开拓综合性港口物流业务。为海运服务的金融、保险、信息、科研、安全、救助、通讯等体系不断建立和完善，进一步提高了水运业整体服务水平，促进了航运业的发展。参与港口储运的仓储、汽车运输企业不断增多，多家银行、保险等金融企业在港口设立了分支机构；航道维护、船舶供应、海员活动场所、餐饮业及其他为港口、船舶服务的行业，均具有一定的规模。

（4）越来越注重建设资源节约型、环境友好型港口。我国的港口行业在过去很长一段时间内，存在着追求外延扩大增长、粗放型发展的问题，对港口的生态环境保护和节能降耗工作重视不足，结果造成港区影响周围生态环境的现象屡有发生，影响了港口的可持续发展。当前，国家对环境保护和节能减排工作已经做出了明确的考核要求，越来越多的人开始关注绿色港口的建设。

（二）绿色港口概述

1.绿色港口的概念和内涵

绿色象征着自然、生命和希望；绿色寓意宽容、善意和友爱；绿色代表舒适、健康和活力。绿色是现代人类文明和进步的重要标志。

国际上对"绿色"的理解通常包括生命、节能、环保三个方面。实质上泛指保护地球生态环境的活动、行为、计划、思想和观念等。它包括的内容非常宽泛，不仅包括绿色产品，还包括物资的回收利用、能源的有效使用、对生存环境和对物种的保护等。如今，人们已把"绿色"为对人类与环境均有益而无害的代名词。人们的生存和发展观念正在发生重大变化，可持续发展思想和绿色的生产方式与生活方式已被人们普遍认同，"绿色"成为现代经济中一个很重要的词语。

自20世纪90年代以来，在国际社会、各国政府和环境保护组织的共同参与和促进下，经济发展的"绿色化"要求逐渐渗透到各国经济活动的各个层面，全球绿色意识不断高涨，虽然在理解上或许存在由于各自利益的立场不同所导致的差异，但绿色所传递的环境友好和增进健康的含义却是一致的。基于这种共同的认识，在各个方面促使经济发展的绿色化水平不断提高。

目前，国内外港口纷纷提出"生态港口""绿色港口""环保港口"等绿色概念港口，并积极开展绿色港口建设，引起社会关注。但对于绿色港口的定义是什么，目前还没有形成一个权威的、较为详细的论述。

我们认为，绿色港口应该是以环境影响和经济利益之间获得良好平衡，且不出现无法挽回的环境改变的可持续港口。绿色港口应该兼顾环境效益与经济效益，在发展过程中不以牺牲环境为代价，注重环境保护与生态友好，在发展的同时节约资源、能源，加强环境管理，建设港口的生态文明，促进港区以自然—经济—社会和谐的模式持续发展。

主要包括以下几个方面：

（1）环境质量良好

环境为人类提供活动空间和场所，并接纳、稀释、吸收、降解人类产生的废弃物、污染物，环境是港口各种活动的基础。如果港口活动处理不当，就会产生水、大气、固体废弃物、噪声等各种环境污染，从而威胁人类健康，可能对经济发展和动植物造成巨大的危害。绿色港口应该采取各种措施降低可能的污染，保持港口本身和周边区域的环境质量良好，促使环境良性发展。

（2）生态属性良好

港口是海域生态系统和陆域生态系统、自然生态系统和人文生态系统相互作用、相互影响的脆弱敏感地带。港区生态系统在保护和改善区域环境方面能够起到巨大作用：净化空气、水分、土壤、改善气候、改善生物栖息生境增加景观效应等，绿色港口应该努力维持港口的生态平衡，使港口生态属性良好。

（3）资源节约高效

资源是自然界中能被人类用于生产和生活的物质和能量的总称，港口是资源密集型产业，港口本身的发展应该是资源节约的和高效利用的，因为港口本身往往不能自给资源，需要依赖于其他地方的供应，只有资源节约、利用高效，才能降低它对资源供应地区等其他相关地方的压力。

绿色港口应该以提高资源利用效率为核心，以节约土地、岸线、能源、建筑材料，实现资源综合利用与发展循环经济为重点，调整运输结构，推进科技进步，创新体制机制，完善政策措施，实现港口发展对资源的少用、用好、循环用。

（4）环境管理完善

环境管理是绿色港口建设的有力保障。环境管理成效的大小，直接关系到港口可持续发展实施的前景。通过对港口的环境管理，把绿色环保理念渗透到港区建设和作业的各项行为之中，最终实现港口物质资源利用的最大化、废弃物排放的最小化和适应市场需求的产品绿色化，建设港口绿色文化，实现"港区—人—自然"和谐相处的港口生态文明。

（5）不以破坏环境为代价的经济高效

港口生产必然要追求经济效益，但是这种经济效益不应以破坏环境为代价，港口发展应该改变"高投入、高消耗、高污染"为特征的生产模式，追求经济发展的质量，而非单纯经济增长的数量，以实现港口可持续发展。

绿色港口是当今港口发展的最新趋势和最优模式，标志着人类的理念发生了里程碑式的转变。绿色港口应该是一种融入了社会、经济、文化、环境等因素，全面、有机结合的港口。绿色港口倡导社会的文明安定、经济的高速发展和生态环境的和谐，最基本最深刻的思想就是人与自然的和谐相处。

从内涵上讲，绿色港口是一个包括自然环境和人文价值的综合性概念。它不只涉及港口的自然生态系统，即不是狭义的环境保护，其内涵不仅仅是清洁的环境和体面的外表，而是一个以人为主导，以自然环境系统为依托、以资源流动为命脉的经济、社会、环境协调统一的复合系统。

绿色港口是囊括了自然价值和人文价值的复合概念，体现了一种不断包容的生态观，它的内涵随着社会和科学技术的不断发展而更新，不断充实和完善，绿色港口的形成是一种渐进、有序的系统发育和功能完善过程。由于生态平衡是一个动态的平衡，因此绿色港口的进展也是一个动态的过程，绿色港口并无固定模式可言，它为高消耗、低产出、重污染的港口发展模式造成的经济社会和人口、资源、环境等一系列问题提供了科学的解决出路。当前阶段，绿色港口融入了历史、自然、社会、经济、文化等因素，并且还在不断融会贯通。绿色港口的本质是要实现港口社会、经济、环境系统的共赢。

绿色港口建设的深层含义是要尊重和维护大自然的多样性，为生物的多样性创造良好的繁衍生息的环境。每个港口所处的地理环境都有其不同于其他港口的生态要素和生态条件，要充分利用各地的差异性来创造有特色的生态环境。

我们认为，绿色港口作为现代港口发展过程中提出的理念，表达了人类的愿望。绿色港口是目标、状态，同时也是过程。作为一种目标，就像共产主义一样，是要在人类不断的努力下达到的最终目标和状态。作为过程，绿色港口不是遥不可及的空中楼阁，而是一个渐进的过程。随着人类社会和科技的发展，绿色港口设定的目标也会越来越高。但在某一个社会发展阶段，绿色港口是可实现的，是具有可操作性的。

2. 绿色港口的目标

绿色港口从源头上防治环境污染和生态破坏，是保护港口资源和港口生态环境的有效途径，是落实科学发展观，促进区域经济、社会与环境发展，建设生态文明的有效载体，对于实现我国港口的科学发展、和谐发展和可持续发展具有重要的战略意义。建设绿色港口是将"港区 - 人 - 自然"和谐相处的生态环境理念，渗透到港口建设发展和作业相关的各项行为之中，最大限度地提高港口经济活动的资源使用率，最大限度地减少港区对所处区域环境的负面影响，实现"环境优美，高效节能，清洁生产，达标排放，综合利用"，提高港区的环境管理水平，改善港区的生态环境质量；通过建立绿色物流、清洁生产、生态监督与保障系统、生态安全和管理系统等措施，走资源消耗低、环境污染少、增长方式优、规模效应强的可持续发展之路，提升我国港口社会、经济和环境综合效益的目的。

绿色港口的具体目标主要包括：

（1）加强对已建港区进行系统有效的生态和环境管理与维护，引入先进的环保技术和方法，提高已建港区的生态和环境质量。

（2）强化循环经济和建设节约型社会的新理念，通过资源"减量化、再使用、可循环"，实现资源的综合高效利用。

（3）建立港口生态和环境管理体系，完善落实"政府引导、企业主体、社会参与、市场运作"的运营机制。

（4）加快港区环保基础设施建设与改造，落实港口建设项目环境影响评价制度，强化在线监测，加大环境执法力度。

（5）建立政府职能部门与港口经营企业之间的互动平台，加强环境保护政策的宣传，通过科技创新，实现生态港建设的跨越式发展。

（6）充分发挥港区域经济特色和生态环境优势，在发展中加强生态环境建设，完善海洋生态系统结构和功能，科学合理开发和保护海洋资源，促进港口向规模化、集约化和现代化方向发展，提高港口的经济、社会和环境效益。

（7）合理调整产业结构，实现入海污染物全面实施总量控制，建立健全海洋环境保护管理及监测机制和环境风险管理体系，确保海水水质满足环境功能要求、海洋生态系统的良性发展以及海洋生物资源的可持续利用。

（8）基本实现港口经济社会发展与资源环境承载力相适应，把港口建设成为设施先进、功能完善、管理科学、运行高效、文明环保的现代化港口，实现港口社会、经济、环境的协调发展。

二、绿色港口建设规划概述

（一）绿色港口建设规划的意义

港口规划是指根据客观条件和规划者的主观意图，对全国港口的总体布局和某一港口的具体发展做出的在一定时期内的安排，分为港口布局规划和港口总体规划。一般来说，港口布局规划包括规划范围内港口的分布体系、水陆域利用、岸线利用和各港的位置、规模、性质、功能等内容;港口总体规划包括港口的规模、性质、功能、港界、规划港界、港区划分、水陆域利用、岸线利用、各类设施建设用地配置及分期建设序列等内容。编制港口规划应当以充分利用国家的港口资源，充分发挥港口效能，充分体现国家经济发展战略为原则。港口规划一经确定应成为城市规划的组成部分。

绿色港口建设规划不同于港口规划，是指人类为使环境与港口经济社会协调发展，而对港口相关活动和环境所做的时间、空间上的合理安排。从发展的角度来说，环境资源是稀缺的，是经济发展的基础。绿色港口建设规划可以理解为调整港口活动的决策安排，目的是保护包括港口环境功能，以满足港口可持续发展的需要。

编制绿色港口建设规划，旨在进一步统一思想，充分认清绿色港口面临的形势和艰巨任务，充分发挥港口区域经济特色和生态环境优势，以科学发展观为指导，妥善处理经济发展与环境保护的关系；立足现实基础，着眼未来发展，构建绿色港口建设的总体框架，明确指导思想、基本原则、总体目标、主要任务和建设重点；结合港口实际，有针对性研究制定绿色港口建设规划的保障措施和环境管理措施，使绿色港口建设有组织、有领导、有重点、有秩序地深入开展，按照生态城市建设标准，将港口建设成为全面持续和谐发展的绿色港口。

制定绿色港口建设规划对指导港口建设和发展方向，论证老码头改造、新码头建设、新工艺设备应用、先进技术转化等方面的环境可行性和合理性，减轻经济发展的环境压力等具有重大意义；同时编制系统、科学和具有可操作性的绿色港口建设规划，有助于实现生态环境承载力和经济开发之间较好的平衡。

（二）绿色港口建设规划的原则

绿色港口建设规划应该遵循可持续发展的战略思想，贯彻科学发展观的理念，坚持经济建设与环境建设同步规划、同步实施、同步发展的战略，实现港口的经济效益、社会效益和环境效益的统一，在实现港口发展的社会、经济目标的同时，实现环境保护、环境质量和生态建设目标，使港口生态环境能与港口经济发展水平相适应，与港口发展对环境的需求相吻合。绿色港口建设规划应遵循客观生态规律和经济发展规律，运用生态学和系统工程原理，以港口主要生态问题为切入点，以生态经济、生态环境、生态文化建设为重点，把自然系统、社会系统、经济系统作为一个整体，制定港口长远发展目标，优化经济结构和产业布局，建设优美生态环境，培育港口生态文化体系，拓展生态支持系统支撑能力，提高港口生态系统的整体健康水平，把港口建设成为生态系统健康、生态环境安全、具有生态活力、保持可持续发展的绿色港口。

1. 坚持可持续发展的原则

实施可持续发展是绿色港口建设规划的最终目标，它是建立在资源的可持续利用和良好的生态环境基础上的，因此必须遵循生态学原理，体现系统性、完整性的原则。立足当前，着眼未来，坚持生态环境保护和经济、社会发展相协调的原则，遵循经济规律和生态规律。应充分考虑到港口建设活动是一个长期滚动的过程，从可持续发展角度评价港口建设活动对环境的影响，通过环境保护及环境质量达标规划建立起具有可持续改进的环境建设与环境管理体制，以保障实现港口的可持续发展。

2. 实现经济发展与生态环境保护建设"双赢"的原则

以经济建设为中心，以生态理论为指导，使港口经济社会发展符合生态规律，协调由于港口建设及人类活动所造成的生态环境与资源、经济、社会等诸方面的矛盾，解决历史上遗留的环境破坏和生态环境失调问题，最终实现经济建设与环境保护协调发展。

3. 战略性原则

从战略高度评价港口建设活动与其所在港口发展规划的一致性、港口建设活动内部功能布局的合理性，并根据总量控制的思想提出产业发展的原则、污染物排放总量控制方案。

4. 坚持港口发展与环境保护协调发展

从港口规划、布局到建设、生产，全面落实环境保护措施，实现港口的节约发展、清洁发展、安全发展和可持续发展，实现港口经济效益、社会效益和生态效益共同提高。

5. 坚持合理资源配置原则

充分利用综合与系统分析技术，合理安排资源、资金与技术，使之产生最佳环境效益。

6. 坚持技术经济可行性原则

环境保护规划的各种措施应坚持技术可行、经济合理、效果明显，能为相应部门采纳，具有可操作性。

三、绿色港口建设规划的理论基础

（一）可持续发展理论

可持续发展理论是人们在全球环境不断恶化，已经影响到经济社会发展的背景下产生的，经过了 20 余年逐步发展而成。1962 年美国海洋生物学家卡尔逊（Carson）出版的《寂静的春天》，标志着人类生态意识的觉醒；1972 年，罗马俱乐部发表的《增长的极限》，指出地球资源及纳污能力是有限的，并得出了"零增长"的悲观结论；1972 年 6 月斯德哥尔摩《联合国人类环境会议宣言》及其《只有一个地球》的报告唤起了各国政府对环境问题的觉醒，使各国对环境问题的认识逐渐一致；1983 年美国世界观察研究所所长 Brown 出版的《建立一个持续发展的社会》，提出必须从速建立一个"可持续的社会"；1983 年联合国第 38 届大会决议成立"世界环境与发展委员会"（WCED）负责制订"全球的变革日程"，1987 年通过 WCED 的报告《我们共同的地球》，该报告把环境与发展两个紧密相连的问题作为一个整体加以考虑，并首次提出了"可持续发展"的概念，并给出了可持续发展的定义；之后的《里约环境与发展宣言》、《21 世纪议程》、《联合国气候变化框架公约》及《生物多样性公约》等标志着世界各国在实行可持续发展战略的重大战略决策上取得了共识。

1. 可持续发展理论

（1）可持续发展理论的定义及内涵

可持续发展（sustainabledevelopment）理论是经济、社会和生态可持续的综合统一体，与传统的发展观相比，可持续发展要求在保护环境、节约资源和控制人口的前提下实现经济的发展，即人类在发展中不仅要追求经济利益，还要追求生态和谐和社会公平，最终实现全面发展。《我们共同的未来》中将可持续发展定义为：可持续发展是在满足当代人需求的同时，不损害后代人满足其自身需要的能力。该定义有两个最基本的观点：一是人类要发展，尤其是穷人要发展；二是发展有限度，特别是要考虑到环境限度，不能危及后代人生存和发展的能力。

可持续发展的基本内涵可以归纳为以下几个方面：

①可持续发展的基础是保护自然资源和生态环境，并与资源环境的承载力相协调。

②经济发展是实现可持续发展的条件。可持续发展鼓励经济增长，但要求在实现经济增长的方式上，应放弃传统的高消耗、高污染、高增长的粗放型方式，追求经济增长的质量，提高经济效益，同时要实施清洁生产，尽可能地减少对环境的污染。

③可持续发展要以改善和提高人类生活质量为目标，与社会进步相适应。虽然世界各国发展的阶段不同，发展的目标不同，但它们的发展内涵均应包括改善人类的生活质量。

④可持续发展承认并要求体现出环境资源的价值。环境资源的价值不仅表现在环境对经济系统的支撑上，而且还体现在环境对生命支撑系统的不可缺少的存在价值上。

⑤可持续发展认为发展与环境是一个有机整体。可持续发展把环境保护作为最基本的追求目标之一，也是衡量发展质量、发展水平和发展程度的客观标准之一。

（2）可持续发展的基本原则

可持续发展要真正得以有效实施，必须遵循公平性、可持续性、共同性和需求性四项原则，这也是由可持续发展的本质特征所决定的。

①公平性原则

公平即指机会选择的平等性，可持续发展的公平性原则有三方面的含义。

首先，是本代人的横向公平，即可持续发展要满足全体人民的基本需求和给全体人民机会以满足他们要求较高生活的愿望。因此，强调了世界公平的分配和公平的发展权，把消除贫困作为可持续发展进程的优先问题。其次，代际间的纵向公平，即要认识到资源的有限性，本代人不能因为自己的发展与需求而损害后代满足需求的资源与环境条件。再次，公平地分配有限资源，改变发达国家高消耗的现状。

②可持续性原则

可持续发展的核心是人类的经济与社会发展不能超越资源与环境的承载能力。资源与环境是人类生存与发展的基础和条件，实现资源的永续利用和生态系统的可持续性是人类可持续发展的首要条件。

③共同性原则

虽然各国国情不同，但是可持续发展作为全球发展的总目标应该是各国共同遵守的，并且要全世界采取共同的联合行动。正如《里约宣言》中所说，"致力于达成既尊重所有各方的利益，又保护全球环境与发展体系的国际协定，认识到我们的家园——地球的整体性和相互依存性"。

④需求性原则

人类需求是由社会和文化条件所决定的，是主观因素和客观因素相互作用、共同决定的结果，与人的价值观和动机有关。发展即为了满足人类的需要，而对于发展中国家而言，可持续发展首先是要实现长期稳定的经济增长，在满足人们基本需求的基础上再进一步提高生活水平，满足高层次的需求，同时也要兼顾公平。

2.可持续发展理论对绿色港口的指导作用

绿色港口建设的目的就是实现港口的可持续发展，只有走可持续发展的道路，港口才能综合解决经济发展、环境保护和社会进步等方面的问题，实现经效益和社会效益的均衡发展，因此绿色港口建设必须紧密围绕可持续发展的几个主要内容。

首先，可持续发展十分强调经济增长的必要性，不仅重视经济增长的数量，更关注经济发展的质量。可持续发展要求改变传统的以"高投入、高消耗、高污染"为特征的生产模式和消费模式，实施清洁生产和文明消费。绿色港口建设要均衡地考虑经济发展与环境保护两者之间的关系，经济发展不能以对环境的破坏为代价，而应注重协调发展的数量与质量、速度与效益之间的合理关系，注重根据港口区域的环境与资源特点进行建设，保证自然资源的可持续利用。

绿色港口的建设应体现公平性原则，可持续发展强调发展应该追求两方面的公平：一是本代人的公平即代内平等，要给世界以公平的分配和公平的发展权，要把消除贫困作为可持续发展进程特别优先的问题来考虑。二是代际间的公平即世代公平，要认识到人类赖以生存的自然资源是有限的，要给世世代代以公平利用自然资源的权利。

可持续性是可持续发展的基础，绿色港口建设要实现港口区域的自然资源的可持续利用和丰态环境质量的持续良好，这一目标体现了对可持续发展目标的追求。没有资源的可持续利用和生态环境质量的持续良好，人类的发展是暂时的、脆弱的、不能持久的。

（二）循环经济理论

1.循环经济理论

（1）循环经济的概念和内涵

循环经济一词是对物质闭环流动型经济的简称。20世纪60年代美国经济学家鲍尔丁提出的宇宙飞船理论是循环经济思想的早期代表。随着可持续发展理念的日益深入人心，人们越来越认识到，当代资源环境问题日益严重的根源在于工业化运动以来以高开采、低利用、高排放（两高一低）为特征的线性经济模式，为此学者们提出人类社会的未来应该建立一种以物质闭环流动为特征的经济模式，即循环经济，从而实现可持续发展所要求的环境与经济双赢，即在资源环境不退化甚至得到改善的情况下实现促进经济增长的战略目标。

传统经济是一种"资源—产品—污染排放"的单程线性经济。在"资源无价"的错误认识下，人们以越来越高的强度把地球上的物质和能源开采出来，在生产加工和消费过程中又把污染物和废物大量地排放到环境中去，对资源的利用大多是粗放的和一次性的。循环经济是对传统经济的革命，要从根本上消除长期以来环境与发展之间的尖锐冲突，不但要求人们建立新的经济模式，而且要求在从生产到消费的各个领域倡导新的经济规范和行为准则。

循环经济是一种生态型经济，倡导的是人类社会经济与生态环境和谐统一的发展模式，效仿生态系统原理，把社会、经济系统组成一个具有物质多次利用和再生循环的网、链结构，使之形成"资源—产品—再生资源"的闭环反馈流程和具有自适应、自调节功能的，适应生态循环的需要，与生态环境系统的结构和功能相结合的高效的生态型社会经济系统。它使物质、能量、信息在时间、空间、数量上得到最佳、合理、持久地运用，实现整个系统低开采、高利用、低排放，把经济活动对环境的影响降低到尽可能小的地步，做到对自然资源的索取控制在自然环境的生产能力之内。实现可持续发展所要求的环境与经济双赢，即在资源不退化甚至改善的情况下促进经济的增长。

循环经济的内涵包括了三个层次的含义：

①实现社会经济系统对物质资源在时间、空间、数量上的最佳运用，即在资源减量化优先为前提下的资源最大利用。

②环境资源的开发利用方式和程度与生态环境友好，对环境影响尽可能小，至少与生态环境承载力相适应。

③在发展的同时建立和协调与生态环境互动关系，即人类社会既是环境资源的享有者，又是生态环境建设者的关系，实现人类与自然的相互促进、共同发展。

（2）循环经济的原则

循环经济以 3R 原则为其经济活动的行为准则，即减量化（Reduce）、再利用（Reuse）和再循环（recycle）。

减量化原则，即要求用较少的原料和能源投入来达到既定的生产目的或消费目的，进而从经济活动的源头就注意解决资源和减少污染。如在生产中要求产品小型化、轻型化以及包装的简单朴实。

再利用原则，即要求制造产品和包装容器能够以初始的形式被反复使用。如抵制一次性用品的泛滥，而改用可循环使用制品；另外，再利用原则还要求尽量延长产品的使用期，减缓更新换代频率。

再循环原则，即要求生产出来的物品在完成其使用功能后能重新变成可利用的资源，而不是不可恢复的垃圾。按照循环经济的思想，废弃制品的处理应该由生产者负责。再循环有两种情况：一是原级再循环，即废品被循环生产同类新产品（如再生报纸、再生易拉罐）；另一种是次级再循环，即将废物资源转化成其他产品的原料。

2. 循环经济理论对绿色港口的指导作用

循环经济是实现可持续发展的根本模式，发展"循环经济"和"建立循环型社会"是削减污染、保护环境的重要手段，是实现可持续发展的必由之路。循环经济不但要求人们建立"自然资源—产品和用品—再生资源"的经济新思维，而且要求在从生产到消费的各个领域倡导新的经济规范和行为准则。

因此，在绿色港口建设的全过程从港口规划、建设评估、建成后的营运过程、日常环境管理方面，考虑循环经济理论所要求的减量、再用和循环原则，按照循环经济的理念来削减污染、保护环境。绿色港口建设应切实体现循环经济的要求，以提高资源利用效率，实现废物的最小化为目标。

（三）生态学理论

生态学（ecology）源于希腊文 oikos，其意为"住所"或"栖息地"。因此，从字面上解释生态学就是研究生物"住所"的学科。生态学首次作为学科名词出现是德国博物学家 E.Haeckel 于 1866 年在《普通生物形态学》一书中提到："生态学是研究生物与环境相互关系的学科"。之后随着研究的深入，一些著名生态学家也对生态学下了定义。英国生态学家 Elton（1927）认为生态学是"科学的自然历史"。澳大利亚生态学家 Andrewartha（1954）认为生态学是研究有机体的分布于多度的科学，强调了对种群动态的研究。美国生态学家 E.Odum（1958）提出的定义是：生态学是研究生态系统的结构和功能的科学。我国著名生态学家马世骏（1980）定义生态学是研究生命系统和环境系统关系的学科，他同时提出了社会—经济—自然复合生态系统的概念。实际上，生态学的不同定义能够反映生态学不同发展阶段的研究重心。

人类作为一种特殊生物，同样也应该遵从生态学规律。资源环境问题之所以发生并成为经济发展的制约因素，人与自然的关系之所紧张，就是由于人类没有处理好自身与所依托的自然环境之间的关系，经济活动没有遵从生态学规律。绿色港口作为一种与环境友好的可持续发展模式，必须遵从生态学规律。

1. 生态学理论

（1）生态系统的结构和功能

生态系统是指在一定时间和空间范围内，由生物群落与其环境组成的一个整体，该整体具有一定的大小和结构，各组成要素通过物质循环、能量流动和信息传递相互联系、相互依存，并形成具有自我组织、自我调节功能的复合体。

①生态系统的结构

生态系统结构是指生态系统中生物的和非生物的诸要素在时间、空间、功能等方面分化与配置而形成的各种有序关系，包括时间结构、空间结构、营养结构等。这些结构都是生态系统长期进化，诸要素相互影响、相互适应的结果。

生态系统的经典理论认为，生态系统中各种成分之间最本质的联系是通过营养来实现的，也就是说，生态系统的结构中最本质的结构是营养结构。从营养（食物）联系的角度，生态系统中的各种生物可分为三大功能类群：生产者、消费者和还原者。

生产者主要为绿色植物，也包括能进行光能和化能自养的某些细菌。它们利用太阳能进行光合作用，把简单的无机物制造成有机物，放出氧气，同时也把太阳能转化为体内的化学能。这一过程不仅为生产者自身，也直接或间接地为消费者、还原者，包括为人类提供食物，满足它们生命活动的物质和能量需要。生产者决定着一个生态系统初级生产力的高低。

消费者是针对生产者而言，即它们不能利用太阳能生产有机物，只能直接或间接地依赖于生产者制造的有机物，主要指各种动物。根据其取食地位又可分为：一级消费者，直接依赖生产者为生，主要是草食动物；二级消费者，以一级消费者为食的肉食动物；三级消费者，以二级消费者为食者，依次类推，但最多一般不会有超过五级消费者。消费者在生态系统中具有再生产的作用，许多消费者还对其他生物种群数量起着调控作用。

还原者又称分解者，主要是细菌、真菌、放线菌以及土壤原生动物和一些小型无脊椎动物。它们通过一系列复杂的过程，把动植物残体复杂有机物逐步分解为较简单的，生产者能够重新利用的简单化合物，使之回归环境或者再次进入食物链，从而完成生态系统的物质循环。如果没有还原者，生物尸体将堆积成灾，物质循环就会停止，整个生态系统不但无法平衡、无法进化，而且还将崩溃。

各种生物按照取食与被食的关系排列的链状顺序称为食物链，不同的食物链又彼此交错连接，形成网状结构，称为食物网。生态系统的营养结构就是系统中各功能类群的各种生物之间，通过这种取食与被食的关系，以营养为纽带依次连接而成的食物链网结构以及营养物质在食物链网中不同环节的组配结构。营养结构之所以重要，以至于被视为生态系统最本质的结构，是因为它反映了生态系统中各营养级位生物的生态位分化与组配情况，是生态系统中物质循环、能量流动和转化、信息传递的主要途径。

此外，生态系统还有空间结构（垂直结构、水平结构）、时间结构等，分别是生态系统的组成要素在某一方面形成的有序联系。例如，森林生态系统中的植物在垂直空间中表现出较明显的分层特点，由上到下依次为乔木层、灌木层、草本层和地被层，动物的活动空间也与各植物层提供的食物相适应而具有一定的分层现象，在草原、湖泊、海洋等其他生态系统类型中也具有类似结构。又如，在时间和水平分布方面，由于不同的时间和水平位置具有不同的环境因子（阳光、温度、水分、湿度等），生态系统中生物的物种组成、生命活动等都表现出与此相适应的格局。

通过各种结构的协同作用，生态系统的各种生物分别占据了适合自己生存和发展的生态位，与非生物环境高度适应；同时各种生物也相互影响、相互制约。自然生态系统的诸要素间形成了复杂的反馈机制，使得系统得以保持平衡，并实现物质循环、能量流动、信息传递等功能。

②生态系统的功能

生态系统的功能主要包括物质循环、能量流动和信息传递。

a. 物质循环

世界由物质构成，生物和生态系统也不例外。对于大多数生物来说，有约20多种元素是它们生活所不可缺少的，另外还有10余种元素虽然需要量很低，但也是某些生物不可缺少的。

世界上的物质都是运动的，生物和生态系统中的物质也不例外。环境中的无机物经过植物的光合作用转变为植物有机体，各级消费者通过取食直接或间接消耗植物所储存的物质，生产者和各级消费者的残体则经还原者的分解还原，有机物又转变为无机物回归环境，这个过程称为物质循环。

物质循环是生态系统存在、演替、进化的本质原因，也是生态系统最基本的功能。在亿万年的地球进化历程中，地球上有限的物质正是通过循环、再生，才为生物的生存和繁衍，物种的形成和发展，生态系统的演替和进化提供了近乎无限的生存资源，孕育并保障了地球生命的生生不息和持续、有序发展。因此，在这个意义上，物质循环的永不间歇和世界系统的永恒存在几乎是同义词。

生态系统物质循环的具体过程是很复杂的，对全球生态系统影响较大的有水循环、气体型循环、沉积型循环等。物质循环还可分为生态系统之间的循环，生态系统内的循环，植物体内的循环等。一个成熟的生态系统，具有完整的生产者、消费者、还原者结构，可通过一系列的复杂过程，自我完成"生产 - 消费 - 分解 - 再生产"物质循环，生物的生命活动与周围的非生物环境是和谐、友好的。

b. 能量流动

生物的生命活动除了物质以外，还需要能量。生态系统最初的能量来源于太阳，绿色植物通过光合作用吸收和固定太阳能，将太阳能转变为化学能，一方面满足自身生命活动的需要，另一方面供给异养生物生命活动的需要。太阳能进入生态系统并转化为化学能后，就以物质为载体，沿着生态系统中生产者、消费者、还原者的食物链流动，这种生物与环境间、生物与生物间的能量转换和传递的过程，称为生态系统的能量流动。

能量在流动过程中，一部分用于维持新陈代谢活动而被消耗，在呼吸中以热的形式散发到环境中，只有一小部分用于形成新组织或作为潜能贮存。生态系统中的能量流动遵循热力学第一定律、第二定律，具有两个特点：一是虽然能量总量守恒，但在食物链中，在沿生产者和各级消费者顺序的流动过程中是逐步减少的；二是能量流动是单方向的、不可逆的，能量以光能状态进入生态系统后，就不再以光能形式而是以热能形式进入环境中，被绿色植物吸收的光能绝不可能再返回到太阳去，食草动物从绿色植物中获得的能量也绝不能再返回绿色植物。可见，生态系统是一种耗散结构，之所以能够逐渐由无序到有序，朝着种类多样化、结构复杂化和功能完善化的方向不断演化，一个重要原因在于能量的不断耗散。能量流动与物质循环紧密关联，是物质循环的驱动力，也是生态系统的主要功能之一。

c. 信息传递

生态系统各组成要素之间除存在物质循环、能量流动外，还有信息的传递。在信息的传递过程中往往伴随着一定的物质和能量消耗，信息与能量可以视为物质的两个重要属性。信息的传递不像物质流那样是循环的，也不像能量流那样是单向的，而往往是双向的，也就是说既有从输入到输出的信息传递，也有从输出向输入的信息反馈。按照控制论的观点，信息具有调控作用。生态系统中的信息多种多样，大致包括物理信息（光、电、磁、声、热等）、化学信息、行为信息和营养信息。通过这些信息的传递，生态系统中的各种组分相互影响、相互制约。从宏观上看，信息传递的畅通使生态系统产生了自动调节机制。

（2）生态平衡与生态阈限

生态系统是一个不断演化的动态系统，当生态系统的结构和功能处于相对稳定的时候，生物之间、生物和环境之间高度适应、相互协调，能量和物质输入输出接近相等，这种状态称为生态平衡。之所以能实现生态平衡，是因为经过长时间的演化，各组成要素形成了复杂的结构，产生了复杂的反馈调节机制，使生态系统具有了一定的自我调节能力，能够忍受、抵抗一定的外界干扰。

但是生态系统的自我调节能力只在一定范围内、一定条件下保持，此临界限度称为"生态阈限"。生态阈限决定于环境的质量和生物的种类、数量及其相互联系，决定于生态系统的成熟程度。生态系统越成熟，种类组成越多，结构越复杂，稳定性越强，对外界干扰的抵抗能力也越大，生态阈限也就越高。但生态阈限不论多高，总是有限的，所以自然生态系统对于人类经济、社会的承载能力总是有限的，能够承受的人类干扰总是有限的。超过了这个限度，生态平衡就会被破坏，系统就不能恢复到原初状态，此时生态系统表现为生态失调。生态失调在初期往往不容易被人们觉察，但如果这种趋势继续下去就可能导致严重的生态危机，很难恢复平衡。因此，人类的活动除了要讲究经济效益和社会效益外，还必须特别注意生态效益和生态后果。在重要活动进行之前，必须预先对该活动可能对生态环境造成的影响进行科学的分析、预测和评估，并提出规避、减缓不良影响的对策、措施，以便在改造自然的同时能基本保持生物圈平衡。

（3）社会—经济—自然复合生态系统理论

人类是具有能动性的特殊物种，与其他动物被动地适应自然不同，人类在生存和发展过程中总是能动地认识自然、利用自然、改造自然，表现出很强的主动性、目的性和创造性。正如列宁所言："世界不会满足人，人决心以自己的行动来改变世界。"产业革命后，人类利用自然、改造自然的能力越来越强，以至于地球上纯粹的自然生态系统已几乎不复存在，社会、经济、自然三个系统间的相互影响越来越大，各自的存在和发展都受其他系统结构和功能的制约，必须当成一个复合系统来考虑，著名生态学家、可持续发展研究与应用的先驱马世骏先生称之为社会 - 经济 - 自然复合生态系统（简称复合生态系统）。

复合生态系统理论是生态学的一种理论，侧重于研究人与自然的关系，研究社会、经济、自然三个系统的相互影响与作用，对认识当今人类所面临的资源、环境等一系列重大问题具有重要指导意义。

复合生态系统由社会、经济、自然三个系统复合而成，每个系统又可分为不同层次的子系统，这些组分及其相互间的关系构成了复合生态系统的基本结构。在复合生态系统中，社会系统可为经济系统提供人力资源，并对经济系统和社会系统自身的结构和行为进行调控；经济系统利用从自然系统取的物质、能量和信息加工、生产各种物质产品和非物质产品，供社会系统消费、利用；自然系统则从根本上为经济系统和社会系统提供物质、能量、信息、空间，并接纳这两个系统产生的各种废弃物、污染物。

（4）生态恢复

随着科学技术的进步，人类生产、生活和探险的足迹遍及全球，尤其是全球人口增长，在那些有人居住的地方，大部分的自然生态系统被改造为城镇和农田，原有的生态系统结构及功能退化，有的甚至已失去了生产力。随着人口持续增长，对自然资源的需求也在增加。环境污染、植被破坏、土地退化、水资源短缺、气候变化、生物多样性丧失等增加了对自然生态系统的胁迫。人类面临着合理恢复、保护和开发自然资源的挑战。20世纪80年代以来，生态恢复的理论、技术方法与实践研究得到了快速发展，从而成为全球生态学领域的研究热点之一。按照国际生态恢复学会（Societyfor Ecological Restoration）（1995）的详细定义，生态恢复是帮助研究恢复和管理原生生态系统的完整性（ecologicalintegrity）的过程，这种生态整体包括生物多样性的临界变化范围、生态系统结构和过程、区域和历史内容以及可持续的社会实践等。

当生态系统的结构变化引起功能减弱或丧失时，生态系统处于退化状态。生态恢复的最本质问题是恢复生态系统的必要功能，并使之具有系统自我维持能力。Hobbs和Norton（1996）认为恢复退化生态系统的目标包括：建立合理的内容组成（种类丰富度及多度）、结构（植被和土壤的垂直结构）、格局（生态系统成分的水平安排）、异质性（各组分由多个变量组成）、功能（诸如水、能量、物质流动等基本生态过程的表现）。事实上，进行生态恢复的目标不外乎四个，如果按短期与长期目标分还可将上述目标分得更细：恢复诸如废弃矿地这样极度退化的生境；提高退化土地上的生产力；在被保护的景观内去除干扰以加强保护；对现有生态系统进行合理利用和保护，维持其服务功能。

2. 生态学理论对绿色港口的指导作用

按照生态学理论的要求，任何生产活动都要放在生态系统物质循环和能量流动的普遍联系中、放在立体交叉的生态网络中、放在生态系统的动态平衡过程中加以考察，尊重生态系统的辨证特点。

港口也是由社会、经济、自然三个系统复合而成复合生态系统，港口建设规划应该综合考虑社会、经济、自然因素，港口的开发建设过程不应以牺牲生态环境为代价，应切实注重保护生态环境，维持复合生态系统的平衡。

对港口建设过程中所造成的生态系统破坏和环境资源损失，应根据生态学的理论对可能造成的影响及破坏进行合理的预测、评估，采取积极有效的生态恢复措施，进行环境补偿，将损害减小到最低程度。

（四）系统科学理论

系统是普遍存在的。所有具体事物不是一个系统就是某一个系统的组成部分。系统科学是探索系统的存在方式和运动变化规律的学问。系统科学目前已形成一个学科群，一般系统论、信息论、控制论、运筹学、协同学、耗散结构理论等都属于系统科学的范畴。系统科学以其他门类学科中的系统问题为对象，从中吸取营养又为它们提供研究问题的观点和方法，其理论和技术方法对于人类的正确认识世界、改造世界具有重要的指导意义。

1. 系统科学理论

（1）一般系统理论

对于系统的定义，在技术科学层次上，通常采用钱学森的定义：系统是由相互制约的各部分组成的具有一定功能的整体；在基础科学层次上，通常采用贝塔朗菲的定义：系统是相互联系、相互作用的诸元素的综合体。尽管不同的定义侧重点不同，但仍然可以总结出系统的概念包含如下几个要点：系统由若干要素组成；系统的各要素之间存在着特定关系，形成一定的结构；系统的结构使它成为一个具有特定功能的整体。

用系统的观点看世界，系统方式是事物之间普遍联系的一种方式。对同一系统，从不同的角度，按照不同的标准，可以将其归入不同的系统类型。例如，从系统与环境的关系进行分析，可将系统分为孤立系统、封闭系统和开放系统。根据组成系统的子系统以及子系统种类的多少和它们之间关联关系的复杂程度，可把系统分为简单系统和巨系统两大类。

就系统的共同属性和整体运动规律而言，具有下列几个基本原理：

①整体性原理。整体性是系统的最基本属性，一般被表述为"整体大于各部分之和"，或者说系统的质不是各要素的质的简单相加。系统的整体性主要是由三个方面决定的，即：系统组成要素的性质和数量；系统的结构；系统的环境。

②相关性原理。系统的要素之间，系统与其环境之间都存在着特定的联系，相互影响、相互作用、相互依存、相互制约，从而彼此相关。从本质上看，联系是相互之间物质、能量、信息的交换。

③结构性原理。结构是系统中各种联系和关系的总和，其基本形式有空间结构，时间结构，相互作用结构等。系统的结构是系统保持整体性以及具有一定功能的内在依据。

④层次性原理。系统由一定的要素组成，这些要素又是由更小要素组成的子系统，另一方面，系统本身又是更大系统的组成要素，这是系统的层次性。

⑤动态性原理。物质和运动密不可分。现实系统都是开放系统，都有物流、能流、信息流在不断运动；系统本身也都有生命周期。系统的这种运动、发展、变化称为动态性。

⑥目的性原理。系统的目的性原理是指，组织系统在与环境的相互作用中，表现出自我趋向某种状态的特性。系统目的性是通过系统反馈机制来不断调整系统行为而达到的。

（2）信息论

信息论可以分为两种：狭义信息论与广义信息论。狭义信息论关于通讯技术的理论，广义信息论则以各种系统、各门科学中的信息为对象，广泛研究信息的本质和特点，以及信息的取得、计量、传输、储存、处理、控制和利用的一般规律，为控制论、自动化技术和现代化通讯技术奠定了理论基础，为科学管理、科学决策提供了思想武器。

（3）控制论

控制论是研究各类系统的调节和控制规律的科学，其基本概念是信息、反馈和控制。控制论为现代科学提供了新的思路和方法，其基本内容是：条类系统的有目的的运动都可以抽象为一个信息变换的过程。在这一过程中，系统的感受机构接受系统内部状态和外部环境的各种信息，并输入到系统的控制机构。控制机构对这些信息进行存贮和加工处理，经过分析作出判断和决策，并向系统的执行机构发出控制指令。执行机构根据指令进行相应的控制和调节。执行情况变换为信息，反馈到控制机构，控制机构再根据当时输入的各种信息和执行情况反馈信息并做出决策。按照反作用于输入信息的方式，反馈又分为正反馈和负反馈。正反馈可以使偏离加剧，而负反馈则可减少偏离，从而使系统保持稳定。

控制论的主要方法有信息方法、黑箱方法、反馈方法和功能模拟法等。信息方法是把研究对象看作一个系统，通过分析信息流程来研究系统的功能；黑箱方法是不依赖于系统的内部结构，而是根据输入和输出来判断其内部结构和状态；反馈方法是运用反馈控制原理来分析和处理问题；功能模拟法是着眼于系统的功能与行为，设法建立与对象系统有相似或近似功能的模型，再从模型来研究对象系统。

（4）自组织理论

自组织是系统科学的一个重要概念，它是复杂系统演化时出现的一种现象。在系统实现空间的、时间的或功能的结构过程中，如果没有外界的特定干扰，而是依靠系统内部子系统的相互作用达到的，就可以说系统是自组织的。这里"特定干扰"一词是指外界施加作用、影响的形式、特点与系统所形成的结构和功能之间存在直接的联系。换言之，自组织是在一定条件下，由于系统内子系统的相互作用，使系统形成具有一定功能、结构的过程。

系统科学中的一系列理论对于认识系统的自组织有着重要意义，包括一般系统论、控制论和信息论，以及此后兴起的耗散结构理论、协同理论、超循环理论、突变理论等。从总体上看，耗散结构理论对于理解系统演化的前提条件十分重要。协同理论阐述了子系统之间的竞争和协同推动系统从无序到有序的演化，总体上推动了我们对于系统自组织演化内部机制和动力的认识。超循环理论指出相互作用构成循环，提出了循环等级学说，从低级循环到高级循环，不同的循环层次与一定的发展水平相联系，揭示了系统的自组织演化发展采取了循环发展形式。突变理论与系统自组织演化的相变理论密切联系在一起，揭示原因连续的作用有可能导致结果的突然变化，揭示出相变的方式和途径、相变的多样性。通过这些系统自组织理论使我们认识到，充分开放是系统自组织演化的前提条件，非线性相互作用是自组织系统演化的内在动力，涨落成为系统自组织演化的原初诱因，循环是系统自组织演化的组织形式，相变和分叉体现了系统自组织演化方式的多样性。

2. 系统理论对绿色港口的指导作用

绿色港口建设涉及经济、环境、社会等方面的因素，而这些因素之间不是孤立的，而是存在着广泛的、多层次的相互联系、相互制约和相互作用；同时这些因素按一定结构进行组合，并呈现一定的功能，成为一系列的系统—经济系统、社会系统和环境系统。这些系统自身还包括更小的子系统，同时又同属于一个更大的系统——环境经济社会系统，形成递阶层次结构。可见，绿色港口建设所研究的环境经济社会系统是个复杂的巨系统。

绿色港口建设就是研究港口的开发对于环境、社会、经济等方面的综合影响，协调它们之间的相互关系，使系统最优化，达到可持续发展的目的。因此，系统科学的各个理论将对绿色港口建设的理论研究和实践具有指导意义。

四、绿色港口建设规划的技术路线与技术要点

绿色港口建设规划贯彻"健康、安全、活力、发展"的基本理念，遵循客观生态规律和经济发展规律，运用生态学和系统工程原理，以港口主要生态问题为切入点，以生态经济、生态环境、生态文化建设为重点，把自然系统、社会系统、经济系统作为一个整体，制定港口长远发展目标，优化经济结构和产业布局，建设优美生态环境，培育港口生态文化体系，拓展生态支持系统支撑能力，提高港口生态系统的整体健康水平，建立有效的管理体系，把港口建设成为生态系统健康、生态环境安全、具有生态活力、保持可持续发展的新一代港口。

（一）绿色港口建设规划的技术路线

进行绿色港口建设规划时，首先要对进行现状调查与基础性研究，分析绿色港口建设的优势和制约因素，并建立绿色港口指标体系。在上述工作的基础上，制定绿色港口建设规划，主要包括污染物防治规划、生态建设规划、环境风险防范管理计划、环境保护基础设施建设规划和绿色物流发展规划，另外还要制定绿色港口建设的环境管理和保障措施。保障港口的环境系统与经济、社会的发展相协调。同时，在绿色港口建设规划制定与研究过程中，积极落实或推动上述相关规划的实施，及时检验规划的科学性、针对性和可操作性，并结合检验结果，及时修改、完善相关内容、措施与方案。

（二）绿色港口建设规划的技术要点

1. 现状调查与基础性研究

（1）港口所在陆域和海域的环境与资源现状调查

开展港口所在陆域和海域的环境与资源现状调查工作，是绿色港口建设规划的工作基础与前提。主要包括以下内容：

①近海海洋生态环境调查

实现点、线、面调查相结合，调查资料与历史资料对比分析相结合，遥感调查与地面实测相结合。

港口建设情况调查：主要对港口类型、港区功能；航道位置、长度、宽度和深度；填海造地面积、用途等进行调查。

海域使用现状调查：主要针对海域使用现状进行调查，包括海域使用基础调查、重点海域使用排他性与兼容性调查、海洋功能区现状调查。

海洋灾害调查：海洋环境灾害、海洋地质灾害（海岸侵蚀、海水入侵、湿地退化等）、

海洋生物灾害（赤潮、外来物种侵入等）和人为灾害等。

海水资源利用调查：海水资源开发利用情况、对海水资源开发利用的需求情况调查。

海洋生物资源调查：调查浮游植物、浮游动物、底栖生物和叶绿素 a 等的现存量，调查影响海洋生物尤其是浮游生物种群动态变化的环境因子，包括自然因素中的光照、营养盐等因子和温度、盐度、悬浮物、水动力等控制因子，以及人为因素，特别是陆源排污的不利影响。

②陆域环境现状调查

调查陆域范围内气候、气象及环境质量现状，并分析气候、气象条件对港区环境的影响。

调查陆域动植物资源、港口绿地系统建设概况。

调查沿海社会经济基本状况，沿海养殖业、渔业等发展情况，并结合相关规划的内容分析沿海区域经济发展趋势。

调查掌握入海污染物种类、污染物产生量、特征污染物、陆源污染物排污口以及扩散迁移状况。

建立港口污染源数据库。

（2）港口建设发展的环境影响分析

主要是可以从源头考虑港口建设对环境的影响，从宏观角度对开发活动的选址、规模、性质的可行性进行分析，避免重大决策失误；可以在根据国民经济和对外贸易发展进行港口建设的同时，尽可能合理使用包括水域、岸线、土地在内的各种资源，节约能源，同时减少环境污染，使港口建设对环境的影响降低到合理的程度。同时，考虑港口建设对人群和生态系统的影响，实施避免、消除或减缓其影响的措施或替代方案，更加注重经济系统、社会系统和环境系统之间协调、持续发展，有助于最终实现港口的可持续发展。

①环境敏感目标分析：采用专家咨询、对比分析等方法确定港口建设发展过程中的环境敏感点、保护级别、保护要点，确定港口建设发展对环境敏感目标或区域的影响，分析环境保护目标的可达性。

②港口建设对项目选址和布局的影响分析：从整理出发，分析港口建设项目的不同选址和布局对区域整体的不同影响，并进行比较和取舍，有利于选择最有利的方案，保证选址和布局的合理性。

③港口建设对资源利用和环境污染的影响分析：综合考虑开发活动的特征与环境特征，对污染治理设施的技术、经济和环境进行论证，制定相对合理的环境保护对策和措施。

④港口建设对近岸海域环境质量影响分析：分析港口建设发展可能对近岸海域生态环境的影响，并分析其时空变化规律。

⑤海岸带生态景观格局完整性影响分析：对港口建设发展过程中各要素的生态影响进行分析，分析其生态敏感性，评估它们对区域景观生态结构、生态系统完整性、生态流通畅性、生物物种资源多样性等方面的影响。

⑥潮间带生物多样性影响分析：采取样地调查法，结合资料类比分析港区陆域、海域相关建设实施后对潮间带生物的影响趋势和影响程度。

⑦港口可持续发展能力分析：通过对港口的区位优势、交通优势、资源优势等进行分析，结合其目前的发展机遇、环境及资源挑战、港区海洋生态环境现状，对港口的可持续发展能力进行分析。

（3）港口区域的环境容量分析

环境容量是环境科学的基本理论问题之一，环境容量一般指在某一特定环境中，环境所能容许污染物的最大负荷量，又可以称为环境纳污能力。

当污染物超出环境容量时，会使环境受到严重污染和破坏。它随环境自净能力的强弱而不同。环境容量愈大，可接纳的污染物就愈多；愈小则愈少。只有采取总量控制的办法，才能有效地消除或减少污染的危害。环境容量与污染物的区域性环境标准制定、环境污染物的控制和治理目标、开展合理布局以及环境影响评价和地区可持续发展等问题有直接的关系。

2.绿色港口建设的优势及制约因素分析

在调查分析的基础上进行优势与制约因素分析，可以在绿色港口建设中充分发挥优势，采取各种措施减少或避免制约因素的影响。

结合港口的发展历程与在环境保护方面取得成就，从港口的发展定位、区位条件、环境保护政策的实施等方面详细分析港口建设绿色港口具备的优势。

结合港口发展过程中的素质性、结构性、体制性矛盾调查，分析港口在吞吐量增长方式、港口资源开发利用、环境基础设施建设、生态环境的保护、节能减排措施的落实以及循环经济的发展等方面对绿色港口的影响。

3.绿色港口指标体系

"绿色港口"的发展模式符合国际化与现代化的发展趋势，符合中国国情，更符合可持续发展的根本利益。但是，"绿色港口"并没有一个客观全面的评价标准与指导手则，在建设过程中难免会走一些弯路，造成时间、资源的浪费。绿色港口应该是什么样子的，具备什么样的基本条件才能称之为绿色港口？我们需要一个标准来对它做出判断和衡量。因此，有必要建立一套切实可行的指标体系来指导绿色港口建设。既然绿色港口是一个复杂的体系，我们就建立一套指标体系来衡量绿色港口的发展水平。

DPSIR 模型是一种基于因果关系组织信息及相关指数的框架，除了表明社会经济状况和生态环境之间大致的相互作用，也表明了生态环境对社会经济的一些响应，这些响应由环境目标和社会为应对环境状态的恶性变化及不利影响而采取的措施组成。以 DPSIR 模型为框架，根据港口复合生态系统的特点和绿色港口建设的要求，绿色港口指标体系可以分为：环境指标、生态指标、资源指标、社会—经济指标、复合生态系统调控指标。

虽然国内很多城市正在进行绿色港口的建设，但目前尚处起步阶段，因此绿色港口及其指标体系研究尚处在摸索阶段，指标的选择和标准的确定都有一些不确定性影响。在制定指标体系时，应该用既科学又灵活的方法，对其同时进行定性与定量的分析，才能最大限度地减少不确定性对指标体系所带来的不利影响。制定指标体系，必须充分考虑不确定问题的影响，一般必须注意因子的弹性、层次性、区域性以及可操作性等原则，尤其是弹性原则。

4. 绿色港口建设规划的关键内容

根据港口的特点和绿色港口建设的要求，绿色港口建设规划主要包括港口污染防治规划、港口生态建设规划、环境风险防范管理计划、环境保护基础设施规划和绿色物流发展规划。

（1）港口污染防治规划

港口污染不仅危害港口工作人员的身心健康，而且可能破坏河、海自然生态平衡和影响城市环境，被破坏的环境反过来又会影响港口的建设和运营。所以在进行港口规划、建设和运营管理中，都必须认真研究环境保护问题，采取相应的对策，制定合理的港口污染控制规划。

（2）港区生态建设规划

港口位于海陆交汇区域，有广阔的滩涂和大陆架，动植物尤其是浮游生物种类丰富，是海洋动物繁殖、索饵、洄游的重要场所，海岸带的自然属性比陆地复杂得多，海洋的生物多样性特征明显，生态系统比较脆弱。港口开发建设会改变当地岸线利用格局及原有地形地貌，引起变化，严重的将影响整个食物链和食物网，以及对周围海域功能和海洋生态系统生产力。

港区生态建设规划不仅有助于港区原有自然环境部分的合理保护与提高、港区环境的再创造，还有利于生态资源在此环境中的合理再生、扩大积蓄和持续利用，可以说港区生态建设规划是港口可持续发展的重要保证。

（3）环境风险防范管理计划

环境风险是由自发的自然原因和人类活动引起的、通过环境介质传播的、能对人类社会及自然环境产生破坏、损害及至毁灭性作用等不幸事件发生的概率及其后果。港口的环境风险主要包括码头风险事故、陆域风险事故、赤潮和外来物种入侵。

在松花江污染事件发生后，国家环境保护总局发布了《关于加强环境影响评价管理防范环境风险的通知》（环发 [2005]152 号），明确提出从源头防范环境风险，加强对有毒有害物质泄漏风险管理的要求，指出环境风险评价与管理的迫切性和必要性。

随着港口快速发展、规模的不断扩大，各种事故的潜在风险也大大增加。通过编制并实施一个系统、科学和具有可操作性的港口环境风险管理计划，能够更充分地认识可能引起风险或事故的原因，并通过采取管理、技术等方面的防范措施，尽量减少风险发生的可能性；另一方面，即使风险或事故不可避免的发生了，也能保证整个组织体系迅速有效地进行反应，使损失降低到最小程度。因此，制订港口环境风险防范及管理计划，不论是从当前的环保要求、国际公约对缔约国的要求，还是从保护国家环境和经济利益，以及对于保护水产资源、保证港口生产作业和生态环境、海上交通业的顺利发展等方面，都具有重要的意义。

制订港口港环境风险防范计划，也是贯彻《国务院关于落实科学发展观加强环境保护的决定》的具体体现，为港口正常稳定持续快速的发展、防范各类环境风险提供有力保障。

（4）港口环境保护基础设施建设规划

港口的建设运营离不开港口的各种设施。船舶在港内的航行、停泊、装卸货物的运转都要依靠港口各种设施的良好运行才能实现。现代化港口必须有完备的环境保护基础设施，并且要不断投入资金和人力进行保养维护和更新。港口环境保护设施在促进港口生产持续高效运营中发挥着巨大的作用。随着港口规模的扩大，港口功能的增加，对港口环境保护基础设施的要求也越来越高，另一方面，对设施进行有效的管理，也是港口相关部门需要重视的问题。

（5）绿色物流发展规划

物流是一个由运输、储存、包装、装卸、流通、加工、配送和信息诸环节构成的庞大系统。在物流业带动经济快速发展过程中，物流活动对生态环境的破坏越来越严重，一种节约资源、保护环境的新型物流发展模式——"绿色物流"出现并逐渐成为新世纪物流业发展的新方向。

海运方式是世界贸易的主要方式，港口在现代综合物流中处于十分重要的战略地位，它不仅是国际海陆间物流通道的重要枢纽，也是铁路、公路、航空和管道等各种运输方式的交汇点，是物流一体化中的重要组成部分。发展绿色物流，港口应该是重中之重。

5. 绿色港口建设的环境管理

建设绿色港口，首先要树立绿色管理思想，将环境保护观念融入港口的经营管理之中，以可持续发展思想为指导，以消除和减少港口生产作业对环境的影响为前提，从上层决策到基层实施，从机构设置到人员培训，从港口建设到生产作业的全过程，从决策者到全体职工处处树立环保观念，通过港口的各种活动，实现经济效益、社会效益、生态效益的协调发展。

环境管理的原则有：（1）全程控制原则。从港口的规划、建设、项目的施工到港口的生产必须全过程实施环境管理。（2）双赢原则。即在港口生产与环境保护发生冲突时，必须追求既能保护环境，又能保障生产、促进港口经济发展的方案。这就是经济与环境的双赢，也是可持续发展的要求。有时这一原则表现为彼此在遵守规则的前提下的相互做出的一定程度的妥协，而不是双方都得到最大限度的利益。（3）保护性原则。绿色管理是以可持续发展思想为指导，以消除和减少组织的行为对生态环境的影响为前提，以满足用户或顾客的需要为中心，通过生产、营销、理财等活动为实现经济效益、社会效益、生态效益的协调统一而进行的一系列的活动。

通过对港口的环境管理，最终实现港口物质资源利用的最大化、废弃物排放的最小化和适应市场需求的产品绿色化。

6. 绿色港口建设的保障措施

绿色港口建设具有长期性、综合性、系统性和复杂性，是一项具有开创性意义的系统工程，是一项事关全局和长远的战略任务，涉及方方面面的内容。绿色港口建设需要从加强组织领导、完善政策法规、创新管理体制、拓宽融资渠道、推广先进技术、扩大交流合作等相关方面，积极采取各种切实有效的措施，调整社会行为，协调人与环境之间的关系，全面落实绿色港口的各项目标和任务。

五、港口生态建设规划

（一）港区生态建设的意义

1.保护生态环境

港口绿地在保护和改善区域环境方面能够起到以下几方面的作用 UW：净化空气（如吸收二氧化碳、制造氧气、吸收大气污染物、吸滞烟灰和粉尘、杀菌防病等）、水分、土壤；降低城市噪声；增加空气中负离子含量，改善城市小气候，降低热岛效应；改善生物栖息生境，增加景观效应等。

港区海洋生态系统具有保持生态平衡、净化空气、调节温度等生态功能。

2.具有社会、经济效益

绿地不仅具有各种生态功能，同时还具有防震、防火、减轻自然灾害等防灾避难功能；防止火灾的发生和延缓火势蔓延；作为避难通道、临时避难场所或长期避难场所；集中各种救灾车辆、设施和救援物资；设置紧急医疗救护站；救灾直升机的起降场地；灾民临时生活的场所等；作为灾民修复家园据点等。

海洋生态系统拥有十分丰富的自然资源，如生物资源、海涂资源、盐业资源、渔业资源、石油资源、天然气资源、旅游资源和砂矿资源等，还蕴藏有潮汐能、盐差能、波浪能等可再生的海洋能资源，具有多方面开发和利用的价值，可以获得很大的社会经济效益。

同时，在高科技迅猛发展的当代，信息流、物资流、人才流都得依赖于区域环境。某种独特的生态景观会赋予区域新的亲和力、活力与生机，极大美化港区风貌，提高港区品位和档次，不仅可以为人们提供舒适、宜人、方便、高效、卫生、优美而富有特色的区域环境，提高生产者的生活质量，而且增强投资者的认同感、归属感，促进港区的全面发展。因此从某种意义上说生态环境良好是该区域具有经济竞争优势和可持续发展的支撑与保证之一，因此生态建设不是资金的浪费，而是一种新资源的储备、再生和开发，概而言之是一种无形的潜在投资方式。

（二）港口绿地建设

港口绿地建设是一项复杂的系统工程，需要重视的方面很多，如整体布局、道路绿化、植物配置、特色建设等。

1. 整体布局

港口绿地绿化应将规划区绿地系统作为整体来规划，合理布局不同类型的绿地类型，如公园、绿地广场、住宅区绿地、服务区功能绿地、边缘保护和隔离防护绿地等，构造服务半径合理、分布均匀的绿地布局，实现点（如游园、公园、广场）、线（如街道绿化、河道绿化、防护林）、面（如周边隔离绿地）的有机结合，成为完整的城市绿地系统。并且要从单纯"景"的增长逐步向"质"的提高转变，把园林绿化推向"高品位，多层次，人性化"的健康发展轨道。

绿地布局中还应重视绿地指标总控制与功能区绿地指标的结合，做好统筹规划。实践证明，从总体上控制开发地区绿地率指标的做法，比仅从单体建筑、单个开发项目上控制更有利，规划区建设过程中应注重从宏观和总体上控制绿地率指标，增强指标控制的权威性。而根据不同功能区特点制定适当的绿地指标，既可保证港区区建设的景观需求，又能增强各功能区的经济活力。

2. 道路绿化

港区仓储加工业为主和物流频繁的性质，决定了港区主要依赖发达、快捷的交通，因此道路将成为区域内除仓储、加工、办公等厂区和建筑以外最重要的基础设施项目。港内高密度的路网将带来区域的高度破碎化和人工化，为获得最快捷的交通和运输，各企业和部门将最大限度地布局于交通线旁。道路红线即为企业用地红线，在道路与企业之间除市政管廊之外，几乎不存在专门的绿化景观用地。从生态环境保护出发，规划好道路模式和绿化指标，对实现区域环境保护目标具有重要意义。

按照港道路分级，对主干道、次干道、支路等进行不同形式断面规划，增加绿化隔离带，或加宽路边绿带，可以极大地发挥道路隔离带和路边绿带的景观和生态功能。通过在规划上确保港区道路绿化用地的同时，还要选择适宜的绿化植物种类，运用合理的配置方式，以起到降尘、除尘、除噪、杀菌、降低路面辐射热、吸收汽车有害尾气等作用。在道路绿化还要紧扣生态、文化这一主题，围绕自然、人、港区三者的和谐、共生关系进行设计，塑造优美道路景观。

3. 植物配置

植物配置是绿地规划设计的重要环节，指按照植物生态习性和园林布局要求，合理配置园林中各种植物（乔木、灌木、花卉、草皮和地被植物等），使植物的功能与人的感觉相互协调，以发挥它们的园林功能和观赏特性。植物配置既包含丰富的传统文化内涵，又要体现时代带来的独特风格和特征，以创造各种类型的人工植物群落并达到最大的生态效益。

植物配置没有固定模式，港区园林绿化植物配置应该从实际出发，适地植树，以乡土植物为主，体现地方特色，减少人工草坪的应用；注重半自然野生生物栖息地的保存和保护，划定专门的野生植物群落保护和恢复区域，实施生态恢复；注重增加植物物种多样性，绿化工程中选择抗旱、节水植物，着眼建立稳定的植物群落；按功能分区选择园林植物和绿化形式；合理密植，生态效益优先，注重生态效益和绿量补偿。

4. 特色建设

园林绿化既要追求多元化风格，又要体现特色。港区特色可以表现在许多方面，但园林绿化是最基本的，也是较容易被规划者、建设者所忽视的。每个港区都有自己的风格和定位，用园林绿化这种手法出来，不仅美观而且能通过这种途径向外界展示自己的特色和文化。

在港区的发展过程中，虽不乏特色景观，但景观趋同的现象日趋严重，因此各港区有必要根据各地独特的地理风貌和人文风情，以"生态体系"建设为理念，达到既与国际接轨，又能表现文化特色，以提升港区竞争力。

（三）港区海洋生态建设

1. 海洋生物资源的开发利用和保护

在很多国家，海洋生物资源是国民重要的蛋白质来源，甚至是主要的食物来源。因此，海洋生物资源已成为与人类生活和发展休戚相关的重要物质基础。港口海域是生物多样性非常高的区域，大陆架是海洋营养物质非常丰富的区域。

随着港口开发活动的快速发展，人们在不断地进行海洋开发和向海洋索取的同时，也不知不觉地破坏环境，近海环境污染、生态平衡失调、生物资源和渔业资源的破坏日趋严重，影响我国海洋生物资源可持续利用。

海洋生物资源的开发利用和保护，应该在港区海洋生物资源调查的基础上，确定港区需要保护的生物资源的种类和范围，开展生物资源可持续利用技术方法研究，利用生物高新技术，开发海洋生物工程和海洋药物、保健品，挖掘海洋资源的利用潜力和提高资源使用效率。

另外，还可以加强海洋自然保护区建设，可以保护具有较高科研、教学、自然历史价值的海岸、河口、岛屿等海洋生境，还可以保护珍稀濒危海洋动物及其栖息地和红树林、珊瑚礁、滨海湿地等典型海洋生态系统。

2. 海岸带的保护和生态恢复

海岸带是一类十分特殊的区域，它是整个陆地系统、大气系统以及海洋系统的唯一结合部，也是人类赖以生存的非常独特的重要资源。海岸带是海陆之间的过渡地带，又可称为海陆交界带或水陆交界带，它以海岸线为基线，向海陆两侧扩展，具有一定的宽度。

在港口的发展过程中，一定要注意海岸带的保护和合理使用，要加强海岸带生态环境保护的监督管理，建立海岸带生态环境保护和管理示范区，促进海岸带生态环境的改善。同时，要对被破坏生态环境进行恢复，可以结合农业生态学、景观生态学、可持续发展的理论和方法，借鉴国内外湿地修复技术和成功经验，开发设计出一套自然恢复和人工恢复相结合，融生物、生态及工程技术为一体的生态恢复方案。

3. 海区养殖容量和海水养殖业的可持续发展

养殖容量可以看作特定的水域，单位水体养殖对象在不危害环境，保持生态系统相对稳定、保证经济效益最大，并且符合可持续发展要求条件下的最大产量。养殖容量与环境有关，由于环境的不稳定，实际中养殖容量也并非是一个常数，而是随环境而发生变化，具有明显的动态性养殖容量也能随着养殖方式与养殖技术的改进而不断提高。

合理地利用养殖容量，就是要形成一个结构优化和功能高效的养殖生态系统，使所投入的物质得到反复循环、初级生产力得到多途径利用，从而提高生产效益和养殖效益，避免物质的浪费及自身和环境的污染。

4. 沿海旅游资源和保护

沿海旅游业发展迅速，已经成为旅游的主要组成部分。但是在沿海旅游的发展过程中，尤其是在旅游开发过程中生态环境问题逐渐凸现：资源开发过度和开发不足并存；旅游企业对海洋资源造成威胁；游客的活动带来生态环境问题等。

沿海旅游资源开发过程中，应该树立沿海旅游资源可持续利用的发展理念，加强沿海旅游资源的规划管理，进行沿海资源工程建设，加大对沿海旅游环境保护的力度。

六、环境风险防范管理计划

（一）溢油的风险防范

1. 溢油的危害

全世界 60% 的石油是通过船舶运输的，油船数量很多，发生意外事故的机会也就多。油船在航行和泊港中，如发生触礁、搁浅、碰船或与码头碰撞致使船体破裂石油溢出，或因装卸设备损坏、操作失误而使石油溢出，总之由于意外事故使船舶装载的石油泄漏，称之为船舶溢油事故。

油类海洋污染往往具有隐蔽、分散、突发的特点。尤其是船舶排污，难以监控、追查。油轮事故、溢油事故都是突然发生，污染后果严重，难以消除，对环境造成长期影响。

海上溢油主要包括航道溢油和锚地溢油，航道溢油事件往往由事故造成，单次溢油量往往很大，事故概率也远高于锚地，对海域危害较大。锚地溢油事件发生概率极低。

进出港船舶密度的加大可能导致船舶的碰撞发生溢油事故，并且船舶故障也可能导致溢油事故发生。溢油事故会导致水域产生严重的油污染，会对环境敏感区的海洋生物产生一定的影响，会毒害海洋中大量的浮游生物，引起它们死亡，使海洋重要的吸收二氧化碳的功能减弱，加速地球温室效应。污染会极大地伤害海洋生物的健康，甚至发生畸变、不育以至种群灭绝，由此破坏整个海洋生态。由于溢油事故中无论是溢油量还是溢油时间均有较大的不确定性，为此，一旦发生事故需尽快启动溢油应急预案进行处理。溢油事故本身对生态环境影响巨大，港区一定要加强对进出港船舶的管理，降低船舶碰撞事故，需对溢油事故严加防范杜绝发生，避免造成经济损失和环境污染。

2.溢油应急技术

（1）海域溢油应急技术

油污应急行动的有效性取决于多种因素，包括事故的地点、油品及其数量、可动用的人力和物力资源，没有一种措施可以解决所有问题。一般来说，油污应急措施包括以下几种：寻找船舶溢油出口，堵住溢油源；使用围油栏、吸油拖栏等一切可能措施围住浮油；采用物理回收的一切可能的方法（吸油毡、撇油器等）回收浮油；在实际情况要求和必要时采用化学方法分散或沉降无法回收的污油。

①物理方法

物理法借助于物理性质和机械装置，消除海面和海岸的油污染。这是目前国内外处理溢油的主要方法，适用于较厚油层的回收处理。其缺点是受风浪、黏度等因素的影响较大。物理回收法所用到的器械主要有围油栏、撇油器、溢油吸收材料等。

②化学药剂处理方法

在油膜较薄，难以用机械方法回收油，或可能发生火灾等危急情况下，可以通过向水中喷洒化学药剂的方法来进行化学消油，其中使用最广泛的就是消油剂、凝油剂和集油剂。

③生物处理法

生物法是通过微生物用油类作为其新陈代谢的营养物质，而达到去除溢油污染的目的。目前，已知至少有九十多种细菌和真菌能够降解部分石油成分。其优点是:高效、经济、安全、无二次污染，特别是对机械装置无法清除的薄油层，同时又限制使用化学药剂时，更显出其无可比拟的优越性。缺点是：一旦出现大规模的溢油或是油层比较厚时，需供应含有营养和氧气的亲油性肥料来补充海水中缺乏的 P、N 以促进微生物降解，取得良好的效果。

在各种溢油清除技术中，生物降解法或称强化生物降解技术一般适用于海岸或封闭海域溢油经其他方法处理后的残留溢油的处理方面，由于生物对石油类物质降解过程所固有的特性，该方法一般耗时较长，适用于作为溢油事故的后续处理。

④现场燃烧法

在某些条件下，海上焚烧的处理溢油事故的技术是一种可以在相对短的时间内处理掉大量溢油的有效方法。该项技术从 70 年代初就开始研究，但是在实际溢油事故中很少被应用。然而，由于能处理大量的溢油，因此这项技术仍被认为是大有前途并具有某些开发价值。如果操作方法正确的话，这项技术在某些情况下将比传统的围控和回收技术更具优越性，因为从逻辑上讲，它相对简单，并且不必考虑储存、运输，以及对回收的油和油水混合物进行处理。

⑤处理技术的综合比较

在以上溢油处理技术中，机械回收是最基本、最普遍的方法，其灵活性强，能适应中等及其以下海况作业，溢油回收率高，不存在二次污染，是处理溢油事故的首选方法。化学处理方法可以在恶劣的海况下使用，相比之下燃烧法因为成本低而具有很高的开发价值，适用于遥远的公海。生物降解技术适用区域为环境敏感的海岸线，一般应用在溢油清除技术的第二步，在一些特定的环境条件下，来增强自然环境对残余污染物的最终降解能力，从而使环境状况达到该区域动植物正常生活生长可以承受的水平。

常用的三种海上溢油清除技术（机械清除、化学分散剂和海上焚烧）的作业效果与作业条件、风况和海况、油层厚度有关。

在使用各种溢油应急处理技术时，应当注意对敏感区域的保护，同时根据实际情况使用相应的敏感区溢油清除技术。

（2）岸线油污的清除

岸线油污的清除难度较大，特别是礁石、红树林部分，清除主要依靠人工方法，应根据不同情况采用热水冲洗、浇洒石灰粉末、稻草清刷等，但必须注意清除后的材料回收，避免二次污染的发生。在陆地上的油污尽可能用机械方法回收、处理；在某些情况下，让油污自然降解比使用消油剂好，因为消油剂会很快地渗入沙的深层，而要处理埋在沙地里的消油剂却困难得多。

主要的清除方法有：自然恢复、人工清除和用机械设备清除等。

①自然恢复

方法简介：不采取行动，油带自然降解。

主要用途：用于有强浪冲激的海滩（中砾石、巨砾石、岩石等），这些地方海浪将在较短时间内将大部分油冲刷走；当不自然恢复对海岸不利时，可采取这种清除方法。

物理影响：一些油可能会残留在海滩上；敏感地区的恢复可能延续一段时间。

生物影响：潜在的毒性影响和被油窒息；油可能进入食物链；如果有机体没有固定在残留油上可能延续自然恢复。

②人工使用吸油材料

方法简介：人工操作使用吸油材料吸收油。

主要用途：清除集中在泥泞滩、巨砾石、岩石和人工构筑物上的低黏性油。

物理影响：在泥泞滩人工活动会扰乱沉积物。

生物影响：人员行走会损害有机体；若吸油材料碎屑未被收集则可能会被鸟类或小动物摄取。

③人工除去油污物

方法简介：用铲、耙、手推车等清除油污沉积物和砾石。

主要用途：用于泥泞、砂粒、卵石滩，当油少量分散和轻度渗透且重型设备无法通行时。

物理影响：人员走动挑选除去油污物时会扰乱沉积物。

生物影响：会除去和扰乱浅潜伏的有机体；有机体迅速恢复；行走时损害有机体。

④人工割除

方法简介：人工割除油污植被，收集后装入袋或容器中。

主要用途：用于油污植被。

物理影响：因大范围地使用人力而扰乱沉积物；由于植被损失可能造成海滩侵蚀。

生物影响：会除去和挤压一些有机体；迅速恢复；行走会损害植被根部，致使恢复缓慢。

⑤低压水冲洗（环境温度）

方法简介：用低压水冲洗地层上的油，冲洗水经排水沟流至回收区。

主要用途：用于冲洗泥泞滩、卵石、巨砾石、岩石、人造构筑物和植被上的油污。

物理影响：不会扰动沉积物；如果不装存或运走油污物有二次污染的潜在性。

生物影响：大部分有机体能在原处存活；未被回收的油会影响清除下方向的有机体。

⑥温水冲洗

方法简介：用大量经过加热的海水软化已风化油，然后用冷水将被软化的油从海滩上冲至围有吸附围油栏的岸边以便回收。

主要用途：用于被严重污染、掩蔽的或海浪冲击能量中等并附着黏稠的或风化油的岸线，这些岸线是岩石、卵石或碎石海滩等。

物理影响：岸线可能被高喷嘴压力而侵蚀。

生物影响：高水温对有机体有较大的致死效应，会损害潮间带有机体。

⑦人工刮除

方法简介：用手工工具将油从地层上人工刮除。

主要用途：用于清除松弛地覆盖在砾石、岩石和人工构筑物上的油。用于清除其他技术不能清除的重质油。

物理影响：大量人力活动会扰乱沉积物。

生物影响：会从地层上除去一些有机体；未除去或回收的油会影响岩石地层或生活在清除活动下方向沉积物中的有机体。

需要注意的是，清除油污的场所应尽快恢复，防止产生更深度的危害。

（3）污油和沾油废弃物的处置

回收的污油、类油物质和沾油废弃物应由辖区海事部门认可的单位（名称、地点、联络人）处置，作业单位应按要求防止二次污染。

大多数的溢油清除作业，特别是那些发生在近岸的，最后都要遇到一个对收集起来的大量的油及沾油废弃物进行处置的问题。理想的方法是将废油送回炼油厂进行加工或重炼。但是，由于油被风化或油渣中掺有杂质使加工和重炼的可能性极小，所以不得不采用其他的方法进行处置，其中包括：直接倾倒；固化后用于土地吹填和筑路基；用生物降解或燃烧法清除。选择怎样的处置方法取决于油及沾油废弃物的数量和类型、发生溢油的地点、环境及法律方面的考虑以及涉及的费用。如果是大范围的溢油，在油回收完全处理完毕以前，还要考虑它们的短期储存。

3. 溢油应急决策

影响溢油处理具体方案的因素包括事故等级、溢油的行为动态、海况、溢油处理设备的性能，溢油事故的等级越高则对溢油清理设备的要求也就越高，溢油清除设备的选用还要根据具体的外部因素如油种、海况以及溢油处理设备的使用条件、性能要求进行比较来选择特定性能的溢油处理设备，这样才能达到最好的效果。溢油的种类会影响溢油的清除方式和清除工具的具体选择，如果是轻质溢油，原则上会采取让其先挥发，然后采取辅助的处理措施。如撇油器中针对不同黏度的油会用不同的类型的撇油器来处理。

4. 溢油防范措施

防止船舶溢油发生远比溢油事故发生后应急更有意义，所以我们需要对所提出的风险因素加强管理、进行预防。

（1）通过定期检查检验措施，确保法规实施

根据《中华人民共和国海洋环境保护法》以及《73/78 国际防污公约》，防止船舶污染海域是港务监督的重要使命之一。海事局对船员进行安全监督检查时应包括船员的操作规程制定的完整性以及执行的认真情况。

①对"防污染软件"进行检查

船舶防污染软件包括防污染文件和各种安全防污操作规程等，防污染文件有防止油污证书、油类记录簿、船上油污应急计划等。

②对"防污染硬件"进行检查

船上防污染硬件设备、材料包括油水分离器、滤油设备、排油监控装置、焚烧炉、污油舱及其管系、吸油毯、消油剂等，它们在控制油船污油水排放及溢油应急时起着重要作用，海事局在进行安全防污染检查时，应该对这设备的技术状态、使用情况、是否有专人负责等做深入检查。

（2）建立油污损害赔偿机制

溢油事故频繁发生，特别是事故造成的经济损失呈高增长态势，对经济发展与海运业发展及环保极为不利。但是肇事者一般不愿意赔偿所有的损失，而只想赔偿表面上的少量的损失，巨大的差额使国际社会充分认识到对油污损害制定相关的公约、法规重要性。一些重视环境保护工作的发达国家，相继建立了适合本国情况的油污赔偿体系。但是我国至今未加入《IOPC1971》，国内也没有相应的赔偿基金，往往溢油事故发生后得不到充分的赔偿。因此，应该尽快建立比较完善的油污损害赔偿机制，这样可以对油船起到警示的作用，使其在行船过程中要时刻防止溢油事故的发生，而且油污损害赔偿机制的建立，也可以增加海事部门执法的权威性，更加有法可依。

（3）提高从业人员素质，加强从业人员培训

从事油类运输的船员是水上防油类污染工作的主体，他们的安全文化素质及其安全文化环境直接影响油类运输的安全情况。海事部门要加强与国内船公司的沟通，通过加强船舶管理以及对进港船舶的管理人员的防污染意识教育，是减少或避免船舶溢油事故发生的有效措施。对于从事油类运输的人员如船上人员（驾驶、轮机、水手等）、装卸管理人员等，

必须经过培训学习，并经管理部门考核合格，取得上岗资格证后，才能上岗作业。

（4）充分利用 VTS 系统进行管理

船舶交通管理系统（VTS）由雷达、导航、通信、计算机和数据处理等领域最新技术与系统工程、信息论等基本理论和科学的管理规程、训练有素的操作人员组成。VTS 系统的主要功能有：信息收集，信息评估，信息服务，助航服务，支持联合行动。经验表明，应用 VTS 系统，可以明显减少所辖海域船舶事故，船舶航行秩序明显好转，通航效率提高，违章现象大大减少，锚地内船舶锚泊有序等。天津港应充分利用其进行船舶交通管理，有效扼制恶性溢油事故的发生，条件成熟时，可考虑增加 CCTV 和 AIS 基站，扩大 VTS 监管的覆盖面，完善港口环境管理和监测手段，为加强监管提供科技手段保障。

（二）危险品泄漏事故风险防范

1. 危险品泄露的危害

（1）易燃。对照《石油化工企业设计防火规范（GB50160-92）》（1999 年修订本），氯乙烯、乙烯属于甲 B 类易燃液体，闪点较低，挥发性较强，在空气中只要有很小的点燃能量就会闪光燃烧，而且燃烧速率很快，火灾危险性较大。

（2）易爆。可燃油品的蒸气与空气混合之后，有可能形成爆炸性混合气体，若遇有一定能量的点火源便会发生爆炸。爆炸极限范围越宽，爆炸下限越低，爆炸危险性就越大。如燃料油的爆炸极限为 1.4 ~ 7.4%（V），其爆炸下限较低，爆炸危险性较大。

（3）易蒸发。部分货种具有较强的蒸发特性，可燃液体的蒸气压越大，表明其蒸发性越强，越容易产生引起燃烧所需的蒸气量，火灾爆炸危险性也就越大。由于蒸气压受温度影响较大，温度升高时，蒸气压将随之增大，因此输送管路应有足够的强度或采取相应的泄压措施，以防止温度升高时管道胀裂。同时应注意避免火源、热源接近上述设施。

（4）易产生和积聚静电荷。在装卸油品的过程中，静电荷往往聚集在管壁、底部等位置，喷射的油品与空气摩擦也会产生静电荷。静电荷积聚量的大小与设备因素（如管道的长度和内壁粗糙度、管道进出口形状、阀门与弯头等管件的组成、储运设备的导电性能等）、油品因素（如油品的流速、温度及杂质、水分含量等）等诸多因素有关。燃料油、苯类、醇类等液体化工品在装卸过程中均会产生静电荷。静电放电是导致火灾爆炸事故的重要原因之一。

（5）易流淌、扩散。液体化工品的黏度一般较小，容易流淌扩散。一旦泄漏，易向四周扩散，扩大危害区域。此外，油品的蒸气密度一般比空气大，容易滞留在地表，水沟、下水道及凹坑低洼处，并贴着地面沿下风向扩散，往往在预想不到的地方遇火引起火灾爆炸。

（6）沸溢。重质油如燃料油以及部分含水的可燃液体遇火燃烧时，可能发出沸腾突溢现象，由容器内向外喷溅。沸腾突溢一旦发生，将扩大灾情，给扑救工作带来较大困难。

（7）有毒。许多油品、化工品及其蒸气对人体有害。氯乙烯、乙烯均属于中度危害毒物。长期接触有毒液体或吸入有毒气体，将对人体健康造成危害。短期吸入大量高浓度的有毒气体，有可能造成人员急性中毒。

2. 危险品泄漏事故风险防范

（1）危险品泄露源项分析

①第 I 类危险源的辨识与分析

关键部件或部位缺陷：从大量的泄漏事故来看，下述部件或部位的缺陷易造成泄漏事故：衬垫、法兰盘、密封部位、焊缝、螺钉拧入处、阀片，上述部件、部位发生的泄漏以跑冒滴漏为主，事故规模通常较小，但发生频率较高，且分布范围较广，其危害性不容忽视。

安全监测、控制系统故障：储罐、高位槽、火车槽车、管道及油船等储运措施的各种工艺参数，如液位、温度、压力、流量等，都是通过现场的一次仪表或控制室的二次仪表读出的，部分工艺环节的操作通过控制室完成，这一套安全监测、控制系统若出现故障，如出现测量、计量仪表错误指示或失效、失灵等现象，则容易造成毒物跑、冒、串以及泄漏等事故，且往往事故规模较大。

化学品储罐的安全操作和管理工作失误：根据国内外同类工程的生产实践经验和事故教训来看，在储罐的检测、巡回检查、油料脱水、油料收付、切换、现场交接及检验等工作环节上，若操作失误或管理不严，经常造成严重的跑油、跑料及泄漏事故，处理不慎，甚至会导致恶性火灾、爆炸。

②第 II 类危险源的辨识与分析

第 II 类危险源是指导致第 I 类危险源失控，及造成第 I 类危险源的屏蔽失效的各种作用于物质、人员和环境的因素，如硬件故障、人为失误或环境因素等。第 II 类危险源出现于第 I 类危险源的控制系统中，或出现于可影响第 I 类危险源的相关系统中。第 II 类危险源主要有工艺过程风险、人为事故致因风险。

（2）危险品泄露应急措施

①贮罐、管线泄漏事故

当贮罐、管线发生液体化工物料泄漏时 / 报警设备发出报警信号后，工作人员应立即进入现场查找原因，并向有关部门汇报。立即开通防火围堤与污水处理系统连通闸，尽可能采取措施回收物料。如果管道泄漏，立即关闭贮罐进出口阀，如果贮罐系统出现泄漏，立即将液体化工物料倒入贮罐。库区禁止机动车辆通行。预防产生明火而引起火灾和爆炸，消防车辆进入现场，做好灭火准备。如液体化工物料已流入长江水体后，如有可能立即采取围油栏回收液体化工物料，防止扩散。

②事故处理过程中伴生污染的处理措施

在进行事故处理过程中不可避免地会造成一些伴生 / 次生污染问题。

a. 油罐区火灾的消防水

本着对事故状态下消防水能够有效收集、确保最终不排入水体环境的原则，消防水的防范措施如下：利用防火堤作为控制消防水的第一道防线、利用排洪沟作为控制消防水的第二道防线。

b. 初期雨水事故防范措施：建立相应的雨水处理设施。

c. 陆域管线溢油的处理：事故的处理是对发生事故设施维修和事故后现场的清理，储罐一旦发生泄漏、火灾、爆炸事故，影响到罐区外环境时，要及时掌握对环境破坏程度，为处理污染事故决策提供信息。

（三）赤潮的危害及防治

1. 赤潮的危害

（1）赤潮对海洋生态环境的破坏

海洋是一种生物与环境、生物与生物之间相互依存、相互制约的复杂生态系统，生态系统中的物质循环、能量流动是处于相对稳定、动态平衡的。当赤潮发生时，这种平衡将遭到干扰和破坏。使一些海洋生物不能正常生长、发育和繁殖，导致一些生物逃避甚至死亡，破坏了原有的生态平衡。具体表现在以下几个方面：

①影响水体的酸度和光照度。

大部分赤潮由藻类的爆发性增殖和聚集形成，大量的藻类在光合作用过程中，势必消耗水体中 CO_2，水体中的酸碱度随之发生较大的变化。

一般而言，海水 pH 值通常在 8.0 ~ 8.2 之间，而赤潮时的 pH 可达 8.5 以上，有的甚至可达 9.3。水体酸碱的变化，必然会影响生活在该水体中各类海洋生物的生理活动，导致生物种类群结构的改变。赤潮区的水面由于漂浮着厚厚一层的赤潮生物，阻挡了阳光到达水体的深度，降低了水体的透明度，导致生长于水体深层的水草，造礁珊瑚及海洋动物大量死亡，底层生物量锐减。

②竞争性消耗水体中的营养物质，并分泌一些抑制其他生物生长的物质，造成水体中的生物量增加，但种类减少。

③许多赤潮生物具有毒素，该毒素可使海洋生物生理失调或死亡，许多海鸟、海狮均可因赤潮生物毒素的积累和食物链的传递作用而中毒死亡或生长繁殖受到影响。部分以胶状群体生活的赤潮藻，可使海洋动物呼吸和滤食活动受损，导致大量的海洋动物机械性窒息死亡。

④处在消失期的赤潮生物大量死亡分解，水体中溶解氧大量被消耗;同时在缺氧条件下，分解的赤潮生物产生大量有害气体，在这种情况下，海洋生态系统有可能受到严重危害。

（2）赤潮对海洋渔业和水产资源的破坏

①破坏渔场的饵料基础，造成渔业减产。

②赤潮生物异常繁殖，尤其是当赤潮生物死亡分解时，大量消耗氧气，可造成环境严重缺氧，导致鱼、虾、贝窒息死亡。此外，由于海水缺氧而产生的 CH_4 等，对鱼、虾、贝也有致命的毒效。

③赤潮生物吸附于鱼类、贝类的鳃上而使其窒息死亡。

④很多赤潮生物，尤其是甲藻门的种类，体内或代谢产物中，含有生物毒素，能直接

毒死鱼、虾、贝类等。

（3）赤潮危及人类健康

主要是赤潮毒素的毒害作用，除接触引起皮肤不适，挥发性毒素还能对眼睛和呼吸道产生影响，更主要的是通过食物链的传递作用，导致人类中毒甚至死亡。

2. 赤潮风险防范

随着赤潮现象在世界范围内的日趋频繁，其危害性也日趋严重。为保护海洋渔业资源，保证海水养殖业的发展，维护人类的健康，避免和减少赤潮灾害，应加强赤潮灾害的防治。

（1）海洋赤潮监测体系建立

①建立赤潮预报系统

加强海洋环境的监测，开展赤潮的预报服务。为使赤潮灾害控制在最小限度，减少损失，必须积极开展赤潮预报服务。众所周知，赤潮发生涉及生物、化学、水文、气象以及海洋地质等众多因素，目前还没有较完善的预报模式适应于预报服务。因此，应加强赤潮预报模式的研究，了解赤潮的发生、发展和消衰机理。为全面了解赤潮的发生机制。应该对海洋环境和生态进行全面监测，尤其是赤潮的多发区，海洋污染较严重的海域，要增加监测频率和密度。当有赤潮发生时，应对赤潮进行跟踪监视监测，及时性获取资料。在获得大量资料的基础上，对赤潮的形成机制进行分析，提出预报模式，开展赤潮预报服务。加强海洋环境和生态监测，一是为研究和预报赤潮的形成机制提供资料；二是为开展赤潮治理工作提供实时资料；三是以便更好地提出预防对策和措施。

在现有的全国海洋环境监测系统和网络的基础上，配合有关部门建立渤海赤潮监测预测系统；调动沿海渔民、养殖户等的积极性，专业队伍和群众相结合，对近海进行赤潮的大范围、高频率的监测；及时掌握赤潮发生前后的资料和信息；为国家地方政府的及时预警、做出应急决策、采取应急措施等提供依据。与环保局合作建立长期监测站和监测项目，累计数据资料。建立专家顾问组，提供技术支持和咨询；开展有毒赤潮早期诊断工作，保证赤潮信息的全面可靠和正确。

确立赤潮监测体系和信息传输与管理体系；规定赤潮信息发布等级和范围；形成赤潮报告、信息传输、应急响应、信息发布等制度；编制海区赤潮灾害应急计划，初步形成赤潮灾害决策机制、指挥调度机制、财政支持机制和减灾措施方案等。

②加强赤潮应急监测

进一步完善海洋环境监测体系建设、配备先进的仪器设备，提高海洋环境监测水平。逐步在沿海主要入海河口、主要港湾、海域各区段界面设立自动监测系统，随时监控主要海域、港湾，近海区段的水质状况，掌握海洋环境质量变化趋势，形成完整的海洋环境监视网络，及时通报海洋污染状况。从微观和宏观、点与面的相结合方面开展监控。从赤潮高发区的监测数据分析入手，找出一些规律，采取防范措施。

建立海洋环境监视网络，加强赤潮监视。发生赤潮的海域辽阔，海岸线漫长，有关国家和部门应相互协作,对海洋进行监视。各个有关国家主管海洋环境的单位、沿海广大居民、渔业捕捞船、海上生产部门和社会各方面力量组织起来,开展专业和群众相结合的海洋监视活动,扩大监视海洋的覆盖面,及时获取赤潮和与赤潮有密切关系的污染信息。监视网络组织部门可根据工作计划,组织各方面的力量对赤潮进行全面监视。特别是赤潮多发区、近岸水域、海水养殖区和江河入海口水域要进行严密监视,及时获取赤潮信息。一旦发现赤潮和赤潮征兆,监视网络机构可及时通知有关部门。有组织有计划地进行跟踪监视监测,提出治理措施,千方百计减少赤潮的危害。

(2)海洋赤潮灾害的治理方法

对于已经发生赤潮的地区,则主要采取以下治理方法:

①物理法

a. 机械方法

在赤潮发生地,可通过机械设备把含有赤潮的海水吸到船上进行过滤,把赤潮生物滤去。还可用围栏把赤潮发生区围起来,避免扩散,保护其他海域不受污染。赤潮污染的养殖区,可用机械设备向海水中增氧,以避免养殖的鱼虾因缺氧而死亡。

b. 粘土法

目前国际上公认的一种方法是撒播粘土法。粘土是一种天然矿物,具有来源丰富、成本低、无污染的优点。日本和韩国已经在海上尝试使用了这种方法,大大降低了因赤潮所引起的渔业经济损失。为了进一步提高粘土的治理效果,现在又研制出了改性粘土。改性粘土是通过改变粘土颗粒的表面性质而制备的,其治理效果比粘土高几倍甚至几十倍,被认为是一种很有潜力的赤潮治理方法。

利用粘土微粒对赤潮生物的絮凝作用去除赤潮生物,撒播粘土浓度达到 1000mg/L 时,赤潮藻去除率可达 65% 左右。有报道称在小型实验场去除率可达 95% ~ 99%。20 世纪 80 年代初,日本在鹿儿岛海面上进行过具有一定规模撒播粘土治理赤潮的实验,1996 年韩国曾用 6×10^4 T 粘土制剂治理 100km 海域赤潮,我国在养殖池进行过类似实验。由于粘土溶胶性能差,用粘土作絮凝剂存在用量大和海水悬浮颗粒过多的问题。1983 年大须贺龟丸、1999 年俞志明等人进行的粘土微粒表面改性研究,提高了粘土对赤潮生物的絮凝力,粘土用量大大降低,降至 1% 仍然有效。1990 年,奥田庚二曾用铝盐、铁盐在海水中形成胶体粒子凝聚赤潮生物,加入 30min 后,有 90% 赤潮藻被凝聚沉淀。但絮凝(凝聚)法仍存在用量大、成本高及沉降物及其毒素对底栖生物生存有影响等问题。

②化学法 / 药剂法

a. 无机药剂法

用药剂直接杀灭赤潮生物仍是科学家们研究的方法之一。虽然不少专家研究了 Cu^{2+} 的灭藻效果,但 Cu^{2+} 破坏近海生态系统和成本高的问题仍未得到解决。为此,科学家们正着手寻找一种易分解、残留量低的药剂。1982 年,富田利用海水电解产生的次氯酸杀灭赤潮生物,取得了满意的效果,但是用于大面积赤潮的治理上难度大。1989 年,村田等人研究了过氧化氢杀灭赤潮生物的方法，但因为药剂费用高、用量过大而难于推广使用。法国研究者等用臭氧气浮法治理水厂丝状硅藻、鞭毛藻，去除率分别达到40%、80%，但由于设备庞大，也难于在海洋赤潮治理上应用。这些药剂虽然具有易分解、轻度污染或者无污染的优点，但目前均处于实验室研究阶段，离实用化还有很大距离。

b. 有机药剂法

目前，有不少研究者从事有机除藻药剂的研究。1998年藤伊正研制成C8～C16脂肪胺的除藻剂。1990年木尾原等研究C5～C24的烷基香芹酮酸或其衍生物的有机物除藻药剂，在1m²水面上投撒100g～1kg药剂即可消除赤潮，但有机除藻剂也存在对环境生态再次污染、对非赤潮生物的负面影响及成本高等方面的问题，难于直接用在海洋赤潮治理上。

③羟基 [·OH] 治理方法

羟基自由基具有极强的杀灭赤潮生物的作用，同时羟基自由基又具有除臭、脱色的特性。羟基由海水和空气中的氧制成，经20min左右后又还原成水和氧气，所以该药剂是无毒、无残留物的理想药剂。在2mg/L左右的低浓度条件下，在6～45s的极短时间内能100%杀灭赤潮生物。羟基同时又可以杀灭海洋中的细菌、病毒，分解赤潮生物分泌的毒素及赤潮生物遗体产生的 HS、NH_4、CH_4 等有害物质，同时净化了受赤潮污染的海水。浓度为2mg/L的羟基药剂对海水中的鱼、虾、贝类等经济生物不构成任何伤害，在药剂投放20min后，或离海面1m以下海水中羟基药剂浓度低于0.1mg/L，对浮游生物也不构成任何负面影响。在船上用海水和氧就可以制造羟基药剂，均匀喷洒在海面上，由于海洋赤潮生物具有趋光性质，杀灭、凝聚过程主要在海面上进行。杀灭1km²的海洋赤潮生物，羟基药剂费用不超过10元钱，羟基药剂符合成本低廉和易操作的要求。该治理方法在赤潮应急处理阶段具有广阔的应用前景。

海洋环境与陆地环境不同，受到污染，即使采取措施，其危害在短时间内也难以消除。治理海水污染比治理陆地污染技术上要复杂、难度要大、花费的时间要长、投资也高，而且还不易收到良好效果。所以保护海洋环境，应以预防为主，防治结合，合理开发，综合利用。要加强海洋环境保护的科研投入，确保海洋的可持续开发和利用。

（3）海洋赤潮灾害应急措施

①增强全民保护海洋环境的意识

增强全民的环保意识，向全社会宣传赤潮的科普知识，达到家喻户晓，人人皆知，呼吁全社会高度重视，保护海洋环境。

②防止和控制陆源污染物排放海域

全面查清陆地排海污染源，严格控制污染物入海量；控制污水入海量；加强防止和控制沿海工业污染物污染海域环境，强化环境管理手段。

③防止、减轻各海洋产业对海洋的污染

防止、减轻和控制船舶污染物污染海域环境；防止、减轻和控制海上养殖污染；防止和控制海上石油平台产生石油类等污染物及生活拉加对海洋环境的污染；防止和控制海上倾废污染。

④进一步加强海洋环境统一监督管理，加大执法力度

加强近岸海域环境监测、巡查和执法力度，防止船舶和海上油气采输、海岸工程、海洋工程污染。完善海洋环境监测网络，使近岸海域环境监测网、渔业水域生态环境监测网和海洋环境监测网成为环境监测网的重要组成部分，与陆域环境监测网共同组成从流域到海洋的有效的环境监测体系。特别是加强对重点排污口、重点海域、重要渔业水域以及赤潮的监测能力，建立常规监督检查制度。配合海洋行政主管部门严格执行海洋工程建设项目环境影响报告书制度，加强对海上石油平台和海上倾倒区的管理。

⑤科学合理的开发、利用海洋

为避免和减少赤潮灾害的发生，应增加全局观念，从全局出发，科学指导海洋的开发和利用，做到积极保护、科学管理、全面规划、综合开发。海水养殖业应积极推广科学养殖技术，加强养殖业的科学管理，控制养殖废水向海洋排放，保护养殖水质处于良好状态；海洋渔业要注重渔业资源的再生能力；增殖、放流经济鱼、虾、贝等优质品种，以期恢复良好的食物环节，充分利用水域生产力，营造良好的渤海生态环境。

⑥重视海洋环境保护的科研工作

除专门的环境保护部门，设立海洋环境研究机构以外，积极与从事海洋环境研究有关的科研院校、研究机构合作，从各自的角度研究保护港湾和海域生态环境技术，当发现某些海域污染加重有出现赤潮的可能时，就能及时向该海域提供污染程度信息，以便该海域加强环境调控和管理。此外，还要加强国内外赤潮研究的交流和合作，加速赤潮科研成果的转化，为赤潮灾害的预防、监控、减灾和治理提供科学技术支持。

（四）外来物种入侵防范

1. 外来物种入侵的危害

外来物种入侵是引起了全世界极大关注的问题，而船舶运输是外来生物入侵的主要媒介。压载水排放及货物运输造成的外来物种入侵，将影响当地的生物种群、渔业生产以及公共健康，给当地生态系统带来灾难性影响：它能够占据本地物种生态位，使本地物种失去生存资源、影响本地物种生存；能通过形成大面积优势群落，降低物种多样性，使依赖于当地物种多样性生存的其他物种没有适宜的栖息环境；能大量利用本地土壤水分，不利于水土保持；还能影响景观的自然性和完整性。

按照世界自然保护同盟（IUCN）的定义，所谓外来物种（alien species），是指那些出现在其过去或现在的自然分布范围及扩散潜力以外的物种、亚种或以下的分类单元，包括其所有可能存活、继而繁殖的部分、配子或繁殖体。而外来入侵物种（invasive alien species）则是指从自然分布区通过有意或无意的人类活动而被引入，在当地的自然或半自然生态系统中形成了自我再生能力，并给当地的生态系统或景观造成明显损害或影响的物种。

港口作为区域交通货运的枢纽，存在着大量的物质和能量交换，与之相关的国际贸易和游客往来是外来物种的便携途径。如此便利的港口及陆域交通，一旦稍有疏忽，则可能有意或无意地引进外来物种，其中少数甚至可能造成危害。国家针对外来物种入侵的重点攻关课题研究调查报告表明，76.3%的外来入侵动物是由于检查不严，随贸易物品或运输工具传入我国的。防止港口外来物种入侵，对保护本地生物多样性和维护生态系统良性循环均具有重大意义。

2. 外来物种入侵防范

（1）压载水处理措施

由于船舶压载水水量巨大，而处理压载水时间较短，再加上海洋环境和海洋经济可持续发展的制约，一般杀灭微生物的方法（或药剂）不能满足治理船舶压载水外来物种入侵的要求。虽然一些方法在实验室中是成功、有效的，一旦用在实际治理船舶压载水过程中，难以满足海洋环境及其可持续发展的要求。IMO指出治理压载水有害外来物种入侵是一个全球关注的焦点问题，不提倡不同地域采用不同治理体系治理压载水，基本要求是：在船上处理；成本可取、设备小巧、便于操作；不对海洋近岸水域环境形成新的污染；处理设备及操作安全、可靠。到目前为止，IMO认可的、能够同时满足这些要求的压载水处理措施还没有。不过，科学家们主要的研究方向是在深海更换压载水和在船处理压载水。

①在深海更换压载水

深海更换压载水的科学依据是：淡水、河口以及沿海中的水生物一般无法在深海环境中生存。反之，深海中的海洋生物也无法在沿海环境中生存，而且深海水域几乎没有导致人类疾病的病原体。该方法要求船舶在航行途中，在水深超过500m、离岸超过200nmile（或航行超过48h）的深海处更换压载水。根据操作方法的不同，更换压载水又分为排空法、溢流法和稀释法三种。

②在船上处理压载水

在船上，可以采用化学法、物理法、机械法或生物法将压载水中的有害水生物杀死或去除，使排入港口国水域的压载水无害化。具体方法有许多，但大多不能同时满足上述的五方面要求。不同技术措施的组合可以提高其有效性。

③加强检验检疫

加强国际航行船舶压载水排放监管检验检疫。进一步加强国际航行船舶压载水的监管和检测力度，所有进出港口的船舶未经允许不得擅自排放压载水，需在本港排放的要提前到检疫部门进行申报，经得允许后方可排放，并要对来自检疫疫区船舶的压载水进行防疫性消毒。

（2）对船只和货物的检查措施

①加强查验，严防传入。在口岸具体检验检疫中通过加大执法力度，加大查验力度，提

高检测水平，对重点国家或地区、重点产品和重点防范的有害生物加强检验。对进境木质包装的检验检疫模式进行改进和探索，同时做好进境散货垫舱木材、进境原木的检疫监管工作。

②科技强检，加大口岸检疫力度。加强病媒昆虫传播病害的基础性研究工作，重点研究病媒昆虫传播林木病害的作用机理及协作方式，摸清危险性林木病害的传媒种类、分布状况以及防治措施，为国家制定有关的检疫措施、防范外来有害生物入侵提供科学依据。同时组织开展有害生物检疫鉴定技术的研究。

七、港口绿色物流发展规划

（一）绿色物流概述

1. 绿色物流产生的背景和概念

随着现代科学技术的进步，物流产业作为现代经济的重要组成部分，正在全球范围内得以迅猛发展。然而，在物流业带动经济快速发展过程中，对生态环境的破坏越来越严重，如噪音污染、资源浪费、交通堵塞、废气污染、废弃物增加等，这些后果严重违背了全球可持续发展战略的原则。因此，为了维护人类赖以生存的自然环境和实现全球长期、持续、稳定的发展，一种节约资源、保护环境的新型物流发展模式——"绿色物流"开始出现并逐渐成为新世纪物流业发展的新方向。

所谓绿色物流就是以降低对环境的污染、减少资源消耗为目标，通过先进的物流技术和以保护环境的理念，对物流系统进行规划、控制、管理和实施，使物流资源得到最充分的利用。

2. 发展绿色物流的必要性

（1）绿色物流适应了世界社会发展的潮流，是全球经济一体化的需要。随着全球经济一体化的发展，一些传统的关税和非关税壁垒逐渐淡化，环境壁垒逐渐兴起，为此，ISO14000成为众多企业进入国际市场的通行证。ISO14000的两个基本思想就是预防污染和持续改进，它要求企业建立环境管理体系，使其经营活动、产品和服务的每一个环节对环境的不良影响最小。而国外物流企业起步早，物流经营管理水平相当完善，势必给国内物流企业带来巨大冲击。进入WTO后，我国物流企业要想在国际市场上占一席之地，发展绿色物流将是其理性选择。

（2）绿色物流是可持续发展的一个重要环节。绿色物流与绿色制造、绿色消费共同构成了一个节约资源、保护环境的绿色经济循环系统。绿色制造是制造领域的研究热点，指以节约资源和减少污染的方式制造绿色产品，是一种生产行为。绿色消费是以消费者为主体的消费行为。三者之间是相互渗透、相互作用的。

（3）绿色物流是最大限度降低经营成本的必由之路。专家认为，产品从投产到销出，制造加工时间仅占10%，而几乎90%的时间被花费在储运、装卸、分装、二次加工、信息处理等物流活动中。因此，物流专业化无疑为降低成本奠定了基础。绿色物流强调的是低投入——大物流的方式，不仅能节约物流费用或降低物流成本，更重要的是物流活动本身的绿色化和由此带来的节能、高效、少污染。

（4）绿色物流还有利于企业取得新的竞争优势。日益严峻的环境问题和日趋严格的环保法规，使企业为了持续发展，必须积极解决经济活动中的环境问题，改变危及企业生存和发展的生产方式，建立并完善绿色物流体系，通过绿色物流来追求高于竞争对手的相对竞争优势。

（5）绿色物流有利于全面满足人们不断提高的物质文化需求。

作为生产和消费的中介，物流是满足人们物质文化需求的基本环节。而绿色物流则是伴随着人们生活需求的进一步提高，尤其是绿色消费的提出应运而生的。再"绿色"的生产过程、再好的绿色产品，如果没有绿色物流的支撑，就难以实现其最终价值，绿色的消费也就难以进行。同时，不断提高的物质文化生活，意味着生活的电子化、网络化和连锁化，电子商务、网上购物、连锁经营，无不依赖于绿色物流的发展。可以说没有绿色物流，就没有人类安全和环保的生活空间。

我国已经成为世界港口大国，沿海港口吞吐量、港口集装箱吞吐量、港口煤炭吞吐量、铁矿石进出口量均居世界第 1 位。"十一五"期间，吞吐量需求继续保持高速增长，港口功能将进一步提升，对城市经济的促进作用更加显著。作为国际物流过程中重要的环节，港口随着物流发展而发展。为适应港口持续健康快速发展，实现从港口大国向港口强国转变的历史性突破，必须大力开展绿色港口建设，发展港口绿色物流：在港城的海陆开发与建设和港口运作过程中，倡导优先使用先进的环保技术与生态技术，通过集约化经营减少资源消耗和环境污染，同时满足运输市场对港口差异化服务的需求，提供精细的作业和敏捷的服务，形成柔性港口，促使与港口相关的供应链各环节之间的无缝连接。

（二）港口绿色物流的发展对策

绿色物流是经济可持续发展的必然结果，对社会经济的不断发展和人类生活质量的提高具有重要意义。要实施和发展绿色物流，首先必须从政府政策的角度对现有物流体制进行管理，构筑绿色物流的发展框架；其次，物流企业必须将其经营战略与环境保护有机联系起来，制定经营管理战略，由整个供应链上的企业协同建立广泛的废弃物循环物流；最后联合航运企业，共建绿色物流。

1.制订政策法规

借鉴发达国家的实践经验，政府可以从以下三个方面制订政策法规，在宏观上对物流体制进行管理控制。

（1）控制物流活动中的污染发生源。物流活动引起环境污染的主要原因在于货车运输量的增加。政府应该采取有效措施，从源头上控制物流企业发展造成的环境污染。例如，治理车辆的废气排放、限制城区货车行驶路线、发挥经济杠杆作用，收取车辆排污费、促进低公害车的普及等。

（2）限制交通量。通过政府指导作用，促进企业选择合适的运输方式，发展共同配送，统筹建立现代化的物流中心，最终通过有限的交通量来提高物流效率。

（3）控制交通流。通过道路与铁路的立体交叉发展、建立都市中心环状道路、制订道路停车规则以及实现交通管制系统的现代化等措施，减少交通阻塞，提高配送效率。

2. 港口企业经营战略

港口企业作为港口物流管理的主要实践者，应该积极发挥其在环境保护方面的作用，制订经营管理战略，这对于推进绿色物流，具有非常重要的作用。

（1）选择绿色运输策略。绿色运输首先是要对货运网点、配送中心的设置做合理布局与规划，通过缩短路线和降低空载率，实现减少交通阻塞、节能减排的目标，如近距离配送、夜间运货等。绿色运输的另一个要求是改进内燃机技术和使用清洁燃料，以提高能效，如采用排污量小的货车车型，降低废气排放量等。绿色运输还应当防止运输过程中的泄漏问题，以免对局部地区造成严重的环境危害。

①尽量开展共同配送。共同配送指由多个企业联合组织实施的有目的、集约化地配送活动。它主要用于客户所需物品数量较少而使用车辆不满载、配送车辆利用率不高等情况。几个中小型配送中心联合起来，分工合作，对某一区域客户进行配送，统一集货送货，可以明显地减少货流，有效地缓解交通拥挤状况，可以提高市内货物运输效率，减少空载率，有利于提高配送服务水平，降低物流成本。因此，共同配送可以最大限度地提高人员、设备、资金等资源的利用效率，取得经济效益、社会效益和环境效益的最大化。

②大力发展第三方物流。

第三方物流是由供方与需方以外的物流企业提供物流服务的业务方式。由专门的物流企业提供物流服务可以简化配送环节，有利于合理利用和配置物流资源，可以有效避免运输效率低、配送环节烦琐、企业成本加重、城市污染加剧等问题。

③采取复合一贯制运输方式

复合一贯制运输是指吸取铁路、汽车、船舶、飞机等基本运输方式的长处，把它们有机地结合起来，实行多环节、多区段、多运输工具相衔接进行商品运输的一种方式。这种运输方式以集装箱作为联结各种工具的通用媒介，起到促进复合直达运输的作用。为此，要求装载工具及包装尺寸都要做到标准化。由于全程采用集装箱等包装形式，可以减少包装支出，降低运输过程中的货损、货差。

（2）提倡绿色包装。企业应促进生产部门尽量采用简化的、可降解的包装材料，商品流通过程中尽量采用可重复使用单元式包装，减少一次性包装，提高包装废弃物的回收和再生利用率，加强绿色包装宣传等。当前一些经济发达国家出于对环保的重视将容易造成环境污染的包装列入限制进口之列，如德国、意大利等国禁止使用含氯塑料做包装材料的商品进口，美国、澳大利亚、新加坡等国禁止使用含氟碳化物泡沫塑料做包装材料的商品进口。

（3）开展绿色流通加工。一方面由分散加工转向专业集中加工，另一方面集中处理消费品加工中产生的边角废料。

（4）建立废弃物循环物流

大量生产、大量流通、大量消费的结果必然导致大量的废弃物，处理起来非常困难，处理不好会引发社会资源的枯竭及自然环境的恶化。现代物流必须从系统构筑的角度，建立废弃物的回收再利用系统。

3. 联合航运企业，共建绿色物流

港口只是整个物流航运链条上的一环，要想搞好港区的环保工作，还需要物流链条上的其他相关产业的积极参与，才能将绿色港口的行动贯穿到整个物流中。

比如，在深圳盐田国际的大力倡导下，一些航运企业加入到创建绿色港口的行动中来。长荣推出 S 型船，硬件设备兼具多项环保理念，采用双重船壳及内置式油舱设计，将燃油置于横向水密隔舱壁，防止船舶遭撞击时燃油泄漏至海洋。世界最大的集装箱船"艾玛·马士基"号在船底采用了环保涂漆，减低水的阻力，每年可以节省燃油 1200 吨之多。

结　语

　　水利工程合理规划设计为我们国家农业事业可持续发展的基本要素，对提升水利工程规划设计方式进行研究，对以往建成并投入运行的相关水利项目规划设计过程与建设效果进行严格把关，直接影响着水利工程施工质量的好坏。与此同时，水利工程建设之后会为人们的生活提供一定的便利性，同时也很容易导致生态环境遭受破坏。因此，水利工程规划设计要统筹兼顾生态保护与建设发展的关系，科学地分析和评价水利工程与生态环境系统之间的相互作用关系，促使社会发展过程中生态环境可以维持稳定。规划设计中以"三条红线"为原则，把流域作为一个完整的生态系统，将生态环境问题放在首位，合理设置生态流量和过渔设施等措施，建立新的生态环境友好的大型水利水电工程建设体系，优先考虑生态环境问题，实现水利开发利用与生态环境保护双赢。

参考文献

[1] 沈凤生.节水供水重大水利工程规划设计技术 [M].郑州：黄河水利出版社，2018.

[2] 周凤华主编著.城市生态水利工程规划设计与实践 [M].郑州：黄河水利出版社，2015.

[3] 杨杰，张金星，朱孝静著.水利工程规划设计与项目管理 [M].北京：北京工业大学出版社，2018.

[4] 吴怀河，蔡文勇，岳绍华主编.水利工程施工管理与规划设计 [M].昆明：云南科技出版社，2018.

[5] 倪福全，邓玉主编.水利工程实践教学指导 [M].成都：西南交通大学出版社，2015.

[6] 晏孝才主编.水利工程 CAD[M].武汉：华中科技大学出版社，2013.

[7] 翁永红，陈尚法著.水利水电工程三维可视化设计 [M].武汉：长江出版社，2014.

[8] 郭雪莽主编.水利工程设计导论 [M].北京：中央广播电视大学出版社，2005.

[9] 辛全才，牟献友主编.水利工程概论 [M].郑州：黄河水利出版社，2011.

[10] 李景宗主编.工程规划 [M].郑州：黄河水利出版社，2006.